Teaching Physics with the Physics Suite
Edward F. Redish

科学を
どう教えるか

アメリカにおける新しい物理教育の実践

エドワード・F・レディッシュ 著
日本物理教育学会 監訳

丸善出版

Teaching Physics
with the Physics Suite

by

Edward F. Redish

Copyright © 2003 by John Wiley & Sons, Inc. All rights reserved.

Japanese translation © 2012 by Maruzen Publishing Co., Ltd., Tokyo, Japan.
Japanese translation rights arranged with John Wiley & Sons, International Rights, Inc. through Japan UNI Agency, Inc., Tokyo.

序　　文

　序文とは，次のような質問に対する答が書かれていることを読者が期待する場所である．何が書かれた本か？　どのような読者が想定されているか？　読者がこの本から引き出すことを期待できるものは何か？

　この本は「物理スイート（Physics Suite）」に関する本で，物理スイートの使い方についての手引書の役割を担うものではあるが，いわゆるハウツーものを超える本であることを意図している．むしろ，よりよい教師となることを学ぶための本である．

　想定している読者は，最近の物理教育の発展に関心をもつ物理教師である．他の教師用指導書と異なり，具体的なトピックに関する解説とその教え方についてのヒントや学生たちが共通して遭遇する難しさについてのリストではない．むしろ，新しい形式の宿題や，授業の中でどんなことが起きているかを探り出すための調査用設問集，コンピュータとビデオでデータを収集し解析するためのツールといった，物理の教え方，学び方を改善するためのさまざまな手段が記述されているハンドブックである．

　過去20年にわたって，物理と教育とのあいだの橋渡しをしながら，教え方，学び方に関する学問分野を形成することを目指す研究者のコミュニティが成長してきた．私が「物理教育研究（Physics Education Research：PER）」とよんでいるこのコミュニティに属する人々は，なぜ多くの学生・生徒が物理を理解するのに多大な苦労をしているのか理解しようと努め，彼らを支援する教育環境の改善に努力してきた．その結果として得られてきた膨大な知識と多様なカリキュラムは，従来の伝統的な方法に比べてはるかに効果的であることが明らかになっている．

　物理スイートは熱意ある物理教育研究の開発者たちのグループによって集約された教材である．物理スイートはすべて教育研究に基礎を置いており，その基盤

にある明確な考え方を共有している．この本は物理スイート教材への入門書でもあるが，それ以上に重要なことはスイートの根幹を形成する教育哲学とその知識基盤についての入門書であることである．この教育哲学と知識基盤は優れた学術的な論文の根幹の上に築かれているので，その基本部分は広く適用できる．この基本部分とこの本は，物理スイート教材を利用しない場合でも，よりよい教え方を考えるために役に立つであろう．

この本は私自身の経験に基づいていてかなり個人的な性格をもつので，少しばかり自己紹介をさせてほしい．私は理論核物理学者としての訓練を受け，1970年にメリーランド大学で教員としてのキャリアのスタートを切った．それ以来ずっとメリーランド大学で教育と研究に携わってきた．当初から教えることに強い興味があった．教育に対する努力は大学のテニュア（終身在職権）を得るためにはほとんど役立たないから最低限の労力で済ませろ，という同僚たちからのアドバイスには，当初からまったく耳を傾けなかった．

1980年代には発明されたばかりのパーソナルコンピュータを授業に取り入れることを試みた．しかし，10年ほどの時を経るうちに私は二つの重要な事実に強く気づかされるようになった．第一に，私の学生たちはコンピュータがあるなしに関係なく物理を学ぶのに苦労しており，そしてその解決は私の想像した以上に難しい問題であることだ．そして，第二は，このことにすでに気づいておりそれに対して研究として取り組んでいる研究者たち，すなわち研究者コミュニティが存在するということであった．1991年に私は原子核物理の仕事をやめ，物理教育研究に専念することにした．

この経歴がこの本の構成を決定している．30年間の教育経験の中で学んだもののうち，ある部分は物理教育研究の論文および自分自身の物理教育研究者としての研究から得られたものだ．しかし，大部分はこの期間中に学生から学び，自分のクラスで学生とともに努力をして得たものである．その結果，私の教育に役立ったことのうち，あるものは論文等の形で文書化されているが，そうでないものもある．そこで私はこの本の性格を，研究書でもなく，標準的な教えたがり型の「ハウツー」的指導書でもないものにすることを選択した．私はむしろこの本で，教師同士で議論するために私が学んできたことを三つの方法で提示することにした．第一は，データや引用文献を添えた研究結果があるものについてその研

究結果，第二は説明をわかりやすくするための私の経験に基づく逸話のたぐい，第三は私が有用だと思った一般原理，ガイドライン，経験則である．

　逸話のたぐいは事実を正確に記述しているとは限らない．いくつもの話が統合され，またわかりやすくするために細部が切り捨てられていることがある．これらの話は事実に基づいてはいるのだが，事実の記録としてではなく，教訓を含んだ寓話として解釈されるべきものである．

　私は一般原理を以下の三つの観点から裏づけられるものだけに限ることにした．一つ目は（主として教育研究者による）実際の授業における学生の行動の観察，二つ目は，人はどのように考えるのかを調べた，条件を制御した（主として認知心理学者による）実験的研究，そして，最後は（神経科学における知見との整合性という点からの）生理学的な妥当性である．例えば「レディッシュの教育のための戒律」のような経験則は自分の経験や仲間の物理教師から学んだものであるが，十分に文書化されているものではない．

　物理研究者としてのキャリア全体を通じて私の研究は理論面に強く偏っている．私はつねにわれわれが現実の世界についての知識をどのように考え組み立てるのかに関心をもってきた．学生が物理を理解していく過程を理解することを試みる際に，われわれの観察する事実を分析し意味のある結果に導くための手がかりとなる理論を与えてくれるのは認知科学である．このため，この本には認知科学的な香りが強い．私の意図は認知科学の教科書を書くことにあるわけではないが，物理学者のために，この分野で知られていて関係があると思われることがらを抽出して納得しやすいものにすることを試みた．より多くの文献を知りたい読者や，これまでに知られていることの有効性と限界をさらによく知りたい読者は，本文のなかで引用されている参考文献を参照してほしい．

　この本は次の四つの部分から構成されている．
- 物理スイートの構造と入門物理教育の改善をめざす動機に関する導入の議論（第1章）
- 人がどのように考えるかについて知られていることのなかで，物理の教育と学習に関わることがらの議論（第2章，第3章）
- 学生個人の学習の評価とクラスの指導方法の評価に関わる二つの章（第4章，

第5章)
・学生の学習を改善する学習環境を創るためのさまざまな方法の概要.その中には著者自身の教室での経験に基づくヒントや,物理教育研究をもとに開発された物理スイートに属するカリキュラム教材とそれらと組み合わせて効果を発揮する他の方法の説明を含んでいる(第6章～第10章)

謝　辞

　私は物理教育研究を行う過程でたいへん多くの人から文献や議論を通しておおいに助けていただいた.最初のかつ最も重要な人物はリリアン・C・マクダーモット女史である.膨大で有益な研究を通してだけでなく,1992年から93年にかけて,ワシントン大学の彼女の優れた物理教育研究グループに私をサバティカル(研究のための有給休暇)の訪問者として招き入れてくれたのである.おかげで物理教育研究の手法を,また,物理教育研究グループが物理学科でどのような位置を占めるかを素晴らしい形で学び始めることができた.

　私の考えに大きな影響を与えた仕事をした人々は,故アーノルド・エイロンズ,ジョン・クレメント,フレッド・ゴールドバーク,デイヴィッド・ヘステネス,ホセ・メストレ,そしてフレッド・ライフである.メリーランド大学でいっしょに物理教育研究に携わった学生,ポスドク,訪問者にも感謝したい.彼らから多くのことを学んだ.彼らとの議論は多くの場合,私の考えを明確にし,考えを整理する助けになった.アルファベット順に　ジョント・バーンハード,ジョン・クリストファー,アンディ・エルビイ,ポール・グレッサー,アプリエル・ホダリ,ベス・フナゲル,プラティバ・ジョリー,バオ・レイ,レベッカ・リップマン,ローラ・リシング,ティム・マッカスキー,セス・ローゼンベルク,メル・サベラ,レイチェル・シアー,リチャード・スタインバーク,ジョナサン・ツミナロ,アル・サピルスタイン,ジェフ・サウル,ズーユワン・ワン,そしてマイケル・ウィットマンである.過去10年を通して「活動を基盤とする物理(Activity Based Physics)」グループの私の共同研究者たちは,私の教育観を発展させることとこの本を生みだすことに計り知れないほどの貢献をしてきた.パット・クーニィ,カレン・カミングス,プリシラ・ロウズ,ディビッド・ソコロフ,そして,

ロン・ソーントンの皆さんである．

　本稿執筆のさまざまな段階でコメントをくれた方々，とくに私がそれらの方々の仕事について記述した部分を明確にする手助けをしていただいた各位に感謝したい．ボブ・ビークナー，メアリー・ファス，ガリー・グラディング，ケン・ヘラー，パット・ヘラー，ポーラ・ヘロン，プリシラ・ロウズ，エリック・マズール，リリアン・マグダーモット，エベリン・パターソン，ディビッド・ソコロフ，ロン・ソーントン，そしてマクシン・ウィルスの皆さんである．プリシラ・ロウズとティム・マッカスキーは原稿を注意深く読み，多くの貴重な意見を寄せてくれた．

　メリーランド大学大学院研究局からの助成は，この本を書くためにサバティカルを得ることを可能にするうえで重要だった．さらに UC バークレイの教育学大学院がサバティカルを受け入れてくれたこと，そして次の方々との貴重な議論に深く感謝する．マイケル・ラニー，アンディ・ディセッサ，アラン・シェーンフェルド，そして，バーバラ・ホワイトの皆さんである．ここに引用した私の研究の多くはアメリカ国家科学財団とアメリカ教育省高等教育改善基金の援助を受けている．

　最後に私の妻，ジャニス（ジニー）・レディッシュに深く礼を述べなくてはいけない．彼女が私を始めから終りまで支え励ましてくれたことはもちろん，編集と情報伝達についての彼女の卓越した手腕と専門性を発揮してくれた．この本を読みやすくするためにおおいに貢献してくれた．認知科学と人間行動学の何が知られていて有効なのかを私が探し出して理解するうえで計り知れないほどの情報を提供してくれた．

　　　　　　　　　　　メリーランド大学カレッジパーク校
　　　　　　　　　　　　　エドワード．F.（ジョー）レディッシュ

監訳者まえがき

「物理教育研究（Physics Education Research，略称 PER）」は，物理と教育の橋渡しをする物理学の新しい研究領域で，認知科学や脳神経科学の最近の成果を取り入れながら，学習という知的作業の過程を科学的に研究する分野です．幅広い多くの学生・生徒たちに，物理概念をより一層深く理解させることを目指しています．学生・生徒たちが何を考え，どのように学習しているかを分析して，そこから得られる知見をもとに，効果的な学習をもたらす新しい授業方法やカリキュラムを開発し，さらに，その実践結果を客観的に評価して，カリキュラムや授業法を改善していくことを狙いとしています．

本書は，物理教育研究分野の指導的な研究者の一人である米国メリーランド大学のエドワード・F・レディッシュ教授の著書 "Teaching Physics with the Physics Suite" の訳書です．原著の書名にある Physics Suite（物理スイート）は，レディッシュ教授が共同研究者たちとともに開発した，さまざまな物理教育手法とそのための教材群を指しています．原著は，この物理スイートとそれを用いた物理教育の具体的な実践についてのガイドブックとして執筆されています．しかし，単なるガイドブックにとどまらず，原著者は，本書の前半で，物理教育研究について，その基盤にある認知科学の原理や方法論，教育効果の評価の手法や，教育研究の基本的な概念について懇切に解説しています．このために，本書は，物理教育研究のみならず，科学教育研究の入門書として多くの教師そして研究者にとって役立つことが期待されます．

本書の概要は，原著出版直後の 2003 年に笠耐先生の解説によって，また，2006 年に日本物理教育学会が主催して東京で開催した物理教育国際会議（ICPE2006）に招聘されたレディッシュ教授とその共同研究者たちの講演によって，日本に紹介されました．これらを契機に原著テキストの研究を続けてきた日本物理教育学会の会員有志たちが原著の翻訳を進め，6 年にわたる研究，調査，

実践ののちに，日本物理教育学会創立60周年にあたる本年，出版が実現することになりました．

　本書が解説している物理教育研究の考え方や手法は普遍性に富んでおり，米国では，物理教育だけでなく，化学やバイオサイエンス，数学など，理工系教育全般に大きな影響を及ぼしつつあります．理工系教育の改善をめざす現職教員に目から鱗の落ちるような有益なヒントを提供する解説書として，また，科学教育という研究分野に関心をもつ教育者・大学院生には入門書・教科書として，さらに，大学や初・中等教育の教員研修のテキストなどとして，本書を役立てていただければ，訳者ともども望外の喜びとするところです．

2012年5月

監訳者代表　日本物理教育学会会長

髙　橋　憲　明

目　　次

第1章　導入と動機づけ ———————————————— 1

はじめに　1
物理授業のための典型的な教材　2
新しい教材群：物理スイート　4
物理スイート開発の動機　7
なぜ物理教育研究か？　14
注意すべき点　23
この本は何についての本か　24

第2章　認知科学の原理から導かれる授業へのガイドライン ── 27

認知モデル　28
認知モデルから得られる教育への指針：足がかりとなる五つの原理　48
認知モデルから導かれるいくつかの一般的な教育方法　63
物理教育の目標を再考する　74

第3章　物理授業には教える内容以上のものがある：
　　　　隠れたカリキュラム ———————————————— 79

第二の認知レベル　81
期待観（期待・予測・思いこみ）：認知過程をコントロールするもの　82
メタ認知：考えることについて考える　96
情緒・情動：動機づけ，自己イメージ，感情　102

第4章　学習評価の方法とその高度化：宿題と試験 —— 109

　成績評価と授業評価　110
　学生へのフィードバック　112
　宿　題　112
　学生からフィードバックを得る　115
　試　験　117
　八つのタイプの試験問題と宿題　121

第5章　われわれの授業を評価する：調査 —— 139

　研究に基づく調査　140
　調査は何を測定するのかを理解する：妥当性と信頼性　147
　内容理解度に関する調査　151
　学習姿勢に関する調査　160

第6章　教育指導への示唆：いくつかの効果的な教授法 —— 175

　研究に基づくカリキュラム　177
　さまざまな教室のモデル　178
　対象とする学生集団：微積分ベースの入門物理　183
　能動参加型で学生中心のカリキュラム例　185

第7章　講義を基本とする方法 —— 189

　伝統的な講義　190
　ピア・インストラクションとコンセプテスト　203
　相互作用型演示実験講義（ILD）　206
　ジャスト・イン・タイム教授法　210

第8章　演習と学生実験を基礎とした方法 —— 217

　伝統的な演習　219
　「入門物理におけるチュートリアル」　223

「ABPチュートリアル」　*223*
　　協同による問題演習　*238*
　　伝統的な学生実験　*245*
　　リアルタイム物理　*249*

第9章　ワークショップ方式とスタジオ方式 ── *259*
　　探究による物理　*261*
　　ワークショップ物理　*267*

第10章　物理スイートを使う ── *273*
　　物理スイートの背後にある原理　*274*
　　物理スイートの構成要素　*277*
　　さまざまな環境で物理スイートを使う　*287*
　　四つの事例研究：物理スイートの構成要素を採用し適合させる　*290*
　　結　論　*306*

参 考 文 献 ── *307*

訳書追加参考資料 ── *316*

訳者あとがき ── *319*

索　　引 ── *323*

第 1 章　導入と動機づけ

> 師は語らずして，行うのみ．
> 師の仕事（である弟子の教育）が成就したとき，
> 弟子たちはいう．「すばらしいことだ，
> 私たちは私たちの力だけでやり遂げた．」
> ——老子，道徳経　[Mitchell 1988]

はじめに

　物理を教えることは，教員に感激を与えることも挫折感をもたらすこともある．私たち教員のように物理を学ぶことを楽しんでいる人間は，知っていることについて改めて考え直すことにより，知識を新たな一貫した筋道の中で再構成する．新しい演示実験を開発したり，新しい導き方を工夫したり，おもしろい問題を解いたりすることを楽しむ．私たちのように物理を考えることが好きな人間にとって，物理を教えることは，同時に自分が楽しく物理を学ぶ経験にもなっている．ときおり，私たちが教えようとしていることを理解する能力があり，物理に対する興味もある学生に出会う．そうした学生は私たちが教えることによって物理に目覚め，本当の物理理解者に変わっていく．そのような変化を見ることは，われわれが教育に際して経験するすべての挫折感を癒してくれる．

　しかし一方，がっかりすることも多い．しばしば，私たちのすることの意味をよく理解してくれないような学生を受けもつことがある．しかもそれがクラスの大半だったりする．彼らはさっぱり訳がわからなくなり，こちらに敵意さえ抱くようになる．そこで私たちはそういう学生たちのために，授業をおもしろおかしくしたり，学生たちにさせることをより単純にしたりして，なんとか理解させようと懸命に努力する．しかしその結果，物理のレベルは低下し，私たちの悩みと

失望は拡大する．

　私たちのこうした悩みを軽減し，「わかった」ように思えない学生たちにわかってもらう方法はあるのだろうか．なぜ多くの学生たちに対して伝統的な物理の教授法がうまく機能しないのか，また教授法をどう改良すれば学生たちがよりよく学べるようになるのか．こうしたことが，ここ 20 年の間にしだいに解明されてきている．何人かの教育研究者やカリキュラム開発者は，教育研究の成果と最新技術を利用した教材を融合し，効果的な学習環境を作り上げつつある．

　こうした教育研究と最新技術を融合した成果の一つが「物理スイート（Physics Suite）」である．物理スイートは，「活動を基盤とする物理（Activity Based Physics，ABP）」という名前のグループ[1]が，新しいタイプの教育環境を実現するために開発した，一群の授業法や教材のセットである．入門物理教育をとりまく状況は著しく多様になってきている．そこで ABP グループは授業を構成する基本的な要素ごとのモジュール構造を採用し，その組み合わせによってさまざまな状況に柔軟に対応できるようにした．それによって，物理スイートの要素を一度に 1 ステップずつ段階的に導入しても，あるいは，一挙に授業全体を入れ替える形で導入しても，授業のすべての側面に適用できるようになっている．この本は，この新しい教育環境の導入によって物理の教育をどのように変えられるか説明するものである．この本の中で，モジュール構造の要素とその使い方，また物理スイートが基盤にしている教育哲学，認知理論，教育学的研究，および新しい技術を解説する．

物理授業のための典型的な教材

　通常，出版社によって提供されているすべての物理教材は，教科書に準拠している（図 1.1 参照）．学生のための「早わかり」から教師用の色彩にあふれた OHP シートに至るまで，教科書にはさまざまな教材が付属している．それが（し

---

[1] ABP グループのメンバーはパット・クーニイ，カレン・カミングズ，プリシラ・ロウズ，ディビッド・ソコロフ，ロン・ソーントン，そして著者である．

ばしばつまらない) シミュレーションだったりするが, 学生にとっても教員にとっても, これを教育的に有効に活用するための手引きはまったく, あるいはほとんど, ついていない. 教科書を採用した教育機関は, 授業が進むにつれ, 適宜, 実験を追加することもある. しかしあくまでも教科書が重視される. 教科書の採択は, 何が扱われているのか, またそれは適切かというように, その内容で決められる. これはたしかに大切な基準ではあるのだが.

しかし, 広範な研究によって, 学生は, 教科書からは, ほとんど何も学んでいないということがわかってきた. 多くの学生は, 物理の教科書を理解できていない. ほんの一握りの学生だけが, 私たち教員が期待するように, 注意深く, かつ考えながら教科書を読んでいる. 学生が効果的に学ぶことができるのは, 脳が活性化している「ブレインズ・オン (brains-on)」状態での活動を通してである.「ブレインズ・オン」状態とは, 学生たちがなんとか理解しようと, 熱心に考え, もがいている状態のことである. 彼らがこのような脳が活性化された状態になることを促進し支援するような環境を作り出せば, そこに効果的な授業が生まれる. 講義や問題演習や実験, あるいはワークショップ学習の中に注意深く設計され構成された「学習活動 (activities)」を通して学生に自ら考え推論させることを目指す十分に検証された授業改革こそが, 学生の学びをいっそう強固なものするだろう. ほとんどの学生にとって, こうした活動は教科書を読むことと同等あるいはそれ以上の重要な役割を果たす.

物理スイートは,「教科書に, 必要に応じて後から補助教材をつけ足した単なる教材セット」とはまったく異なる. 物理スイートは, 学生の一連の学習活動を

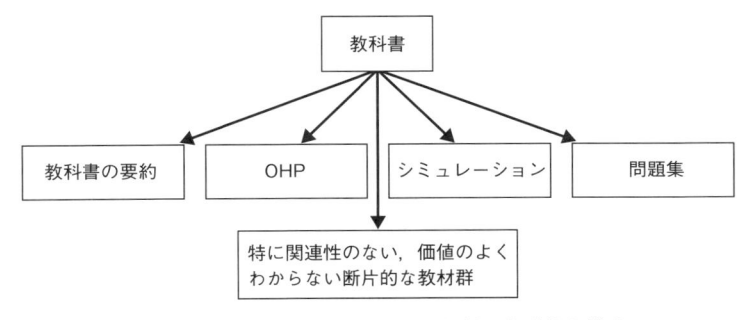

図 1.1 物理のコースに付随する教材の典型的な構成

うながす教材と教科書との統合から成り立っている．物理スイートは，物理を学ぶために「行わなくてはならない」ことを「実際に行う」ことを学生に学ばせることに焦点を合わせている．

新しい教材群：物理スイート

ABPグループは，広範囲にわたる教育教材を統合した物理教育教材の新しい枠組を提案した．それが"物理スイート"である．これらの教材群を図1.2に示してある．

多くの物理スイート要素に共通する特徴的な主題は二つある．それは，(1) 学生たちが自らの学習を構築することを支援するための，誘導型の学習活動を用いること，および (2) 最近の科学技術，とりわけコンピュータを利用したデータ収集・解析技術 (Computer-Assisted Data Acquisition and Analysis, CADAA) の使用である．物理スイートには以下の教材が含まれる．

- 教員用指導書："Teaching Physics with the Physics Suite"(Redish) ——これは本書である．この本には物理スイートの教材（および，この物理スイートにうまく適合する他のカリキュラム用教材）だけでなく，動機づけについての議論，理論的枠組，そしてこの方法の有効性についてのデータなどが解説されている．
- 教科書："Understanding Physics"(Cummings, Laws, Redish, and Cooney) ——これは従来からある伝統的なハリディ (Halliday)，レズニク (Resnik) とウォーカー (Walker) による教科書の改訂版であり，教育研究によって解明されてきた学生が学ぶのに困難をきたす箇所に焦点を合わせて，そこが間違いなく理解できるように改訂したものである．またこの教科書は，物理の知識の実験的基礎づけを強調しており，物理の原理だけでなく，それがどのようにして解明されたのかについても詳しく解説してある．
- 問題——物理の授業では，問題演習は，学生が最もよく物理を学べる機会の一つである．そこでスイートでは，理解度をはかる厳選された例題を「試金石問題 (Touchstone Problems)」として教科書に多数収録している．また，おおよその見積もりを行う問題や，式の意味を解釈して自分の言葉で表現する問題，現実的な状況に即した問題など，さまざまな問題を追加して充実を期している．

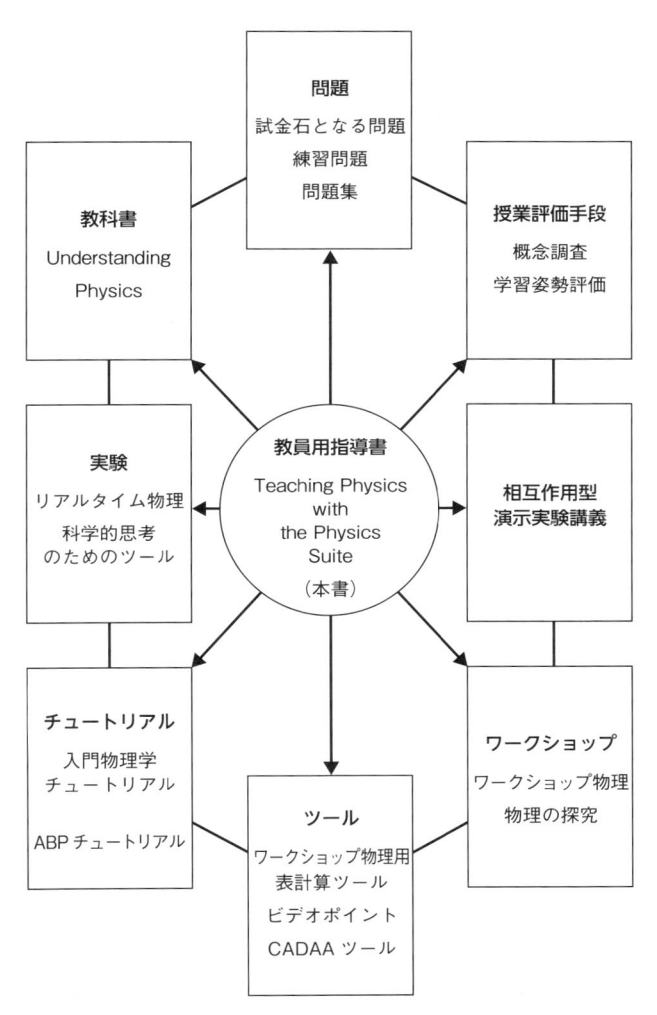

図 1.2 物理スイートを構成する要素

これらの問題は教科書や補助教材である問題集等に収録してある．
- 授業評価用の調査手段——授業を評価する調査で，さまざまな概念テストや学生の学習姿勢調査などが含まれる．
- 「相互作用型演示実験講義(Interactive Lecture Demonstrations, ILD)」(Sokoloff

and Thornton)——ワークシートを用いて進める演示実験授業．学生が概念的に理解し，式の意味を解釈して自分の言葉で表現したりすることを助けるためにCADAAが用いられる．
- ワークショップ——ワークショップ形式ないしスタジオ形式で実施するカリキュラムとしては，次の三つがこのスイートに含まれている．
    1. 「ワークショップ物理（Workshop Physics）」（Laws）：微積分を使用するレベルで，すべてが実験に基づいた物理のコース．CADAA，ビデオ，数値モデル化等を活用する．
    2. 「物理の探求（Exploration in Physics）」（Jackson, Laws, and Franklin）：ワークショップ科学プロジェクトの一部として開発されたもの．実験を主体にした物理のカリキュラムで，数学はあまり使わない．理系以外の学生や教員養成コースの学生を対象に作られている．
    3. 「探究による物理（Physics by Inquiry）」（McDermott *et al.*）：ワークショップ形式の物理コースで，教員養成課程の学生や現職教員を対象としたもの．
- 「解析ツール（Tools）」（Laws, Cooney, Thornton, and Sokoloff）：実験や，チュートリアル，ワークショップ物理などで用いる，ビデオ画面からデータを抽出したり，画面にプロットしたりするソフトウェアや，数値データを解析する表計算ソフトなどのコンピュータ・ツールである．CADAAデータの収集，表示，解析のためのソフトウェアを含む．
- 「チュートリアル（Tutorials）」：概念的理解を育成したり，定性的な推論能力を育成するための，少人数グループでの誘導形の演習指導で，これに使われる教材として，次の二つのものがある．
    1. 「入門物理学チュートリアル（Tutorials in Introductory Physics）」（McDermott *et al.*）：ワシントン大学物理教育研究グループが作成した一連のワークシート
    2. 「ABPチュートリアル（ABP Tutorials）」（Redish *et al.*）：ワシントン大学様式のチュートリアルであるが，CADAA，ビデオ画面からのデータ抽出やシミュレーションなど，物理スイートの中の解析ツールが追加的に組みこまれている．
- 実験室学習：これは，CADAAを利用している一連の実験セットである．物理

の概念的な理解を支援し，さまざまな表現形式の間の変換を学んだり，物理の知識の経験的な基盤を理解することを狙いにしている．物理スイートには二つのレベルの実験室学習カリキュラムが含まれている．

1. 「リアルタイム物理（RealTime Physics）」（Thornton, Laws, and Sokoloff）：大学レベルの物理に適合している．
2. 「科学的思考のためのツール（Tools for Scientific Thinking）」（Thornton and Sokoloff）：上のリアルタイム物理に似ているが，高校物理向けなので，進度がよりゆっくりとしている．

物理スイートの教材はそれぞれを単独に使うことができるが，アプローチや，哲学，表記法は相互に整合している．その結果，もし適切で使いやすい教授法があれば，その一部を試験的に採用することもできるし，いくつかのスイート教材を自分の授業に応じて組み合わせて用いることによって授業全体を改革することもできる．

スイートのさまざまな構成要素についての詳細な議論は7～9章で行う．また，それらをどう使えばよいかについては10章に記述した．最近の物理教育カリキュラムの改革の動機や背景にある研究に精通している読者は，直接これらの章を読むことを勧める．もし，こうした教材の背後にある研究や理論になじみがないのであれば，その動機や背景を説明しているこの章の残りの部分と，それに続くいくつかの章を読んでほしい．

物理スイート開発の動機

なぜ物理スイートが必要なのだろうか？　私たち物理教員の多くは，教科書を主体とした授業で完璧に学習してきた．今日では，何が違っているのだろうか？

変化してしまったことがらもあるし，現在変化しつつあって将来はさらに大きく変化するだろうことがらもある．

・教える対象である学生たちが変わった．
・学生たちに期待する到達目標が変わった．

- 学生たちがどのように学ぶかについて，今日では昔よりもよくわかってきた．
- 教育機器や新しい学習環境など，授業に使える道具が以前よりも増えた．

これらの点についての議論を，次の二つの問を中心にして，まとめることにする．
1. 私たちが教えているのは誰か，またそれはなぜか？
2. なぜ物理教育研究（Physics Education Research, PER）が必要なのか？

私たちが教えているのは誰か，またそれはなぜか？

　物理を教えることの難しさとその解決法は，対象とする学生のタイプに依存する．そこで，私たちがどういう学生を教えているのか，また彼らはこれからの数年でどう変わっていくのかについて考えることから始めよう．

物理以外の科学の成長

　40年以上も昔，私が高校生として科学を真剣に学び始めたころ，物理だけが「本当の」科学を追究できる分野であるように思えた．「本当の」というのは，自然の基本法則を発見し，その意味することを理解できる，という意味である．高校時代には，憧れていた数学と現実の世界を表現するものと思えた物理との美しい調和にとくに心を奪われた．ある範囲内では，私は正しかったと思う——少なくとも私にとっては．物理は科学という王冠の宝石であり，深淵な基本法則の理解と強力な実用性とを優雅に結びつける．アインシュタインの $E=mc^2$ や，過去半世紀にわたって政治に，さらには多くの一般市民の感受性までにも，大きな影響を与えてきた核兵器などは，氷山の一角にすぎない．量子力学のおかげで物質の構造について深く理解することができるようになり，それによって，われわれの日常生活を根本的に変え続けているトランジスタやレーザーなどの開発が進められたのである．

　私が高校生の時代に予期できなかったことは，生物学や化学のような，当時すでに成熟していた科学の他分野において，計り知れないさらなる進歩がやがて達成されるであろうことや，その当時は未発達であったその他の科学分野，とりわけコンピュータサイエンスや神経科学などが，とてつもなく大きく成長するであろうということだった．今日では，科学に関心のある高校生にとっては，宇宙モ

デルの構築から，脳の神経活動のモデル化にいたる広大な科学分野の中に，創造的かつ魅力的な体験ができる心躍る多くの機会がある．いまでは物理学は，科学という王冠の中の，相互にきらめきを強め合う多くの宝石の中の一つにすぎないのである．

　これらの他の科学の発達は，重力理論の改良から fMRI (functional magnetic resonance imaging) の開発に至る物理学の進歩によって，さまざまな形で促進されてきた．この fMRI とは，人がさまざまなことを考えるときの脳での代謝活動の変化を，核磁気共鳴を用いて脳を傷つけることなく探ることのできる装置である．これらの他の科学領域を志向する学生たちも，その科学教育の一部として，物理を理解する必要がある．しかし，われわれから学ぶ必要があるのは正確にはいったい何だろうか？　生物学や化学の専門家を育成するための教育の一部として，物理はどのような役割を果たすことができ，そして，果たすべきなのだろうか？　また，エンジニアや救急医療士のような専門的な技術者のための教育の一部として，物理はどのような役割を果たすことができ，そして，果たすべきなのだろうか？

「すべての人のための物理」の目標

　物理教育は伝統的に，科学者教育において，はっきりとした二つの役割を果たしてきた．まず，専門の物理学者になろうとする人材を募って訓練すること，そして技術者に必要な数学とか医学部で必要な暗記などが苦手な学生たちをふるい落とすことであった．前者の役割は，物理以外の他の科学を学ぶ学生が増えてくるにつれ，われわれの教育活動全体の中での比重は小さくなってきた．後者の役割は，現在のカリキュラムの中では不適切といわざるをえない．エンジニアも科学者も医療の専門家もみな，彼ら自身の取り組む体系と，そこでの探究に用いる複雑な理学機器の取り扱い方の両者を理解する必要性がますます増大しているからである．

　物理教育を改善することは，今日では以前にもまして重要なことになっている．第一に，以前に比べて，はるかに多くの学生が高校を卒業して大学に進学している．こうした学生のうち，以前よりも多くの割合の学生が，科学分野に進んだり，技術的な要素が増大している雇用分野での就職の機会を求めている．

第二に，とりわけ私たちのように公的な支援を受けている機関に所属するものについては，われわれを雇用する政府や自治体住民は，今日では以前にもまして，学生の学習——あるいはその欠陥——について教育組織とそこに属する教員や管理職に直接の責任を問う傾向にある．かつては，学びの責任は個々の学生にあると考えられ，授業の有効性についてはそれほど注意が払われてこなかった[2]．今日では，より技術的に訓練された人材を求める雇用現場は，学生の学びを促進するためにわれわれができるあらゆることを要求している．

今日の物理教員の任務は，自然界の仕組みや，論理的な考え方，科学の評価のしかた，などについて，より多くの人々が理解できるよう支援する方法をあみだすことにある．これは，成人人口のほとんどがその国の指導者たちの選出に関与する民主国家では，二重の意味で重要である．それは，この指導者たちがその国の基礎科学の支援を決定するだけでなく，彼らが決定する政策課題の多くが技術的情報に強く依存するからである．国民の大多数が科学の誤った使用や疑似科学に騙されないということが，非常に重要である．

<u>われわれはすでにこれらの目標を達成しているか？</u>

伝統的な物理の授業は，入門物理コースではうまくいっているのだろうか？残念ながら，その答はあきらかに「否」だろう．多くの物理教育研究者による詳しい調査によれば，伝統的な物理の授業は大部分の学生に対してうまくいっていない．学生の多くが，物理が嫌いである．彼らの多くが，物理は日常生活とも長期的な目標とも関係ないと考えており，より上級の科学のコースの中で役に立つはずの基礎的スキルを獲得できないままで終わっている．

こうした困難は，一種の「インピーダンス不整合」であるように思われる．教授は情報を送り出し，送り出したものと似たものか同等なものが戻ってくるのを確かめてはいる（図1.3）．しかし，相手側で得られている理解は，そのきわめてわずかな部分でしかないのである．

---

[2] 結局は，実は，個々の学生に自分の学習についての責任があるのだ．しかし，ここでいいたいことは，学生たちは——われわれが彼らに何を投げ与えようと——すべて自分の力だけで学ばねばならないのか，あるいは適切に設計された教育環境のもとで訓練を積んだ指導者との相互作用によってよりよく学ぶことができるのか，ということである．これについての詳細は，第2章で「社会的学習の原理」の節のもとで議論する．

図 1.3 「送り出すと何かが返ってくる」という事実は，学生に十分伝わっているということを意味しない．とくに学生が大きな慣性をもつ場合には！

何がうまくいかないのか，それに対して何ができるのかを解明する

　もし私たちがこうした状況を改善したければ，最良の方法は，何が起こっているのか調べるのに科学の道具を使うことだ．われわれが理解したいと思っている現象を観察し，そしてわれわれが見いだすさまざまなことがらについてつじつまのあった理解を得るように努力する必要がある．教育の専門家や認知心理学者から，われわれは重要な次の2点を学んでいる．

・何が有効であるかを理解するには，われわれが何を教えているのかではなく，学生が何を学んでいるのかについて，注意を集中しなければならない．
・学生の成績をつけることよりも，もっとしなければならないことがある．彼らが何を考え，どのように学んでいるのかについてもっと耳を傾け，分析しなければならない．

もしわれわれが本当に学生の物理世界のとらえ方を変えたければ，まず，彼らがどう考えているのかを理解しなければならない．

サグレドの登場

　議論のこの段階において，私自身のものとは別の意見を導入する必要がある．長年物理を教えてきた経験豊かな物理の専門家にとってさえも，この本の内容のすべてが自明というわけではない．物理教育研究（Physics Education Research: PER）を通じて明らかになったことの多くは驚くべき内容であり，直感に反してさえいる．ときには，授業についての相互に矛盾する考え方がどちらも正しいよ

うに見えることもある．読者が議論の両側面を追いかけやすいように，私は仮想の同僚であるサグレドにお出まし願うことにする．

　サグレドは大きな研究志向の州立大学で活躍している優秀な研究者である．彼は，彼の物理入門コースの学生の学習状況に満足しておらず，時間をかけ，かなりの努力をしてきたにもかかわらず，状況をうまく改善できないでいる．昔からの偉大な物理学の伝統に従って［Galileo 1967］[3]，サグレドを，思慮深く知的な物理学者ではあるが，物理教育研究にはほとんど経験のない人物とする．私は，ガリレオの知的で公平な相談役であったサグレドを選んだ．というのは，本書は専門の物理学者や物理教師を読者に想定しており，彼らのほとんどは物理学に対して高度な知識をもってはいるが，人々がどのように物理について考えるのか，という論点に対してはそれほど深く考えてはいないと思うからである．

　前の段落の最後の文章に対して，サグレドはすぐに次のように応じるだろう．「私は，私が物理をどのように考えるのかなどにはまったく頓着しない先生から伝統的な方式の授業を受けて物理を勉強した．私がかつてできたことを，いまの学生たちはなぜできないのだ？」その理由は，現在のわれわれの仕事が物理学者を訓練することだけではないことにある．

　私は，かつて電磁気学を初めて教えたときのことをよく覚えている（メリーランド大学の物理学専攻2年生を対象としたもので，パーセルの魅力的で識見に満ちた教科書［Purcell 1984］[4] を使っていた）．そのときになって突然，すべてが物理的に首尾一貫したものであることに気がついたのである．それ以前にすでに，私はすべての公式を知っていたし，ジャクソンの教科書［Jackson 1998］[5] の数多くの問題をすばやく解くことができてはいたが，大学院生であった私は実際には「その物理的な意味を理解する」ことができてはいなかったし，できないことに気づいてもいなかった．この新しい発見によりいままでとは違った感覚で満たされ，愉快な気もちに浸ったとき，マクスウェル方程式による電磁気学を私はそれまでに，高校，大学，そして大学院を通じて5回くり返して学習してきたことに気がついた．

---

[3]（訳注）　ガリレオ著「天文対話」．邦訳が岩波文庫にある．サグレドはその登場人物の一人．
[4]（訳注）　邦訳「バークレー物理学コース　電磁気学」（丸善出版）．
[5]（訳注）　邦訳「ジャクソン　電磁気学」（吉岡書店）．

「でも…」とサグレドは答える．「たぶんきみには必要だったのだろう．初めから物理のすべてを理解するなんて，おそらく誰にもできることではないよ．」たしかに，最初に一目見ただけで何かを学べるなどとは，誰も思いはしない．ほんとうの理解に至るまでにわれわれはしばしば何度もくり返し考えなければならない．しかしそこが問題だ．私にあったのと同じだけの機会——すなわち物理を何度も異なるレベルで学び，やがてそれを教えるという機会——をもつ学生はきわめて少ないのだ．われわれは，6段階の課程における1段階の役割を決定しなければならない．もし自分の子供が音楽のレッスンを10年間続けることがわかっていたら，しっかりとした基礎技術習得のために，最初の年を音階と指使いの練習に集中してもよいだろう．しかし，そうはいかない可能性も高い．多くの，いやおそらくは大半の，子供たちは反抗するだろうし，2年目まで続けることはまずないだろう．

つまり，突きつけられた難問はこうだ．1年間に限られた物理入門コースの学生に，物理を有効な形で理解させることが，果たしてできるのだろうか？　あるいは入門コースの実際の役割は，これから先にある物理コースの基礎を与えることだけなのだろうか？　もし後者であるのならば，現在，高校や大学で物理入門コースを履修している学生たちの中で，その努力を続けるように推奨されるべきものはごく少数しかない．大部分の学生は，それ以降は，物理のコースは何も選択しないからである．しかし幸いなことに，われわれは学生がどのように学ぶかを理解し始めており，物理入門コースの学生の大部分が物理を理解できるようになる著しい教育改善が可能であることを見いだしつつあるのだ．

この時点でサグレドは文句をいう．「もし，物理入門コースを平均的な学生の成績が上がるように改良するのならば，優秀な学生たちを退屈させることになりはしないか？　彼らはとても大切な人たちだ！　彼らは，大学院に行き，将来物理学者になる，われわれの後継者なのだ．」サグレド，そんなことになるのであれば，われわれはおおいに心配しなければならないと，私も思う．たとえ50%の中間層の理解が改善されたとしても，最上位5%の理解度を低下させるのであれば，物理学の専門家集団にとっては破滅的なことだ．しかし，きわめて喜ばしいことに，学生たちがいかに考えるのかの理解に基づいた授業改革によって学習が改善されるのは「道半ば」にいる学生たちに限られてはいない．ここで「道半

ば」の学生というのは，コースが目指している目標にかろうじて到達するが，長期的に持続する成果を獲得するには至らなかった人たちのことである．過去10年以上にわたって物理教育研究の論文が蓄積してきた報告によれば，学生の認知過程の研究に基づくカリキュラム改革により，クラス上位の学生は中間の学生と比べて，理解度をより大きく伸ばしている（例えば［Cummings 1999］を見よ）．

なぜ物理教育研究か？[6]

ABPグループに属する物理教育の研究者と物理カリキュラムの開発者たちは，一つの共同体として，物理教育の理解とその成果の物理教育への適用に向けて努力している．こうした取り組みの性格を表す大切な言葉は「共同体」である．より効果的に物理を教えるためには，研究開発共同体の一員として共同で活動しなければならない，という哲学を共有する物理学者の仲間が増大しつつある．ちょうど科学界と産業界の科学者たちが，自然界の仕組みの理解と得られた理解の活用について共同で研究するのと同様に，われわれは共同で活動しなければならないのである．われわれは，観察，分析，統合といった科学の手段を用いることにより，学生がどのようにして学ぶのかについてより深く理解することができ，また，その理解を授業改善の手法を見いだすことに活用できるという信念を共有している．

なぜ，われわれが学生だったときの教師や，われわれ自身が教員になってから教えている学生たちを観察するだけでは不足で，それ以上のことをしなければならないのか．この問に答えるためには，科学と教育に関するわれわれの知識の性格について考察する必要がある．

人はどのようにして科学を学習し，また人がどのようにして学習するのかを研究するために科学をどう用いたらよいかを理解するには，われわれが学ぼうとしているその知識の性格について少しばかり考える必要がある．科学の目標は自然の法則を発見することだとしばしばいわれる．しかし，これはわれわれの目的を十分正確に表現しているとはいえない．われわれは，世界を理解する最もよい方

---

[6] この節のほとんどは，私のミリカン・メダル受章記念講演に基づいたものである［Redish 1999］．

法を作り出そうとしている共同体である，というほうがより適切であろう．こうした理解により，知識を実際にあるべき場所——つまり科学共同体の一部として機能している科学者の頭の中——に位置づけることができるのである．

共同体地図としての知識

科学が進歩していく過程は，地図の作製にたとえることができる．世界の地図を世界そのものと勘違いしてはいけない[7]が，それでも世界を歩き回るときには，地図はたいへんな威力を発揮する．世界の科学地図にとっておそらく最も重要なことは，それが個々の科学者による地図の単なる集積以上のものである，ということだ．科学の文化には，お互いの考えに対して，継続的に影響を及ぼし合ったり，情報を交換したり，評価したり，批判し合うことが含まれている．これから一種のまったく新しい事象が出現する．私はこれを「共同体で合意されている知識基盤」あるいはもっと簡潔に「共同体地図」とよぶことにする．私はこれを「理想化された科学の地図帳」と視覚的に表現することにする．ちょうど地図帳にはいろいろな個別の領域の地図が含まれているように，科学の地図帳には，個別の，相互に整合がとれてはいるが，不完全な領域を含んでいる．これらの地図は，重なる部分では一致しているが，宇宙全体を1枚の地図で表すことができるか否かは明らかでない[8]．いかに聡明であっても，科学共同体において共通理解されているこの地図と同等のものを所有している個人など存在しない[9]．

この点についても，サグレドは再び不満を述べるだろう．「でも，科学は決して個々の科学者の知識の集積ではないよ．われわれが物理として理解しているものは，現実世界の正確な表現なのだ．」サグレド，同意するよ．でも，この「正しい」知識とは何を意味するのか，そしてそれはどこにあるのか，ということをもう少しはっきりとさせなければならない．もしいかなる一個人も完全な地図をもっておらず，しかも知識のどの部分もつまるところは誰かの頭の中にあるとし

---

[7] ルイス・キャロルは，ますます正確な地図を作り続ける地図職人の共同体を描写している．最後に彼らは1対1のスケールの地図を作るに至る．しかし不幸なことに，その地域の住民は地図を広げることを拒む．「なぜなら，陽を遮り，農作物を枯らしてしまうからさ．」[Carroll 1976, p.265]
[8] 数学的には，これは球であってもあてはまり，単一の非特異的な地図ではユークリッド平面に投写できない．例えば [Flanders 1963] を見よ．
[9] ある領域については，共同体の地図よりも特定の個人の地図の方が優れているかもしれない．

たら，われわれが共同体として得た世界についての知識は，どのような意味において存在するのだろうか．その鍵は「一つの共同体として」という表現にある．

実際の地図は，われわれが科学を構築していくときと似た方法で作られていく．地図は，多くの測量士たちによって作られる．一例を挙げれば，たった一人で合衆国全体の地図を作製するためのすべての測量を行うわけではない．さらにいえば，作成された多くの地図帳はたがいにわずかばかり異なっている．しかし真の地図帳がたしかに存在することをわれわれはほとんど疑わない（もちろん，それはダイナミックに変化していくもので，あくまで現時点での分解能で制限されてはいるが）．

数学では，もしある関数列が定められたやり方でたがいに近づいていくならば，その関数列はコーシー列の性質をもつという[10]．たとえ真の極限値を解析的に求めることができなくとも，あたかもある極限値が存在するとして扱ってよい[11]．空間をコーシー列の集合で満たすことにより「完備」すれば，関数集合の本来的な数学的構造はよりすっきりとしたものとなる．それは有理数のすき間を実数で埋めていくようなものだ．決して完全な計算などできないが，もしこれを省いてしまったら，運動を記述することなどとてもできないだろう（図 1.4 を見よ）．

物理の多くの分野で，原理や法則の体系としての知識関数列は，およそ実際的な用途のすべてに関しては，収束している．例えば太陽系惑星の古典力学や弱く相互作用している系の熱力学などに関する，科学共同体での意見の一致はきわめて強固である．その理由の一部は，われわれはこの分野におけるほとんどの問題が必要とする分解能がどの程度かを知っているからである．ニューヨークの歩道のひび割れ状態を表す地図の有用性を見いだせないのとまさに同様の理由で，人工衛星の位置をナノメートルの精度で計算する必要性もないのである．

物理教育のための共同体地図の作成

われわれが物理教育について研究することが，安定して成長する共同体地図の

---

[10] 関数列 $\{f_n(x)\}$ において，n を大きくとればいくらでも関数の差を小さくすることができるとき，これをコーシー列という（任意の $\varepsilon > 0$ に対し，すべての x について $|f_n(x) - f_m(x)| < \varepsilon$ …を満たすような，$m, n > N$ となる N が存在する）．
[11] 数学的詳細については，例えば [Reed 1980, p.7] を見よ．

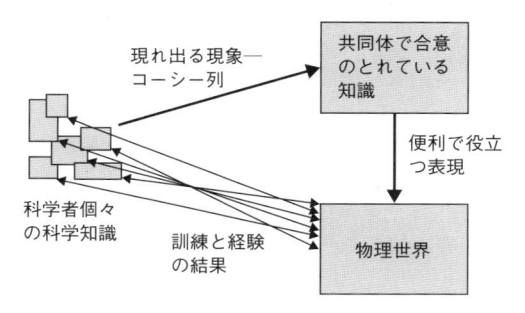

図 1.4 物理世界の科学地図を製作していく過程

形成につながっていくためには，この共同体の知識を文章化して記録し，そこに用いられた推測や仮定を検討や批判にさらす必要がある．これはとくに教育にとっては大切なことだ．

　すべての領域での人間活動は願望的思考に取り囲まれている——すなわち，われわれには，真実であってほしいと願っていることを真実であると信じこむ傾向がある．科学共同体として合意する知識基盤を構築する過程での，ある意味で最も大切な部分は，個々の科学者の願望的思考を見分けて，排除することである．この作業で欠かすことができないことには以下が含まれる．
・他人が評価したり再現したりできるよう，十分に注意を払い完璧を図って文章化した論文として結果を出版すること．
・異なる機器を用い，異なる文脈のもとで実験をくり返し行うこと[12]．
・一人の科学者の結果に対し，査読や，会議での発表や議論，さらに追試や発展研究を通じて，他人による評価と批判を加えていくこと．

　教育分野についていえば，願望的思考は存在するというだけにとどまらない．それは広範囲に及んでおり，さまざまな形態をとっている．
・献身的でカリスマ的な教師はその個性の力によって学生をやる気にさせ，平均よりもはるかによく学習させることができるかもしれない．そうした教師が自分のカリキュラムを，カリスマ性で劣る他の教員たちに広めようとしても，そ

---

[12] 実験はできる限り同じようにして行うが，しかしいくら同等の器具を用いても，完全に正確に実験を再現することは不可能である．こうした小さな違いにより，実験にとって何が大切であり（例えば抵抗器の色しま模様），また大切でないか（例えば配線の絶縁被覆の色）を理解することができる．

の方法がうまくいかないことがわかるだけであろう．

- 科目のレベルに比べて過度に厳密な授業を続けている教師が，学生がほとんど理解しておらず，授業を毛嫌いしているのに気づく．そこでこう思う．「なんということだ．でも彼らが年を取れば私が正しかったことに気づくだろうし，この授業とそこで学んだことの真価を理解するだろう．」

- 自分の学生がちっとも理解していないことを心配した教師が，状況を変えようと数々の改善を試みるが，少しもうまくいかない．「やれやれ」と彼はいう．「彼らはそもそも，どのような状況であっても，物理がわかるような学生ではないのだ．」[13]

　これらの事例は，その学問的レベルも授業への努力も尊敬できる私の物理の同僚たちについて，私自身が直接見聞きしたものである．これらの状況は，個々の教師が気づいているより，もっと複雑である．それぞれの状況において，もし学生の学習や教育法についてより理解が深まれば，もっとうまく対処することができるのである．

　教育に必要な共同体の知識基盤を構築するには，われわれがもっている科学的手段を総動員することが必要である．すなわち，観察，分析，統合に加えて，論文の出版，追試，評価などを通じて不適切なものの排除と清浄化を行う共同体としての手段である．この点についてサグレドは不満を述べる．「本当に，それほどまでの努力が必要なのか？　もちろん，きみのいうことがあてはまるような教師は居るし，きみの挙げた三つの『願望的思考』の存在も認める．実際，私にも当てはまることがある．しかし，よい教師だっている．私の先生の中にも一人か二人はそういう人が居たよ．そのような人々に教育に専念してもらって，入門コースの大半を受けもってもらえばいいじゃないか．」

　その通り，サグレド．いつでも優秀な教師はいる．彼らは優れた学生をさらに伸ばすだけでなく，学習意欲が足りず有能とはいえない学生でさえ，元気づけ教育することができる．しかしそうした教師はほんのわずかしかいない．しかも彼らの技は，意欲的で熱心ではあるが，生来の才能にそこまでは恵まれていない他

---

[13] この例からもわかる通り，願望的思考は状況をバラ色に見るということを，必ずしも意味しない．おそらくこの場合の願望的思考は「状況があまりにひどいので，私にできることはない．それゆえ，私が努力する必要もない」といったものだろう．

の教師たちに簡単に伝えることはできない．われわれが理解したいのは，優秀な教師が成功しているのは，彼らが何をしているからなのかということだ．それが理解できれば，成功している授業方法を，並外れたごく少数の専門家だけが実現できる「神業」から，教えることができ，学ぶことができ，強力な機器の力で支援できる「技術」へと変換することができる．科学の手段を用いて教育の過程に対する理解を築いていくことで，このような変換を実行することが可能になりつつある．

教育と学習に関する研究の教育へのインパクト

サグレドはまだ納得していない．「誰か他人の授業についての教育研究から，私自身の授業で何が起きているのかについて，いったい何がわかるのだろうか？ それぞれの状況は違っているのだ．学生も，教師も，大学もさまざまだ．これらの違いのそれぞれが重要なのだ．」その通り，サグレド．違いはあるし，その違いは重要である．しかし，研究から解明された事柄の多くは，多くの異なる状況の中で何が起きているのかを解明するのに十分なほど堅固なものであった．教育研究が，教師にいかなる影響を与えたのか，2人についての具体例を以下に説明する．

<u>優秀な学生でも物理は苦手</u>

物理教育研究者たちによる科学共同体の構築がいかにして広がり，またそれがどのように各個人を変容させるのかを示す一例がエリック・マズール（Eric Mazur）によって語られている．マズールはハーバード大学の権威ある教授ポストについている．マズールはイブラヒム・ハロウン（Ibrahim Halloun）とデビド・ヘステネス（David Hestenes）によって1985年に書かれた論文を読んだ．その論文には，物理教育研究によって明らかとなった，学生が物理概念を獲得する際に遭遇する一般的な困難について書かれてあった［Halloun 1985a］．しかしマズールはこれにいささか懐疑的であった．というのも，学生たちが彼の試験で得ている成績がそれなりに満足のいくものであったからである．ハロウンとヘステネスの論文には学生が力学の基本概念を獲得しているかどうかを判定するための29項目の多肢選択式設問からなる調査テストが提示されていた[14]．マズール

はこの問題を見て，簡単すぎると思った．彼は，ハーバードの学生たちならば，これらの問題のどれについても，まったく問題なく対処できるだろうと確信した．そこで物理入門コースの授業のあとで，適切な指示をしたうえでそのテストを実施することにした[Mazur 1992]．問題を見るなり，ある学生が質問してきた．「マズール教授，これらの質問にどう答えたらよいのでしょうか？ 先生が教えてくれた通りにですか，それともこれらの事柄について私が考える通りにでしょうか？」[15] マズールは，自明と彼が考えていた問題について，いかに多くの学生たちが正解できなかったかを知って愕然とした（例として，図 4.1 に示されている問題を参照のこと）．彼は，自分の授業を一つの研究課題として考え始めた．

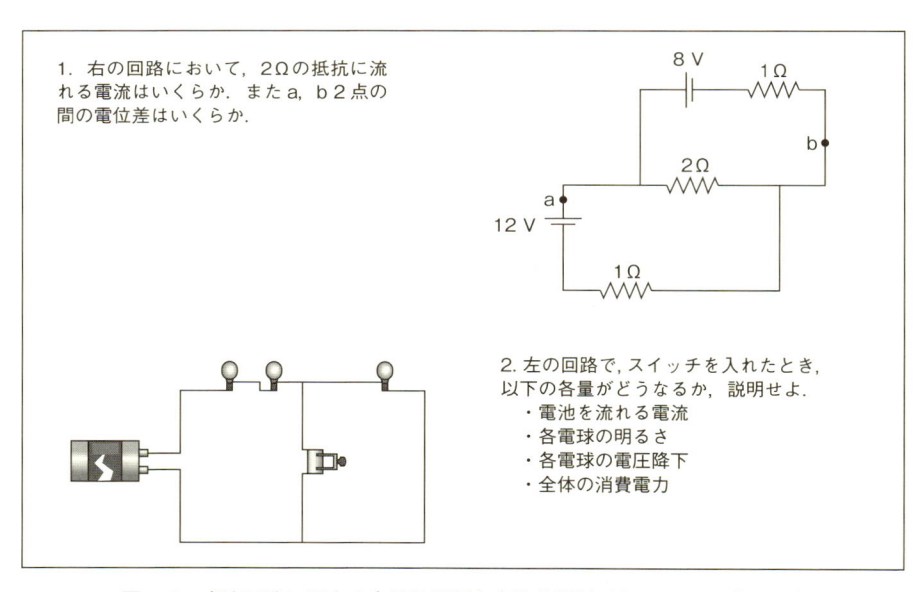

図 1.5　直流回路に関する定量的問題と定性的問題（[Mazur 1997] より）

---

[14] このテストの改訂版にあたる，力学概念調査（Force Concept Inventory：略称 FCI）については，第 5 章にある FCI に関する議論を見よ．
[15] これから，マズールと私の「ハーバードの学生は優れている」という先入観が正しいことが確かめられた．多くの学生はこれと同様の二分対立（矛盾した考え方）をもっているが，その存在に気づいていない．伝統的な授業のあとに行った場合のこのテスト結果についてのわれわれの現在の理解に照らせば，ハーバードの学生は実はよい成績をとったのだが，マズールが期待したほどにはよくなかった．

マズールは，学生がもっていることが明らかになった，一定の手続きに従って（すなわちアルゴリズム的に）問題を解く解答スキルと，それまで学習の過程で自動的に獲得されると想定していた概念的な理解との違いを詳細に研究し，論文にまとめることを始めた［Mazur 1997］．彼が担当している代数を基礎とする[16]物理クラスでの試験で，図1.5の問題を出題してみた．

　第一問の正答率が75％であったのに対して，第二問の正答率は40％であった．ほとんどの物理学者は，第二問は回路の短絡であり，解析はより簡単で，設問の一部は自明だと考えるにもかかわらず，学生たちは第二問のほうが第一問よりもずっと難しいと感じたのである．この研究を含め，多くの論文[17]の示すところでは，学生は物理を正しく理解していなくても，手続きに従えば解けるアルゴリズム的な問題に正答することができることがしばしばある．

　このひらめきが訪れる以前は，マズールは人気のある愉快な「講師（lecturer）」であった．物理教育研究と出会ったあとは，きわめて優れた効果的な「教師（teacher）」となった．

自分で確かめるまでは信じられなかった

　研究結果を共同体内でたがいに交換することの重要性を示す第二の例として，私個人の経験を紹介しよう．アーノルド・エイロンズ（Arnold Arons）の物理教育に関する本［Arons 1990］が最初に出たとき，私はほんとうに嬉しかった．当時はまだ私は物理教育研究者ではなかったが，何年ものあいだ，物理教育には強い関心を抱いていたからである．私はエイロンズの論文の多くを読んでおり，これらの論文の重要性を認識していた．さっそく本を隅から隅まで読み，詳細な注釈をつけた．この本の第6章（p.152）には次の記述がある．「このようにすれば，磁石のN極と正電荷が反発し合うという類の間違った理解を排除することができる」当時，私はこれについてとくに気に留めていなかった．私のもっているエイロンズの本には，この箇所にアンダーラインさえついていない（この章では，全体の5分の1に私のアンダーラインが引かれていた）．

---

[16]（訳注）　微積分を用いないことを意味している．
[17]　例えば，［Halloun 1985b］．

しかし 1994 年 1 月，ワシントン大学の物理教育研究グループは，磁気について学んでいる工学系の学生の反応についての調査結果を報告した［Krause 1995］．従来から多くの教師や教科書執筆者は，ちょうど私がそうであったように，学生は磁気についてほとんど知らないので，このテーマを電荷とのアナロジーにより導入するのが最適であると思いこんでいる．電荷については通常，磁気のすぐ前に学習しているからである．ワシントン大学物理教育グループは，図 1.6 の簡単な問題を用いた調査により，磁気の講義以前には 80％以上の工学系の学生が電荷と磁極を混同していることを明らかにした．伝統的な磁気の授業を終えたあとでもこれが 50％以上の値にとどまっている．これを知り，私はびっくりするとともに落胆した．私は磁気の授業を断続的にではあるが，ほぼ 25 年間続けてきており，この研究発表当時にも教えていたのであった．それだけでなく，私は学生のいうことに注意深く耳を傾けていると信じており，学生が何か新しいことがらを学ぶときには以前学んだ知識をもちこむという論点をすでに十分意識していた．それなのに，そのような混乱が一般的なものとは想像していなかった．クラスに戻るとすぐに私は調べてみた．いうまでもないことだが，その結果はワシントン大学グループによるものとまったく同じであった．

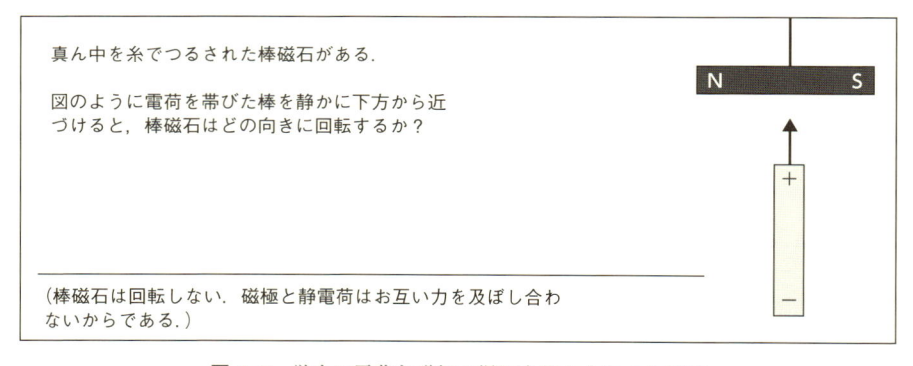

真ん中を糸でつるされた棒磁石がある．

図のように電荷を帯びた棒を静かに下方から近づけると，棒磁石はどの向きに回転するか？

（棒磁石は回転しない．磁極と静電荷はお互い力を及ぼし合わないからである．）

図 **1.6** 学生の電荷と磁極の混同を明らかにする問題

エイロンズの本は「教師が教師に向けて書いた指導書」の中で，いまだに最良なものの 1 冊である．しかしエイロンズの洞察に対する敬意にもかかわらず，学生が電荷と磁極を混同してしまう可能性の重要性に対しては，当時の私は懐疑的であった．それどころか，私の個人的経験はこれに反すると感じていた．しかし，

ワシントン大学グループによる強固な実験結果[18]が出たことによって，私はようやくこれを確信するに至った．

注意すべき点

教育研究は非常に複雑なシステムを取り扱う．現時点では，学生の行動を観察することによって得られる現象論的な教育研究も，細部まで制御された（しかもときには不自然に仕組まれた）実験での個々人の反応を観察することから得られる認知科学も，一つの一貫した理論的枠組を形成するには至っていない．実際，個々の詳細な実験結果から何が推論できるのかがわかりにくいこともある．

しかしわれわれ物理分野の人間は，科学における進歩は，理論と実験というパートナーの間の絶え間ないダンスがもたらすことをよく知っている．まず一方が導き，他方がこれに続くのである．データを集め，生じるあらゆることがらを「ウィザード・ブック[19]」に記録していくだけでは十分でない．それは科学ではない．また，泥臭い「現実によるチェック」にさらされていない高尚な理論をただ振り回すものも科学ではない．科学であれば，何が起きているのかについての明確で首尾一貫した描像の構築と，絶えず現実の世界と比較して確認し修正を続けることとを同時に行わなければならない．

現時点においては，教育研究と認知研究と神経科学を組み合わせても，学習に際し学生の心がどのように機能するかについての首尾一貫した整合性のある描像は得られていない．実際，観察結果を不適切に一般化したり，不確かな心理学の学説を厳密なものとして解釈したりしてしまうことにより，多くの問題が生じている．行動科学研究により導かれた法則を，（教室での授業における！）現実の実験データと絶えず照合することをせずに不注意に用いると，間違った結果に導かれる．

しかし多くの場合，教育研究は，何が「うまくいかない」かは教えてくれる．

---

[18] さらにつけ加えれば，この結果は以前より知られていたし，論文も出ていた．しかし，私が定期的に目を通す手に届く範囲にある論文誌にはなかった．［Maloney 1985］を参照せよ．

[19] （訳註） 直訳は「魔法使いの本」であるが，コンピュータの「ウィザード」はコンピュータの質問に答えていけば目的が達せられる機能を意味するので，これに引っかけている．

問題解決のための処方箋までは教えてくれないが，教育研究や認知科学から得られる帰結は自身の学生に対する考え方を組織化してくれるし，何に注目したらよいのかを改めて教えてくれる．私はかつては教える物理の内容構成ばかりに注意を払ってきたが，いまでは学生たちが私の授業に参加して，いったい何をしているのかにも注意を払うようになった．これは，教える内容を重視することは，さして必要でないとか，問題にすべきでない，ということでは決してない．何を教えるかは大切である．しかしそれは私たちの学生がこれをいかに学ぶのか，という文脈（context）[20]の中で考えなければならないのだ．

この本は何についての本か

この本で目指したことは，現代における最善の教授法を実践することに関心のある物理教師に対して，指針を与えることにある．こうした教授法は，いかにして物理を教えたらよいかを解明するため，われわれの共同体が科学的な手法を用いて開発してきたものである．物理スイート（および物理スイート教材を用いた授業にうまく適合し，また容易に統合できるような他の教材）の構成要素については6～10章に記述されている．

これまでに，学び手を中心にすえた優れた物理教授法が開発されてきたが，それらの中にプラグ-アンド-プレイ式にすぐに使えるようなものは一つもないことを知っておくことは大切である．学生を中心にすえた授業は，学生が自分で何をしようと勝手なまま放置されることを意味しない．これらの現代的な教授法は，教員に対して，学生にしっかりとした指針を与え，新しいやり方で学生と接することを学ぶことを要求する．そのためには，新しい授業方法が前提とする考え方や，そこで用いられる手法について，教員が十分な知識をもつことが必要である．

これら新しい教授法の裏づけとなる文献のほとんどは，学生の遭遇する困難について，これら困難の生じる環境や頻度を記録した明白なデータがあればそれも添えて，議論している（"Resource Letter on Physics Education Resarch（物理教

---

[20]（訳注）　文脈とは，狭義には文や文章における語の続きぐあいを示す言葉であるが，本書ではより広義に，ものごとの背景や状況などを示す言葉として使っている．

育研究に関する資料集)"［McDermott 1999］を見よ）．

　理論物理学者である私は，多数の資料を，理論的枠組の中に組みこむことなく，そのまま提示することに居心地の悪さを感じる．そのような枠組は，研究文献の記述や授業の中から見えてくるものの意味をくみとる手助けとなる．教育データを読み解くための適切な枠組は，学生（そして一般の人たち）がどのように考え推論するかについての理解である．そこで，認知科学の分野のこれに関係する話題と，それが教育指導について何を教えてくれるかについて，かなりのページ数を割いて章立てした（第 2 章）．本質的には物理の本である本書の構成としては，これは奇妙に見えるかもしれない．しかし物理教育で教えることは，物理だけではなく，われわれが物理についていかに「考える」か，をも含んでいるのだ．

　したがって，われわれの学生がどのように考えるのかについて理解しておくことは有益であろう．サグレドはこの点について神経質になっている．「私も大学で心理学を勉強したよ．それはみなばかげていて，夢のように再現性のないことや，ネズミに迷路を走らせたりするような的外れなことばかりだった．たくさんの対立し合う学派や流行があり，生まれては消えていった．そんなところにわれわれにとって有益な何かが本当にあるのかね？」その通り，サグレド．私も大学で心理学を選択し（1960 年），ほとんど落胆して終わった．しかし，それ以来，多くのことが起きている．いまだに複数の学派があり，対立する見解がある．しかしたいへん興味深いことに，少なくともわれわれにとって有益になりうるいくつかの要素について，広範囲の合意が形成され始めている．

　次の二つの章で，物理教育に関連のある，学習と思考に関する認知モデルの要素について議論する．また，教育をよりよく理解し，また改善することを手助けする指針と経験則を提示する．

第2章 認知科学の原理から導かれる授業へのガイドライン[1]

> 理論の裏づけなしにやみくもに実践に励む者は
> 舵と羅針盤なしで
> 船に乗る水夫のようなもので
> どこに錨を下ろしてよいのかまったくわからない.
> ——レオナルド・ダ・ヴィンチ
> [Fripp 2000] の引用から

　学生に授業を行うとき，われわれはつねにいくつかの自分なりの想定をしている．それは，例えば，学生に与えたものを彼らがどう扱うかや，学習というものの性質や，その特定の授業のそれぞれの到達目標についての想定である．これらの想定は，明示的に記述されていることもあるが，多くの場合はっきりとは記述されず，また議論されることも滅多にない．こうした想定の中には，授業の到達目標などのように，われわれ自身が選んでいるものもある．学生を一つの物理的なシステムと見なして，その性質と応答について設定される想定もある．この学生というシステムのはたらき方についてのわれわれの考えが正しい場合もあれば間違っている場合もある．

　学生についての間違った想定のうえに授業を設計すると，その結果は予期したものとは劇的に異なることになるだろう．効果的な授業を設計するためには——さらにいえば，効果的授業とは何を意味するかを理解するためには——，学生の脳がどのように機能するかについてある程度理解しておくことが必要である．過去50年以上にわたる認知科学，神経科学，教育学などの分野での研究から，脳の働き方についての多くの知見が得られている．本章と次章で，私は，認知モ

---

[1] 本章の一部は論文 [Redish 1994] をもとにしている．

デルの重要なポイントを要約し,授業という文脈との関係という観点からその情報を整理する.そのうえで,それらのポイントから物理教育に対してどんな示唆が得られるかを,学生のもつ既得知識の影響や,物理の学習に関係する内容以外の要素など,いくつかの具体的な点を挙げながら考察する.本章の最後で,学生の学習に関するわれわれの明示的な認知モデルから,われわれの教室で起きていることの理解や,われわれの授業の改善を支援するどんな指針がどうして得られるかを議論する.

認知モデル

学習を理解するには,記憶,すなわち「情報の脳への蓄積され方」について理解しなければならない.今日,最新の認知科学では,記憶の働きかたについての複雑かつ詳細な体系的知見が得られている.海のカタツムリであるアメフラシ(Aplysia)[2]などのいくつかの単純な生物については,記憶の過程が,神経化学のレベルに至るまで解明されている[Squire 1999].物理の教育と学習の理解という「応用」のためには,このレベルまでの詳細さで知る必要はない.いくつかの基本的な原理が決定的に重要な問題の理解に役立つだろう.

記憶のモデル

人が記憶という機能を用いることで行うことができる多種多様なことがらがすべてを考えれば,記憶が「高度に複雑で構造化された現象である」ことは明らかである.幸いなことに,物理教育をより効果的にする方法を学ぶためにはこの構造のほんの一部を理解すればよいのである.われわれにとって重要な考え方がいくつかある.第一に,記憶機能は作業記憶と長期記憶という二つの主要な構成要素に分けることができる.

---

[2] アメフラシはかなり少数の神経細胞――約2万でそのいくつかは非常に大きい――からなる神経組織ときわめて単純な行動様式をもっている.このため,それは要素還元主義の神経科学者にとってお気に入りの研究対象である.例えば[Squire 1999]を参照されたい.

- 作業記憶は高速だが限定的である．少数のデータの塊（blocks）しか取り扱えず，その内容は数秒後には消えてしまう傾向がある．
- 長期記憶は，「事実やデータおよびそれらの用い方と加工の仕方」についての莫大な量の情報を保持することができる．そして，こうした情報は（数年ないし数十年もの）長期にわたって保たれうる．
- 長期記憶の大半の情報は，すぐには呼び出すことができない．長期記憶からの情報を使用するには，それが活性化される（作業記憶にもちこまれる）必要がある．
- 長期記憶の情報の活性化は，（小さな安定的な部分からその場で作り出されていくという意味で）創造的であり，（一つの要素の活性化が，他の要素群の活性化を導くという意味で）連想的である．

　本節の以下の部分では，われわれにとってとくに関係がある記憶の特質のいくつかについて詳しく述べる．

1. 作業記憶

　作業記憶は，記憶機能の中で，われわれが問題解決や情報処理，そして意識の内に情報を保持するために用いられる部分と思われる．認知科学者と神経科学者は作業記憶をかなり詳細に研究してきた．作業記憶の理解は思考の理解のために重要なだけでなく，作業記憶は，注意深く制御された実験によって直接的に研究することができるからである［Baddeley 1998］．われわれの目下の関心事にとっては，次の二つの特徴がとくに重要である．
- 作業記憶は限定的である．
- 作業記憶は明確に区別できる言語的な部分と視覚的な部分とからなる．

作業記憶は限定的である　作業記憶を考慮するにあたって決定的に重要な点の一つ目は，作業記憶は，はかなり少数の「ユニット」ないし「チャンク（chunk）」しか一度に扱えないということである．初期の実験［Miller 1956］によれば，その数は「7 ± 2」である．「1ユニットというのは何を意味するか？」をたずねて初めて，この数の意味を理解することができる．ミラー（Miller）の実験は，数字，文字ないし，単語の列（string）に関するものだった．しかし，人々がはるかに

膨大な思考を構築できることは明らかだ！　もし私が弦理論（string theory）の中の一つの定理の証明に含まれるすべてのことを書き出さねばならないとしたら，数百ページないしおそらく数千ページを必要としてしまうだろう．もちろん，肝心なのはそうはしない（すなわち，すべてを書き出さない）ことである．われわれの知識は，われわれの限定的で短期的な処理能力でも作業可能な塊（またはチャンク）の階層構造の中にまとめられている．

　あなた自身の頭の中の作業記憶の構造を知るためには，以下の数列を記憶しようと試みるとよい．

　　　3 5 2 9 7 4 3 1 0 4 8 5

　この列を見て，自分で声に出して読み上げてみるか，誰かに声を出して読んでもらい，10秒間目をそむけたあと，もとの数列を見ないで，自分でこの数列を書いてみよう．結果はどうだろうか？　この課題を与えられた人の大半は，最初と最後のいくつかの数について正解するが，中ほどの数についての成績は非常に悪い．次に，以下の数列について同じようにして見るとどうなるだろう．

　　　1 7 7 6 1 8 6 5 1 9 4 1

　あなたがアメリカ人で，しかもこの数列中のパターンに気づいたなら（これを四つずつの数字の塊に分けてみるとよい），これらの数字をすべて正しく答えるのに——たとえ1週間後であっても——さほど苦労しないだろう．

　第二の数列における四つずつの数字のグループが「チャンク」である．四つの数字からなる数列はそれぞれがある年号を連想させ，四つの独立な数字としては見られない．ここで注目に値する興味深い点は，この第二の数列を見ても，都合よく年号としてグループ化することにすぐには気がつかない人たちもいることである．その人たちは——このチャンク化の仕方が示されるまで——最初の数列と同じように苦労するのである．このことは作業記憶に関する一連の興味深い問題を示唆している[3]．

---

[3] もちろん，この例において，数字を思い出すのを容易にする要因は単にチャンク化だけではない．それは他の，意味をもった知識との強固な結びつきである．

- 作業記憶は大きさが限られているが，相当複雑な構造をもつチャンクを取り扱うことができる．
- 作業記憶は長期記憶と独立に機能するのではない．作業記憶中の個々の事項の解釈と理解は，長期記憶におけるそれらの事項に関係する要素の存在とそれらの間の関連づけ（association）から影響を受ける．
- ある情報が作業記憶の中で占有するチャンクの実効的な数がいくつになるかは，その個人の知識と心的状態（すなわち，その知識が活性化されているかどうか）に依存する．

　上の第二の点は，読書について考えてみれば，かなり自明である．われわれは文章を，文字ごとに見るのではなく，単語ごとに見ている．そしてこれらの単語の意味は長期記憶の中に記憶されているはずである．上の第三の点にはさまざまな文脈でくり返し出会うことになる．すなわち，学生が，自分たちが出会うある情報にどのように反応するかは，彼らがすでに知っていることがらと，彼らの心的状態——すなわち，彼らがどの情報にアクセスするように動機づけられているか——に依存する．

　ある個人にとって，「ある情報がいくつのチャンクから構成されるか」は，長期記憶の中にそれらに関連する知識要素があるかどうかだけでなく，その知識がどれだけ強固でアクセスしやすいかに依存する．ある知識——ある事実ないし操作——がたやすく取り出すことができて，作業記憶中の一つのユニットとして容易に使用できるとき，その知識は「コンパイルされている」という．これについては，コンピュータプログラミングをかなりよい比喩として用いることができる．コンピュータの高級言語のコードが一行一行機械語の命令に翻訳されなければならないとき，コードの実行は遅い．もしコードが直接コンパイルされていて機械語の命令に変換されていれば，コードははるかにすばやく実行される．

　学生が遭遇する困難の一部は——そしてわれわれがそうした学生の困難を理解するうえで遭遇する困難——は，このような状況から引き起こされる．物理教員は，コンパイルされた多数の大きな知識の塊を扱っている．その結果，教員にとって単純に思える多くの議論が，学生の作業記憶の限界を超えるのである．学生がそれらの知識をまだコンパイルしていない場合，教員には作業記憶における少数の操作で行える議論が，学生にとっては，中間段階の情報を一時的な貯蔵庫に置

いて推論の他の部分を実行するなどしながらの,一連の長い操作を要求される議論になりうる.

情報の列を思い出そうとする被験者に関する研究は,被験者がその情報を記憶にとどめようと意識的にくり返し覚えこもうとしない限り,それが作業記憶から数秒で消え去ることを示している[Ellis 1993].この作業記憶の反復確認過程は「リハーサル(rehearsal)」とよばれている.電話帳で電話番号を探し出すことを考えてみればよい.ほとんどの人は,積極的にくり返さない限り——その番号をダイアルするのにかかる数秒間でさえも——覚えていられないだろう.

作業記憶の寿命が短いことは,会話および文章のどちらによる場合にも,われわれの他人とのコミュニケーションの仕方に対して重大な意味をもっている.コンピュータ科学では,後に利用できるように情報を脇にどけて保持することを「バッファリング」とよび,この情報を貯蔵する場所を「バッファ」とよぶ.人間の記憶のバッファは(時間がたつと情報が消えてしまう)いわば揮発性のメモリーで数秒の寿命しかないので,まだ与えられていない情報に依拠する情報を提示すると混乱を招きやすい.それは,学生の講義を理解する能力や,ウェブサーファーがウェブページを理解する能力を低下させることにつながる[4].

作業記憶は言語的な部分と視覚的な部分に分けられる　認知科学の分野の多数の文献[5]が報告している作業記憶の第二の特徴は,作業記憶がはっきりと区別できる複数の構成要素からなるということである.少なくとも作業記憶の言語的要素(音韻ループ)と視覚的要素(視覚的スケッチブック)は異なっているようである(私は他の要素,例えば数学的あるいは音楽的な要素が独立していることを示す証拠を認知科学の文献で見たことがない).このことは二つの言語的な課題同士や二つの空間的な課題同士の間の妨害的な干渉の方が,視覚的な課題から言語的な課題への(あるいはその逆の)妨害的な干渉よりもはるかに大きいということから示されている[6].

---

[4] コミュニケーション理論では,このことから,会話[Clark 1975]と文章作成[RedishJ 1993]における「既得の情報に関連づけて新しい情報を提示する原則(既有・新情報原則,given-new principle)」が導かれる.
[5] [Baddely 1998][Smith 1999]およびその中の引用文献を見よ.
[6] 神経生理学的研究からも,この点に関する有力な証拠が示されている[Shallice 1988].

2. 長期記憶

長期記憶は基本的にわれわれのすべての認知的経験——慣れ親しんでいる対象を認識することから文を読んで理解することまですべて——に関わっている．重要な結果は，長期記憶からの想起は創造的で，文脈に依存しているという点である．

長期記憶は創造的である　ここで「創造的（productive）」という意味は，記憶の応答は能動的なものだということである．情報は長期的な保管庫から作業記憶に移され処理される．多くの場合，この反応は，単にすでにあるデータとの一致を探すことではなく，格納された情報をもとに新たにまた創造的に一つの応答を組み立てることからなる．この構築活動は能動的だが，多くの場合，自動的で無意識の過程である．その典型例として小さな子どもの言語の習得活動を考えてみよう．子どもは自分が聞いたものから自分自身で文法を創造する[7]．想起のプロセスのもう一つのモデルはコンピュータのコードである．例えば $\sin(0.23\text{rad})$ の計算結果は，コンピュータでは，データの表が格納されていてそれから補間により得られることもあるし，実行すれば適切なデータを生成する命令コードの列が格納されていてそのプログラムを実行することにより得られることもある．脳の中でもこの両者のそれぞれに類似することが行われているようである．

脳が処理しているのは，単なる知覚的なデータではないことが別の例からもわかる．対象の想起とそれを同定するような認知的プロセスも創造的なものなのである．図2.1の絵を見よ．白い背景上にたくさんの黒い斑点が散らばっている．ある人にはこの絵の題材がすぐにわかるが，他の人にはなかなか見つけられない（しばらくこの絵を見てもわからなければ脚注[8]を見よ）．たとえあなたがこの絵のもとになっている写真を見たことがなくても，あなたの頭脳は相互にあいまいに連関している斑点をまとめあげてイメージを「構築する」ことで創造的に認識する．いったんそれを見つけると，それ以前にはどのように見えていたかを思い出すことは難しいだろう．あなたが斑点の中にその絵を見いだせなかったときに

---

[7]　彼らは必ずしも両親と同じルールを創造するわけではないという事実は，言語が進化する原因の一つである．
[8]　葉の茂った木の木陰で，ダルメシアン犬が左向きに頭を下げて道路上の水たまりから水を飲んでいる．

は，そこに絵はあったのだろうか？ あなたがそれを見つけてしまったら，その絵はどこにあるのだろう？ 紙の上にだろうか？ それともあなたの脳の中にだろうか？

図 2.1　1 匹の動物の絵 [Frisby 1980]

長期記憶は文脈に依存する　ここでいう**文脈依存**とは，心的刺激に対する認知的応答は，(1) 外部状況とその刺激の与えられ方，および (2) 刺激を与えられたときの応答者の心的状態，の二つに依存するという意味である．第一の点が意味するのは，例えば，ある学生が長期記憶からもち出す道具は，物理の授業で投射運動の問題を与えられた場合とソフトボール場で同じような問題が生じる場合とでは違うことがあるということである．第二の点の意味を理解するために，ある学生がエネルギーによる方法でも力による方法でも解ける物理の問題を与えられた場合を考えてみよう．この問題の前に力に関する問があった場合には，その問がなかった場合よりも，学生は力を用いる可能性が高い [Sabella 1999]．

　人が状況の分析のために（長期記憶から）もち出すものに対する文脈依存の影響を見るために，次の例を考察しよう[9]．私が 3 × 5 インチ（約 8 × 13 センチメートル）のファイル用カードの束（たば）をもっているとする．それぞれのカードの一方の面には文字が，反対側の面には数字が書かれている．束の中から 4 枚の

---

[9]　[Wason 1966] [Dennett 1995] からの改作．

カードを引き，図 2.2 のようにテーブル上に置く．そして私が，「この 4 枚のカードは，片面が母音のときその裏面は奇数であるという性質を満たしている」と主張したとしよう．カードがこの特性を満足するように正しく選ばれていることを間違いなく確かめるには，あなたはこのカードのうち何枚を裏返す必要があるだろうか？

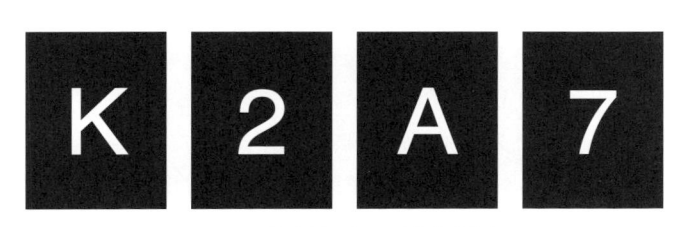

図 2.2 抽象的な問題（本文参照）

脚注の解答を見る前に，この問題に挑戦してみてほしい[10]．ただし注意せよ！あなたはこの主張と質問の両方を注意深く読む必要がある．同じような問題を異なる文脈のもとに置いたのが次の例である．

あなたは地元の学生向けのカフェバーの監視人兼警備員として勤めている[11]．そして年齢確認のための身分証（ID）チェックにずっとドアのところに立っている代わりに，他の仕事もできるようにテーブルに座っている．顧客が来て注文を受けるたびに，ウェイターはカードの片面にオーダーを，もう片面にオーダーした顧客の年齢が何歳ぐらいであるかの推定値を記入してもってくる．それを見てあなたは ID チェックをしにいくかどうかを決める（ウェイターは信用でき，その推測もかなりよく当たっているものとする）．

ウェイターが 4 枚のカードをテーブルに落としてしまい，それが図 2.3 のよう

---

[10] 私が本当のことをいっているかを確かめるためには，最大で 2 枚めくるだけでよい（もし最初のカードが違えば，私が間違っているとすぐわかる）．関係するのは数字「2」のカードと，文字「A」のカードだけである．私の言明は，「～のとき」と述べているだけで，「～のとき，かつそのときに限り」といっているわけではないことに注意せよ．$p \rightarrow q$ が成り立つか検証するには，同等の宣言である $p \rightarrow q$ と $\sim q \rightarrow \sim p$（$\sim q$ とは「q でない」ことを表す）を検証すればよい．

[11] これは高度に文化に依存する例である．これを解くには，アメリカの大半の自治体では，21 歳未満の個人によるアルコール飲料の購入は法律で禁止されているということを知っている必要がある．この問題をこの文化的文脈に置くと，この問題を解く手段を与えることになるとともに，一部の解答者の懸念を広げることにもなる．給仕人が信用できるのか，あるいは例えば友だちが関係している場合には嘘をついていないかを心配する者もいる．

に並んだとしよう．テーブルに戻ってIDをチェックするか決めるために，あなたはどのカードをめくるだろうか？[12]

この問題は前の問題と数学的に同一構造である．しかし，大人のアメリカ人のほとんどは最初の問題をきわめて難しいと感じる．彼らは誤って推論するか，あるいは問題文中の一，二語を見落としたり，解釈し間違えて別の問題として読んでしまうのである．私はこの二つの問題を物理学科の講義で何度も取り上げてきた．受講者の3分の2以上がK2A7問題を1, 2分考えたあと，間違える．それに対して後者の問題はほとんど全員が瞬時に正解することができる．

この二つの問題は，創造的推論と文脈依存性の双方について非常によい例となっている．この二つのケースで，大半の人は二つの問題に答える際に異なる種類の推論を行っている．第二の問題には，社会的経験との照らし合わせ，すなわち数学的推論とは非常に異なる方法で扱われる知識，を用いている．

図 2.3 より具体的なカード問題（本文参照）

この結果は，物理のトレーニングをまだ受けていない学生を教育するうえで大きな示唆を与える．第一に，「学生が一度学習したことは身についている」という仮定が間違っていることを示している．学生が数学の授業で学習したはずのことを使おうとしたことのある物理教員の多くはこの問題に気づいている．ここで掲げた例は，問題の文脈を変化させるだけでも問題をはるかに難しくすることがありうることを示している．第二に，この例は，われわれにとっては16/Coke/52/Gin&Tonic問題のように十分に慣れ親しんでいると感じられる問題ないし推論でも，学生にとってはK2A7問題のように感じられることもありうるこ

---

[12] あなたは「16」および「Gin &Tonic」と書かれたカードだけをめくればよい．21歳以上の人が何を注文しようと関係ないし，コークは誰でも注文できる．

とを示しているのだ．われわれに必要なことは，われわれにとっては自明と思える推論の筋道を学生が見つけられずにいても，忍耐強さと共感を維持することである．

長期記憶は構造化されておりかつ連想的である　前項で挙げた例は，「長期記憶における知識の活性化は，構造化されており連想的である」という基本原理を例証している．刺激が与えられたとき，知識のさまざまな要素が活性化される（すなわち作業記憶にアクセスできるようになる）．どの要素が活性化されるかは，その刺激の与えられ方とそのときの心的状態（文脈）に依存しうる．それぞれの活性化は，別の活性化を導き，「活性化の拡散」の連鎖を生じる［Anderson 1999］．

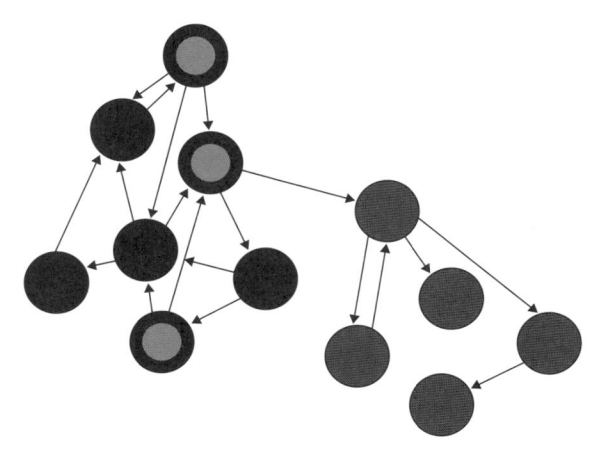

図 2.4　相互に関連し合う文脈依存のスキーマを示す例

学生の推論を理解する鍵は，知識要素を活性化するこの「連想のパターン (patterns of association)」を理解することにある．この知識要素の連想パターンは，一般には，「知識構造 (knowledge structure)」とよばれることもある．さまざまな文脈の中で，高い確率で相伴って活性化される傾向にある連想のパターンは，しばしば「スキーマ (schema)」［Batlett 1932］［Rumelhart 1975］とよばれる．これは図 2.4 に示されている．それぞれの円は知識の一要素を表している．矢印は，

ある要素の活性化が別の要素の活性化を導く可能性を示している．色分けされた円の組が，スキーマ——連鎖的に活性化されやすく，相互に関連づけられている，知識要素の体系——を示している．左側のいくつかの要素が多重の円になっていることに注目してほしい．これは，特定の知識要素は，文脈によって異なるスキーマを活性化しうることを示している．

一つの例として，ビーチパーティーで初対面の人と出会うことを考える．この人との会話の中で，あなたはいくつもの応答を活性化させる——相手がもち出した話題についてのあなた自身の知識を探したり，会話を続けようという関心を示すためのボディランゲージを見いだそうとしたりなどである．

もし，その後パーティーの最中にこの人が倒れて意識を失ったとすると，異なる知識と応答の連鎖が引き起こされる．この人は大けがをしていないだろうか？緊急治療室に運ぶ必要があるだろうか？　この人を動かしてよいのか，あるいは医療関係者をよぶべきか？　あなたはここでも，一人の人間としてのこの人物に対応するが，こんどは前とは異なった関連知識要素が活性化される[13]．

スキーマが強固である程度首尾一貫している場合，私はそれを「メンタルモデル（mental model）」という用語でよぶ．科学的モデルは，対象の存在，性質，そして対象間の相互作用を核として構成されるので，メンタルモデルがこうした性格をもつとき，私はそれを「物理的モデル」とよぶ．物理的モデルには，現在の物理学関係者のコミュニティで合意されている見解と一致するものもあればしないものもある．例えば，熱力学のフロギストン（燃素）描像は，今日では物理学的な観察事実と相容れないことがわかっているある物理的存在のイメージを中核としてつくられているので，この物理的モデルは現在のコミュニティの物理的モデルとは整合しない．あるテーマについて精通した二人が，同じシステムについて異なる物理的モデルをもつことはありうる．例えば，回路設計者は抵抗，インダクタンスコイル，コンデンサ，電源など——特定の性質と動作をもった巨視的な物体——の観点から回路をモデル化するであろう．物性物理学者は，同じシステムについて電子とイオンの微視的モデルをもとに考えるかもしれない．

---

[13] この状況を読んで，あなたはこの人物を自分と同性か異性かのいずれと想像しただろうか？　文脈のこの要素は，活性化される応答に文脈が影響を及ぼす例の一つである．

学習のための認知的リソース

　文脈に依存した連想パターンによって脳が機能するという事実は，次のことを示唆している．すなわち，学生は，物理の問題について推論する際に，個人的な経験を一般化することによって獲得した，自分が知っていると思っている知識を使っている．一見，これはさほど驚くことには思われない．しかし，これが意味することの中には驚くようなものもある．

　入門物理の学生がしばしば，「物体はほうっておけば静止する」という運動についてのスキーマをもちこむ．私がこのことを学んだとき[14]，私はサグレドに熱意をこめてそれを説明した．彼はそれには懐疑的で，「君が彼らに摩擦を教えなければ，彼らはそれに気づかないよ」と異を唱えた．サグレドよ，悪いけどそうではないのだ．たしかに，「摩擦」という単語を知らない学生はいるかもしれないし（大多数は知っている），あるいは摩擦に関する物理法則を知らない学生もいるかもしれない（こちらはほとんどの学生が知らない）が，重い箱を床の上で横に押したら，押すのをやめた瞬間にそれが止まってしまうという事実に彼らは慣れ親しんでいる．彼らはまた，もし移動しようと思えば歩くための労力を使わねばならないし，その労力を費やすのをやめるとただちに止まることもまた知っている．

　「しかし」とサグレドが答えていうには，「もし滑りやすい床の上で箱を強く押せば，その箱はかなりの距離を進み続けるだろう．もし走っているときに，突然その努力を中断すれば，体は前に動き続けてつんのめって転ぶだろう．学生はこのことだって知っているに違いないよ．」その通りだ，サグレド．しかし問題は，ほとんどの学生は，すべての現象を記述することができる単一の一貫性のある描像を作ろうとはしないことだ．ほとんどの学生は，「事物がどのように機能するか」に関して，しばしばたがいに矛盾する不完全な法則を，そこそこの数だけ寄せ集めることで満足してしまっているのだ．

　何年もの長い間，入門物理の学習に学生がもちこむスキーマの性質に関しての研究者たちの意見は一致していなかった．ある研究者たちは，学生は，科学者の

---

[14] 私はこのことをマズールにも影響を与えたハロウンとヘステネスによる論文から学んだ．［Halloun 1985a］第1章を見よ．

世界モデルとは異なるが，それ自身ではかなり首尾一貫した「代替的な理論」をもっているのではないかという説を提案した［McCloskey 1983］．しかし，他の複数の研究者たちが行った詳細な研究によれば（とくにマクダーモット［McDermott 1991］とディセッサ［diSessa1993］を参照せよ），学生の物理に関する知識構造は，連想による結びつきが弱いパターンであることが多く，しっかりしたスキーマとしての特徴をもつことはめったにないことが示唆されている[15]．

私は，後者の見解に賛同するものの，ときおり，学生のスキーマはわれわれ科学者が通常評価しているより首尾一貫しているのかもしれないと気づくことがある．というのは，われわれは，学生の考えをわれわれ自身のスキーマのフィルターを通して分析しているために，過小評価しているかもしれないからである．例えば，「運動」について考えている学生が速度と加速度を区別できない場合，物理学者の眼からは一貫していないように見えるが，その一方で学生は，実は，限られた状況や問題についてのみ使える限定的なモデルをもっていて，その範囲で首尾一貫していると感じているのかもしれない．この学生は，この限界に気づいているかぎり，推論を誤ることはない．しかし，限界に気づいていない場合には，このモデルがあてはまらない状況が提示されれば，推論を誤るであろう．

学生が現実の物理現象に関するどんな知識や推論を授業にもちこんでくるかを理解しておくことは，われわれにとって次の二つの理由により重要である．第一に，学生がどんな間違いを犯しやすいか，また，われわれが言うことや自分で読むことを彼らがどのように誤解しがちなのかを，理解しやすくする．そして，この理解は，われわれが，新しい改善された指導方法とよりよい評価方法を設計するうえで役立つ．私は学生の思考を理解することは，学生の質問に答える際にとりわけ役立つことを見いだした．それはオフィスアワー[16]に1対1で話をする場合でも，講義中でも同様である．われわれは学生の質問の趣旨を実際よりずっと高度なものと誤解しがちである．学生の多くがもつ推論や連想の筋道がわかると，個々の学生が抱えている本当の問題は何なのかを探る助けとなる．講義の場での，一見「あほな」と思える質問が，実は，われわれの授業に出ている多くの

---

[15] 「強い」とか「弱い」という表現によって，われわれは単に，ある学生のスキーマ中の関連する（そして適切な）他の事項へのリンクが活性化される確率の高低を意味している．
[16]（訳注）研究室で学生と個別に対応するために設けられた時間．

学生の理解の実態や彼らとのやりとりの状況について教えてくれている可能性があるのだ．

第二に，学生は，今後の彼らの知識を構築するうえで基礎となるリソース（学習資源）を授業にもちこんでくる．新しい知識はすでにもっているスキーマを拡張し修正することによってのみ構築されるので，学生の既存の知識は，彼らが，われわれの支援のもとで，より正確でより科学的な知識構造を作り上げるために用いるべき原材料になっているのである［Hammer 2000］［Elby 1999］．

学生が授業にもちこむ知識と推論は，われわれにとって有益な次の3通りの観点から解析されている．（1）一般的な素朴概念として，（2）プリミティブな推論要素（primitive reasoning element）という観点から，（3）日常的な実生活という状況の中に位置づけられる推論と知識という観点から，とである．3番目に挙げた観点は，「状況に立脚した認知（situated cognition）」とよばれている．

1. 強固な推論構造：一般的な素朴概念

ときとして，物理現象に関する学生の連想のパターンは，驚くほど強固であり，メンタルモデルとよんでもよいほどの高い確率で多くの文脈において生じる．多くの場合に，これは不適切な一般化，区別するべき異なる概念の一体化（速度と加速度を「運動」という単一概念として取り扱うなど），統一的に扱うべき状況の分離（粗い面を滑っている箱と速く動いている野球のボールを異なる法則で扱うなど）を含む．ある特定のメンタルモデルないし推論の筋道が強固で，かつかなりの割合（学生のおよそ20％かそれ以上）で見られるとき，私はそれを「一般的な素朴概念（common naive conception）」とよぶ．教育学研究の文献では，これらのパターンはしばしば「誤概念（misconception）」，「代替概念（alternative conception）」，「先入観（preconception）」などとよばれている．とりわけこれらが誤った予想や結論を導くときにはそのようによばれることが多い．私は専門用語としてより一般的に通用している誤概念という表現よりも，より描写的な用語である「一般的な素朴概念」を採用する．この表現には軽蔑的なとげがないこと，および学生の概念の複雑さを強調したいというのがその理由である．ふつう，こうした概念は「単なる誤り」ではない．学生は素朴かもしれないが，愚かではない．彼らの素朴概念は，通常，日常生活を営むうえでは有用であり効果的である．

そればかりか，ほとんどの素朴概念は，学生がより科学的で生産的な概念を構築するのを助ける，真理の核を有しているのである．

一般的な素朴概念の存在は実際のところ，これまでの学生の経験を考えればそれほど驚くべきことではない．すべての運動する物体がやがては止まってしまう，と学生が考えているからといって，なぜそんなに驚かねばならないのだろうか？

彼らの直接的な個人的経験では，それはいつも起こる事実である．授業でわれわれが，真実はそれと正反対であることを示そうと演示実験をしているときですら，それは事実である！　ドライアイスで浮揚させたパックを講義机の上で滑らせるとき，わたしはそれをテーブルの端で受け止めている．もしそうしなければ，パックはテーブルの端から落ちて，跳ねて転がりながら短い距離を進んで，そして止まる．すべての学生はそれを知っている．しかしながら私はデモ実験のほんの一部——パックが滑らかに滑っている4秒か5秒の間——に焦点を合わせるように要求し，それを頭の中で無限にまで拡張するように要求しているのである．学生と教師が同じ物理現象の異なる面に焦点を合わせているということがありうるのだ[17]．

多くの教師は，学生が彼らの素朴スキーマをくり返し間違って一般化していることを示す物理教育研究の結果を知ると驚く．レンズの一部をカットすると像の一部のみがスクリーンに現れると学生が考えていることが，なぜ驚くべきことなのだろうか？［Goldberg 1986］　虫メガネを見てみればよい（もちろん，それは実像ではないことを私はわきまえている）．どのようにして学生は，電気は抵抗の中で使い果たされるもの，と考えるようになるのだろうか？［Cohen 1983］電流が流れるには閉回路が必要であり，電流はそれを周回するということをわれわれはすでに教えてあるはずなのに．教員たちは必ずしも意識していないが，学生のほとんどは，われわれの授業を履修することになる以前に，電気について非常に多くの経験をしてきている．電流が一方の導線に入り，もう一方の導線から出ることを私が説明したとき，一人の学生が次のような不平を述べた．「電気がすべて壁のコンセントに戻って出ていくのなら，わたしたちは何で電気料金を払わなければいけないのですか？」

---

[17] このことは［Kuhn T 1970］において，いくぶん異なる文脈で議論されている．

公刊されている物理教育に関する研究文献の多くは，入門物理の学生がもっている普遍的な素朴概念の記録と，それに対処する教育方法の開発に努力を傾注している．これらの文献を知りたければ，「物理教育研究に関する資料集」[McDermott 1999]にリストされている論文を参照してほしい．よい概説が[Arons 1990], [Viennot 2001], および[Knight 2002]の書籍に掲載されている．

2. モジュール型の推論構造：プリミティブとファセット

　入門物理における学生の推論様式（reasoning）に関する最も広範で詳細な分析はおそらくディセッサによる記念碑的業績「物理の認識論（epistemology）に向けて」[diSessa 1993]である[18]．この研究でディセッサは，MITで微積分ベースの入門物理を履修している20人の学生について，彼らの力学における推論がどのように展開されていくのかを分析した．これは，かなり少人数の，しかも社会学的な観点からの広がりがかなり狭い母集団に属する学生についての研究だが，注意深く思慮深い分析によって注目に値するものになっている[19]．その後のさまざまな研究が，ディセッサの見いだした結果がより広範な構成の集団においても見いだされることを示している．本書執筆の時点では，ディセッサのアプローチが新しいカリキュラムの開発に応用された例はほとんどない．しかし，学生の推論様式について強い洞察力をもたらすものなので，今後のカリキュラム改善と学生の思考の理解を目指す研究のいずれにとっても，彼の研究成果は有用なものと私は信じている．そこで，彼の考えをここで簡単に論じておくことにする．

　ディセッサは，人々の「物理的機構を認識する感覚」，すなわち，「なぜものはそれぞれそのように機能するのか？」についてどう理解しているのかを詳しく調べた．彼は，多くの学生が，物理の授業を受けたあとでさえ，現実の世界での物の機能の仕方についての説明として，自分がどう考えているかを反映した単純ないい方をしばしばもち出してくることを見いだした．学生は，それを，自明ないし究極的な「それ以上単純化できない（irreducible）」ものと考えており，それ以上の「どうしてか」を説明できない．「そうなるようになっている」というの

---

[18] これより入手が容易で簡潔なディセッサの考えを紹介したものとして[diSessa 1983]がある．
[19] この種の研究のポイントは可能性の範囲を決めることであって，個々の人数分布を決定することではない．結果として，学生の少なさはさほど大きな欠点とはなっていない．

が典型的な反応である．ディセッサはそのような考え方を「**現象論的プリミティブ**（phenomenological primitives）」とよんでいる．

これらのプリミティブの中には，他のプリミティブをかなり高い優先度で活性化させるものもあるが，ディセッサは，大半の学生はかなり単純なスキーマをもっていると主張している．プリミティブは，物理的な状況と直接的に結合していることが多い．プリミティブは推論の長い連鎖を経て導出されるというより，むしろ個々の物理的な系に即して認識されている．

一例として，粗い面上で箱を押すことに対する学生の反応を考えてみよう．その学生は，まず「動かすためには大きな力が必要だ」（克服：一つの影響は，その大きさを増すことによって，他の影響を乗り越えることができる）と考えるかもしれないが，その後，「運動が継続するためには力が必要だ」（継続的な押し：運動を維持するためには力を継続することが必要である）と考えるかもしれない．ディセッサは，ここで鍵括弧内に記したような考え方を「プリミティブ」と見なした．プリミティブはそれ自身では，間違いでもないし，正しくもないことに注意してほしい．それらはある状況ではたしかに正しい．そしてディセッサは，専門家は，たくさんのプリミティブを，簡単ですばやく利用できるようにコンパイルされた——ただし，適切な状況でのみ使用されるように結合されている——知識部品として用いていると指摘している．

私は追加的な構造をつけ加えたい．ディセッサの現象論的プリミティブのうちのあるものは非常に抽象的であり（例えば「オームのプリミティブ」），またあるものはかなり特定の物理的状況に関するものである（例えば「動かし手としての力」（force as mover））．私は，抽象的推論プリミティブを，特定の文脈に適用されるプリミティブと区別した方がよいと考える．そして，私は後者を（ミンストレル（Minstrell）に従って）「**ファセット**（facet）」[20]とよぶ．私が「**抽象的推論プリミティブ**（abstract reasoning primitive）」とよぶものは，「もし二つの量，xとyが正の相関をもつならば，xが大きいことはyが大きいことを意味する」というような一般的な論理構造をもつ．私がファセットとよぶものは，このプリミ

---

[20] ファセットという用語はジム・ミンストレル（Jim Minstrell）によって導入された［Minstrell 1992］．ミンストレルは，特定の物理的文脈に関する観察や予想についての学生たちの説明の中に現れた，正しいものも正しくないものも含む非常に数多くの推論を列挙している．

ティブ内の空欄部分[21]に特定の物理的な文脈における特定の変数をあてはめた（マッピングした）ものである．図 2.5 はこのことを図解している．ディセッサが指摘しているように［diSessa 1993］，実世界での生き方の複雑さに対応して，非常に多くのファセットが存在している．私の定式化においては，この複雑さは，適度に少数の（おそらく数十の）抽象的推論プリミティブに，非常に多様な物理的状況をあてはめることから生じるものと見なされている．

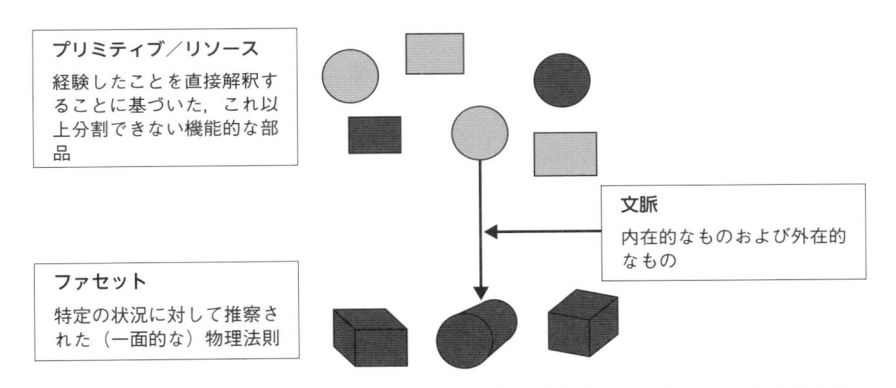

プリミティブ／リソース
経験したことを直接解釈することに基づいた，これ以上分割できない機能的な部品

文脈
内在的なものおよび外在的なもの

ファセット
特定の状況に対して推察された（一面的な）物理法則

図 2.5　抽象的プリミティブを特定の物理的文脈の中の具体的なファセットにあてはめるマッピングの視覚的表現

マッピングの一例として，「もしコップの一つで液体の高さがより高ければ，そのコップ中にはより多くの液体がある」などが考えられる．ピアジェ（Piaget）の古典的な実験の一つでは，子どもたちにある量の水を入れた容器を見せる．水がより細い容器に移されると水面はより高くなる．5 歳くらいになるまでは，大半の子どもは，水の量は増えた（なぜなら水面が高くなったから）と答えるか，減った（なぜなら幅が狭くなったから）と答える[22]．増えたと思った子どもと減ったと思った子どものどちらも，本質的には同じ抽象的推論プリミティブを用いているが，（高さと太さのどちらに着目するかによって）異なるあてはめ方（マッピ

---

[21]（訳注）　上の x や y．
[22]　これは単に質問の意味を理解しそこねたということではない．子どもは，たとえ，似たコップに自分のコップの水を注いで同じ高さになることを見せられても，彼女の兄弟のコップの方が「たくさん入っている」と怒ることもありうる．

ング）をしているのだ．だいたい5歳を過ぎると，子どもたちは「補償」という抽象的推論プリミティブを学ぶ．これは「もし，ある変数に，それを増加させようとする影響と，減少させようとする影響の両方が加わるならば，これらの影響はたがいに打ち消し合う傾向がある」といったものである．このような推論ができるようになった子どもたちはピアジェ的な保存（Piagetian conservation）の段階に達したとされる．

　私はこれに非常によく似たことをメリーランド大学の工学志望の1年生向けの微積分ベースの物理学で経験した．われわれは質量の異なる二つの物体の衝突について議論していた．わたしが，それぞれの物体が受ける力の相対的な大きさについてたずねたとき，あるグループの学生は，「大きい物体の方が大きな力を受けます．なぜなら，そちらの質量がより大きいからです」と言い，2番目のグループは，「小さい物体の方が大きな力を受けます．なぜなら，そちらの方が速度を大きく変えるからです」と言った．ニュートンの第二法則に暗に含まれている「補償性」にかかわる推論プリミティブを活性化できるピアジェ的な保存の段階に到達している学生は少数にすぎなかったのである．

　学生の反応をプリミティブやファセットの観点から分析するこの種のアプローチは，われわれが学生に期待できる推論様式をより明確に理解する助けになる．この種の分析から得られる非常に重要な認識は，学生の一般的な素朴概念は単純に間違っていると切り捨てるべきものではないということである．それらは正しい観察に基づいているが，不適切に一般化されてしまっているか，あるいは正しくない変数にあてはめられ（マッピングされ）てしまっているのである．もしわれわれが学生がもつ共通的な推論様式から誤りでない要素を抽出できれば，これらの要素をもとに，学生が既存の知識をより完全で正確な構造に再構成するように支援できるのである．

3. 日常的な経験からリソースを活性化する：状況に立脚した認知

　上で議論したプリミティブは，物理の授業の中で質問されたり観察したりする具体的な現実世界の状況にかかわるものが多い．ある教育専門家のグループは，日常的な推論様式と学校で教えられ学習される推論様式の間の差異に注目している．

　サグレドはいつだったか，物理専攻学生向けの入門物理の授業を終えて廊下に

出たところで出会った私をよび止めて,「学生たちがあまりにできないのにあきれ果てたよ！」といったことがある.「私は投射運動について教えてから,彼らにサッカーボールを蹴ったらどうなるか聞いたのさ. 私が求めたのは,ただ単に,ボールが飛び上がり,フィールドを遠くまで飛んでいって,そして落ちてくる,というプロセスを描写してほしかったんだ. しかし,誰も,私が強くうながしても,何にもいわなかったんだよ. なぜ彼らは単純な描写もできないのだろう？」サグレド,私が思うに,それはおそらく君が何を求めているか,彼らにはっきりわからなかったからだと思うよ. 彼らは君がなんらかの専門的なあるいは数学的な説明,つまり力,グラフ,速度,加速度などを用いた説明を求めていると推測したのだろう. 君がまさに求めていること——物理現象のプロセスの単純な日常的な描写——を答えたら,自分がバカに見えるんじゃないかと心配したのだ. それまでの物理の授業での彼らの経験からすれば,彼らがそのように反応するのは正当なことだったのかもしれない.

米国における今日の授業の大半は,改革の努力にもかかわらず,学生の毎日の生活にはほとんどかかわりをもっていない. しかしわれわれが教えようとしているスキルの多くは,学生がもっていて毎日使用している推論スキルと関係づけることができる. 興味深い実例を中学校の算数に見ることができる [Ma 1999]. 次の問題を考えてみよう.

> 生徒のグループに $3\frac{1}{2}$ 個の小さなピザパイが与えられた. ただし,丸ごとの1個のパイが4ピースに分割されている. 何人の生徒が1ピースを手にできるか？

生徒がこの問題を解くのに用いた推論は,分数の割り算のために学ぶアルゴリズム（$3\frac{1}{2} / \frac{1}{4} = 4 \times 3\frac{1}{2}$）とはかなり異なっていた. その生徒の説明は次のようなものだろう.「それぞれのパイは4人の生徒に分けることができる. だから,三つのパイは12人に分けることができる. 残りの1/2のパイは2人に分けることができる. そこで全部で14人が1ピースを食べられる.」この推論は,前節のコーク/ジントニック問題で用いた推論と同様に,われわれの日常的な社会経験に結びついた非形式的な推論様式に頼っている. これを分数の割り算問題に——

割り算には全体の中に部分がいくつあるかを見いだすという意味があることを示しながら——結びつけてやることは，生徒たちが，割り算が何を意味するか，なぜ割り算が有用な概念であるかを理解する一助になるだろう．

　問題解決に文脈的知識を用いるのは，人が日常生活のさまざまな状況下で行う推論に共通する特徴である．教育学者ジーン・レイブ（Jean Lave）とルーシィ・サックマン（Lucy Suchman）らのグループは，彼らの教育改革の努力の中心にこの認知的事実を置き［Lave 1991］［Suchman 1987］，その中で，「状況に立脚した認知」を用いて，「認知的徒弟制」を考案した．このテーマについては膨大な教育学の文献[23]があり，上のような生活体験の活用法の発見によって，子どもたちの算数の理解とその効果的な用い方に劇的な向上がもたらされた．

認知モデルから得られる教育への指針：足がかりとなる五つの原理

　思考についてのモデルは，どんなものでも複雑なものにならざるをえない．われわれは，多くのことがらを多様な思考過程を通して考える．これまで述べてきた認知的な考え方の物理教育の文脈への関連性を理解し，その中で応用する方法を見いだすために，私は物理の授業で起こることを理解するうえで役に立つ五つの一般原理を選び出した．

1. 構成主義の原理
2. 文脈の原理
3. 変容の原理
4. 個別性の原理
5. 社会的学習の原理

1. 構成主義の原理

　原理 **1**：個々人は，すでにもっている知識とのつながりを作ることで，知識を構築する．また，すでにもっている知識を用いて，受け取った情報に対する創造的な応答を生み出す．

---

[23] 例えば［Lave 1991］を見よ．この問題に関する非常に読みやすい文献に［Brown 1989］がある．

この原理は，長期記憶の構造と想起についての基本的な考えの中核を要約したものである．認知的応答の基礎的なメカニズムは，文脈に依存した連想（関連づけ）である．この構成主義の原理から，物理教育の理解に関連する多くの興味深い系（従属的な原理）や精緻化（より詳細な原理），さらには含意（それらが具体的に意味するもの）が導かれる[24]．

学生が間違えるときに起こっていることが，スキーマのいくつかの特性によって明らかになる．自分が考えていることを説明する学生の話を聞きながら，私はかつて，しばしば混乱させられ，ときにはいらいらさせられたものである．xと矛盾する原理 y を知っていながら，どうして x だといえるのだ．関係する原理をたしかに知っているはずなのに，なぜ彼らは，問題を解き始めることができないのか．たった2分前にその原理を自分で私に向かって述べたばかりじゃないか．なぜ特殊な原理をいまもち出すのだ，それはここでは当てはまらない．本章の前半で述べた，多くの論文によって裏づけられている知的構造のさまざまな特性からみると，こうしたたぐいの誤りは自然で，当然予想されるものである．

また，この原理から，学生が実は何を学んでいるのかを理解したいなら，これまで伝統的に得てきた量よりもはるかに多くの量のフィードバックを得ることが必要であるということもわかる．伝統的な試験では，学生が本当は何を考え，何を知っているのかを明らかにできない場合が多い．それは，問題の正しい解答を生むことができる，多くの異なるスキーマがあるからである．学生がわれわれと同じステップを踏んでいる場合でさえ，われわれと同じスキーマに基づいて，そうしたステップを選んでいるという保証はない[25]．かつて私はある宿題に正解した一人の学生に，自分の解答を説明するように求めたことがある．彼は答えた．「いやあ，章末の公式のうち，この公式以外は全部もう使っていたし，この公式中の文字とこの問題の未知数を表す文字が同じだったから，この公式を使うに違いな

---

[24] こうした性質は，連想パターン／スキーマ／メンタルモデルというわれわれの全体構造にはいくらかあいまいなところがあることを示している．異なる構造の間の境界ははっきりしているわけではない．物理ではこのようなあいまいさを含んだ記述の例はたくさんある．例えば，結晶の励起を考えてみよう．われわれはフォノンを用いて励起を記述することもできるし，連続的な波を使って記述することもできる．いくつかの限られたケースでは，どちらの記述がより有用かはっきりしているが，他の場合ではこれらの記述はオーバーラップしているかもしれない．

[25] 難しさは，基礎にあるスキーマから問題を解くステップへの対応づけ（写像）が1対1になっていないことにある．このことの一例が [Bowden 1992] にある．

いと思ったのです.」

　われわれの関心が「学生たちが何を知っているか」に向いているということ自体が，標準的な試験方法を用いる際に，われわれ自身を欺むくことになる落とし穴の一つである．学生が試験で正しい情報にアクセスしないとき，われわれは問題の表現の仕方を変えることで，アクセスを活性化させるための手がかりやヒントを与えることがある．しかし，情報にアクセスするプロセスこそがスキーマの本質的な構成要素であるため，文脈を限定し詳細な手がかりを与えてしまえば，その学生たちの関連づけのパターンを試験していることにはならない．学生は情報を「持って」はいるが，それは，ほとんど事前にプログラムされているような，非常に限定的な状況以外では用いられることも想起されることもない，不活性なものなのである．

　学生が何を本当に知っているのかを見いだすためには，彼らがどんなリソースをもちこみ，どんなリソースを使っているかを見いださなければならない．自分が何を考えているか言葉で説明する機会を彼らに与えなければならない．また，筋道だった推論に対してのみ試験の得点を与えるべきであり，「下手な鉄砲も数撃てば当たる」式に学生が書き散らした大量の無関係な式の中に偶然に正しい式があったとしても，そんなものには部分点を与えないようにしなければならない．学生がある情報へのアクセスを適切な状況下で行っているか否かを知るためには，彼らに，より現実的な問題，すなわち，彼らの現実での経験に直接関係した問題を与えなければならない．そして，彼らのアクセス経路を特定してしまうような「物理の手がかり」を与えすぎてはいけない（私は第4章でこのことが評価に対してもつ意味を議論する）．

2. 文脈の原理

　第二の原理は，認知的応答が単一なものではないことを思い起こさせ，心的構造の構築のダイナミックスを記述するための準備となる．

　　原理2：人が構成するものは文脈に依存する．この文脈にはその人の心
　　的状態（mental state）も含まれる．

　われわれは，この警告をつい忘れて，学生はあることを知っているか知っていないかのどちらかであると仮定するモデルにたやすく逆もどりしがちである．応

答の文脈依存性に注目すると，状況はそんなに単純ではないということをつねに念頭におくことができる．学生の物理への応答の文脈依存性のよい例は豊富に存在している（もっとも，つねにそのような例として提示されているわけではないが）．とくに明白な一つの例が，スタインバーグとサベラ［Steinberg 1997］［Sabella 1999］の研究によって得られている．メリーランド大学における（微積分ベースの）工学系物理の第一学期の終わりに，彼らは28名の学生に図2.6に示されているような1対の（専門家にとっては）同等な問題を出した．

最初の問題は力学概念調査（FCI）［Hestenes 1992］からとられたものである[26]．それは，学生がよく知っている日常的な対象を用いて，日常の言葉で述べられて

1台のエレベーターが（図に示されているように）エレベーターのシャフトに沿って鋼鉄のケーブルで引き上げられている．このエレベーターがシャフト中を一定の速度で上昇しているとき（空気抵抗によるすべての摩擦力は無視できるものとすると），
 a）ケーブルによってエレベーターに加えられる上向きの力は重力の下向きの力よりも大きい．
 b）ケーブルによってエレベーターに加えられる上向きの力の大きさは重力の下向きの力と同じである．
 c）ケーブルによってエレベーターに加えられる上向きの力は重力の下向きの力よりも小さい．
 d）エレベーターが上昇するのはケーブルが短くなっていくからであって，エレベーターによってケーブルに加えられる力のためではない．
 e）エレベーターによってケーブルに加えられる上向きの力は，空気抵抗と重力の効果を合わせた結果によって生じる下向きの力よりも大きい．

この問題ではすべての摩擦と空気抵抗を無視せよ．右図に示されているように，水圧式のリフト上に取りつけられた小さな台の上に静止している鋼球が，一定の速さで降ろされている．
 a）この鋼球の力の作用図（free body diagram）を描き，それぞれの力の種類を述べなさい．
 b）あなたが描いた各力の大きさを比較しなさい．なぜそう考えたのかを説明しなさい．

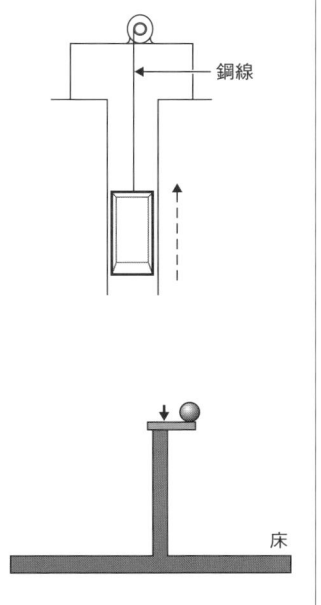

図 **2.6** 学生の応答の文脈依存性を示す二つの問題（［Steinberg 1997］より抜粋）

---

[26] FCIは第5章で詳細に議論される．

いる．二つ目の問題では，物理授業において典型的な状況設定が用いられている．それは抽象的であり，理想化された実験室スタイルの対象が出てくる．FCI は，最終授業の終わりに成績には関係のない診断テストとして行われ[27]．さらに，二つ目の問題はその1週間後の期末試験の一部として出題された．どちらも学生のニュートンの第一法則の理解をテストするものである．

その結果は，試験に出題された問題には25名（90％）の学生が正解したにもかかわらず，FCI の問題に正解したのは15名（55％）だけだった．試験問題の文脈では正解した学生のほぼ半数近く（25人中11人～45％）が，物理らしくない文脈で提示された問題では間違えたのである．その学生たちへの面接調査の結果，このようなことが実際に起こっており，単に FCI 実施のあと，1週間の学習時間があったことがその原因ではないことがうかがわれた．

学生が知識を相互に適切に結びつけて，広い範囲の妥当な文脈の中で活性化される首尾一貫したスキーマとして形成していくことこそが，われわれが真に支援したいことである．

3. 変容の原理

この原理は，心的状態のダイナミックスにかかわっている．それは，スキーマはわれわれの外界との相互作用をどう組織化するかだけでなく，われわれがどのように新しい情報と経験を組みこむかを制御している，ということを提示している［Bransford 1973］．

原理3：既存のスキーマに合致するか，それを拡張することがらを学ぶのは比較的容易だが，確立されているスキーマを大きく変えることは難しい．

教えることに対してこの原理がもつ意味を明らかにするために，いくつかの系の形で，この原理をいい変えたり，詳しく述べたりしておこう．

系 3.1：すでにほとんど知っていること以外のことを学ぶのは難しい．

どの学生にとっても，知っていることがらと（その中には間違っていることが

---

[27] こうしたテストは成績に入れないものとして行われることが多い．これは，学生に，彼らが物理授業で教員から期待されていると考える答ではなく，自分が信じる答を書くことをうながすためである．

らも含まれる！），多少馴染みがあることが，そしてそれについての知識をまったくもっていないことがらがある．

　これをアーチェリーの的に見立ててみよう．学生が知っていることは「ブルズ・アイ」すなわち（的の中心の）小さな黒い領域で，多少，知っていることはこの黒い領域のまわりを囲んでいる灰色の領域である．その外側には白い「それ以外の世界」があるが，それについて学生は手がかりをもっていない．学生たちに何かを教えるためには，われわれは灰色の部分を射当てるように最善をつくす．多くの学生であふれている授業がたいへんなのは，彼らの灰色の領域が同じではないからである．私は，できる限り多くの灰色の領域を，灰色を黒に変えるような塗料で先が塗られた情報の矢で射抜きたいと思っている[28]．この比喩は，ここで起こっているプロセスのほんの一面を描いているにすぎない．真の論点は，われわれが「灰色の部分を射抜く」ときには，学生が新しい知識を既存の知識構造へ適切に編みこむような結びつけ方が多数あるということである．

　コミュニケーション研究では，この系の重要な含意を「既有・新情報原則（given-new principle）」とよんでいる［Clark 1975］［RedishJ 1993］．この原理は，新しい情報はつねに読み手が慣れている文脈において提示されるべきであり，また，文脈が先に提示されるべきであることを述べている．同様なことは，物理教育においても，とくに入門レベルにおいて非常に重要である．何年もの訓練と経験を積んだ物理学者であるわれわれは，学生がもっていない大量の「文脈」を有している．しばしば，われわれは水の中にいる魚のように，自分たちがそのような文脈を有していることも，学生にはそれがないことも，気づいていない．

　この「既有・新情報原則」に反する具体例は数多い．重要な一例は，学生にとって耳慣れない言葉や彼らがわれわれとは違う意味で用いている言葉を，われわれが（物理用語として）しばしば用いることである．ラコフとジョンソン［Lakoff 1980］は，英語圏の人間が「力（force）」という語の意味をどう構築しているかに関する研究の一環として，この語を用いるときの共通的な比喩表現の特徴を分

---

[28] この描像は以下に議論される社会的学習原理とも強く相互作用する．灰色の領域にあることがらは，その学生が教師やより熟練した学生との社会的な相互作用を通じて学ぶことができることがらである．ロシアの心理学者レフ・ヴィゴツキーの後継者たちはこの灰色の領域に「発達の最近接領域」という適切とはいいがたい名前をつけている［Vygotsky 1978］．

類した．彼らの 11 種類の特徴のリストのうち，なんと 8 種類が個人の意志や意図に関係するものだった！　しかしわれわれ（物理学者）の大半は「力」の専門的な意味にあまりに慣れているため，入門コースの学生のかなりの部分が「机がその上に載っている本に力を及ぼしていること」を信じないことを知って驚くのである［Minstrell 1982］．なぜ本は落下しないのか？　それは，単に「途中に」机があるからだ（この問題は後に本章中で「橋渡し」という見出しのもとにより詳細に議論する）．

　日常で用いられている言葉を専門用語としても用いることで生じる問題は単純ではない．私は，「熱」という言葉と「温度」という言葉は日常会話ではあまり正確に区別されておらず，「温度」（自由度あたりの平均エネルギー），「内部エネルギー」，および「熱の流れ」（ある物体から他の物体への内部エネルギーの流れ）という専門用語の意味を表す言葉として，たがいに区別しないで使われていることを知っている．ある授業で，私はこの問題を正面きってとりあげ，「この講義ではこれらの言葉を専門用語としての意味で用いる」と学生に注意した．しかし，その講義の途中で私は，自分が「熱」という言葉を一つの文の中で二度用いたこと——しかも，そのうち一度は専門的な意味で，もう一度は日常用語の意味で——に気づいて，講義を中断した[29]．それはまるで一つの方程式の中で，二つの異なる意味を表すのに同じ記号を使うようなものである．それで通じてしまう場合もあるが[30]，よいことではないのは確かである！

　新しい題材を文脈の中に位置づけることは，まだ話の一部でしかない．新しい題材が学生の既知の知識構造に照らして，もっともらしい構造をもつように見えることも必要である．われわれはこのことをもう一つの有用な系として提示しよう．

　系 3.2：学習の多くはアナロジー（類推）を通じてなされる．

　この系と前の系によると，「各段階で学生が何を知っているか」は「彼らに何を教えることができるか」にとって決定的に重要である．学生は，他のすべての人と同様に，つねに自分自身で知識を構築する．そして彼らが構築することは，

---

[29] 「その物体に対する熱の流れ (heat flow) が遮断されていても，われわれはその物体に対して仕事をすることで，その物体を暖める (heat up) ことができる．」

[30] わたしは研究仲間が磁場中の水素のエネルギー準位を $E_{nlm} = E_n - (eh/2m)mB$ と書いているのを見てきた．ここで，分母の m は電子の質量で，分子の m は角運動量の z 成分である．大半の物理学者はこのおぞましい表記を正しく解釈することに困難を感じない．

認知モデルから得られる教育への指針：足がかりとなる五つの原理　　　55

われわれが彼らに与えるものが，彼らがすでにもっているものとどのように相互作用するかに依存する．このことは，強固な誤概念を克服する助けとなる教育的な技術を開発するうえで，重要な意味をもつ（後の「橋渡し」の節を参照せよ）．

　これらの結果の意味することの一つは，学生の将来の学習に役に立つ知識構造を構築することに，われわれは焦点をあわせるべきだ，ということである．これを第三の系として，以下に提示する．

　系 3.3：「試金石」的な問題および例は非常に重要である．

　私が「試金石問題」[31]とよぶのは，学生が後々の学習の中で何度も何度も立ち戻るような問題のことである．「試金石問題」は，しばしば，学生が種々のスキーマのより精巧な要素をその上に打ち立てるためのテンプレート（ひな形）となる．それは，学生にとって，自分が真によく理解しているいくつかの決定的なことがらを蓄積していくうえで，きわめて重要となる[32]．これらの問題は，そのまわりに新しい理解の「群れ」が構築されるための「女王蜂」の役割を果たす．いくつかの表面的にはおもしろみのない問題が，物理教育のコミュニティの中で非常に根強く用いられている理由は，それらの問題がこの役割を果たしているという感覚にあると私は信じている．斜面の問題はあまりおもしろくはない．しかし，ときおりそれはもう必要ないのではないかという提起がなされると，そのたびに強い反対に会う．私は，反対する人たちは，これらの問題が平面上のベクトル解析に対する学生の理解を構築するための決定的な試金石問題であるという（しばしばあいまいな）感覚を表明していると考えている．

　われわれが「ばね」につけられたおもりの学習に多くの時間を費やす理由の一つは系 3.3 にある．ばねはそれ自体としては限られた関心の対象でしかないが，小振幅の振動はきわめて一般的で重要である．ばねの問題は，電気回路から場の量子論にいたる，あらゆる種類の調和振動にとっての試金石問題として役立つ．

　学生に発達させたいスキーマと彼らがすでにもっているスキーマ，および将来

---

[31] 科学的パラダイムを論じる中で，トマス・クーンは，これらの問題を模範例（*exemplars*）とよんでいる［Kuhn T 1970］．
[32] 学生に将来学習をそのうえに築くための中核を与えることに加えて，いくつかのことを深く理解させることは，彼らに，物理において何かを理解するというのはどういうことかについてのモデルを与える．これが重要であるということは，アーノルド・エイロンによっていく度も強調されてきた［Arons 1990］．それは，科学的なスキーマの発達における不可欠の要素である．

彼らの助けとなるだろう試金石問題という観点からカリキュラムを分析することは，そのカリキュラムにとって決定的なものは何か，どのような改訂案はそのカリキュラムを台無しにし，どういう案は有効だろうかを理解するのに役立つだろう．

こうした考えを原理1のもとで議論した「連想（関連づけ）」の考えと組み合わせると，一つの学習課程の中に枠組，あるいは構造が存在することに考えが及ぶ．すなわち，相互につながりをもつ一連の試金石問題を中心として学習課程を構築することは，各要素の重要性と相互関連性を学生が理解するうえでの大きな助けになりうることを示唆している．このような構造はときとして「筋書き（story line）」とよばれる．

残念なことに，学生がまっさらの白板ではないとしても，そこに書かれていることが——たとえ完全に間違いではなくても——その後の物理の学習にとって不適切なものであることがしばしばある[33]．そんなとき，われわれ教員はあたかもレンガの壁に衝突したような思いをさせられる．このことから次の系にたどりつく．

系3.4：確立されたメンタルモデルを変容させることは非常に難しい．

これまで伝統的に，われわれは，原理1，つまり構成主義の原理を過度に単純化した「学生に十分な量の問題演習を行わせさえすれば，いずれは考え方を理解するだろう」という見方をあてにしてきた．残念なことに，この原理のこうした単純な解釈はかならずしも成り立たない．たしかに，学生がさまざまなスキルを，たやすく取り出せる読み出し可能な知識に組み換える（コンパイルする）には練習が必要である．しかし，何が起こっているか，および基本的な概念をいかに適切に使用するかの理解を手助けする知的構造に，彼らがこうしたスキルをリンクさせる保証は何もない．

大量の問題を解くことの限界は，韓国で行われた研究の中で調べられている．ユンソック・キムとジャエ・パクは，大学の入門物理授業の27名の学生のFCI調査問題への回答に注目した［Kim 2002］．入学選抜がある程度競争的な州立の

---

[33] おそらく「パリンプセスト（palimpsest）」の方がまっさらな白板よりも，学生の頭についてのよいたとえになるだろう．American Heritage Dictionaryによれば，パリンプセストとは「何度も重ね書きされ，前に書かれた文字が完全には消えておらず読めることもある，パピルスや羊皮紙に書かれた原稿」．

大規模大学（例えばメリーランド大学，オハイオ州立大学，ミネソタ大学など）の，高校時代に1年以上の物理を履修してきた学生の場合，微積分を基礎とする物理授業の事前テストとしてこのFCIテストを行うと，平均45～50%の成績を示す．キムが研究対象にした韓国の学生は，見たところはるかに厳格な高校物理授業プログラムを履修していて，300題から2900題の，平均で約1500題の，章末問題を解いていた．典型的なアメリカの高校授業では，生徒はこうした問題を300題から400題解く．アメリカの学生の5倍から10倍の量の問題を解いているにもかかわらず，韓国のこれらの学生も，アメリカの学生の場合と同程度の割合で力学の基本概念の理解に困難を抱えていた．学生が解いてきた問題の数と彼らの示す概念理解度の間には相関がほとんど見られなかった．

この研究および同様のその他の研究は，「反復は効果的学習を意味する」——すなわち有用で機能的なスキーマを形成するためには，特定のタイプの学習活動を反復しさえすればよい——という考えに頼ることへの警告である．コンパイルされた知識を形成するのに反復は必要ではあるが，それだけでは十分ではない．反復が効果的に用いられるためには，コンパイルされる要素がその主題についての一貫性のあるスキーマとして相互に関連づけられることが必要である．

学生は，ひとたびある特定のタイプの問題の解法を学ぶと，彼らの多くは，そのタイプの問題をさらに解くことから何も学ばなくなる．新しい問題は，考えることなしに自動的にこなされる．これはまた，宿題の問題を少しだけ変えて試験に出題することは，学生のスキーマを探るには，おそらく不適切な方法であることを意味する．多様な思考様式（問題を解くこと，書くこと，解釈すること，組織化すること）を必要とする，より要求度の高いテストが必要である．そのような試験については第4章において詳細に議論する．

何らかの物理の原理を学生に向かって単に述べるだけでは，彼らの考えは深いところでは容易には変わらないということは，いく度もくり返し示されてきた[34]．スキーマを大きく変えるのではなく，むしろ，物理の問題の中や，ある特定の授業の試験でのみその原理を用いるのだというルールを伴った，他の知識の関連づ

---

[34] 物理教育研究に関する資料集［McDermott 1999］およびレビュー論文［McDermott 1991］，［Reif 1994］［Redish 1999］中で言及されている論文を参照せよ．

けにとぼしい要素として頭の中に植えつけられることになる．このことと一つのスキーマの中に矛盾しあう要素を含みうるという事実が，「より多くの問題を与えること」がしばしば効果がない理由の一つであろう．

　数年前，私は，よく確立されたメンタルモデルを変えようとする際に出会う障壁を例示するおもしろい逸話を耳にした[35]．ある大学の物理教員が，入門コースの学生の授業で「重い物体は軽い物体よりも速く落下するか，それとも同じように落下するか」たずねた．1人の学生が手を振って「知っています，知っています」といった．説明するように求められて彼女は言った．「重い物体は軽い物体より速く落下します．わたしたちがそれを知っているのは，ガリレオが1ペニー硬貨と羽根をピサの斜塔の上から落下させたとき，1ペニー硬貨の方が先に地面に着いたからです．」これは私にとっての試金石的な例である．明らかにそれは，その学生がガリレオとニュートンの話をどちらも聞かされた——そしてたしかに聞いていた——ことを示している．しかし，彼女はそれらの話を自分の既存のメンタルモデルに合うように変形したのである[36]．

　幸いなことに，よく確立されてしまっているメンタルモデルであっても学生に再構築させる手法が存在する．そのような方法は本章の後の部分で議論する．

4. 個別性の原理

　次のようにいいたくなる人もいるかもしれない．「よろしい．それなら学生たちが現在何を知っているかを明らかにし，そこから到達してほしいところに彼らを連れていくような学習環境——講義，演示実験，学生実験，問題——を提供することにしよう．われわれはみな，現在の方法でも学生のなかには目的地まで到達するものがいることを知っているのだから，それを学生全員が到達できるものにすることができないわけはない．」実際，われわれは現在でも，適切な学習環

---

[35] アウドリイ・シャンペイン（Audrey Champagne）からの私信による．
[36] われわれは，このケースにおけるこの学生のメンタルモデルは実際に正しいという事実を見失ってはいけない．われわれは，もし空気中で落下するなら，軽い物体のほうが重い物体よりも実際にゆっくりと落下するのを観察しており，物体が真空中で落下するのを直接観察した経験をもっているものはほとんどいない．しかし，十分に密度の大きな物体が数秒間だけ落下する場合には，差は小さく，その観察は有用な理想化にはつながらない．質量の大きく異なる物体がほとんど同じように落下するという観察は有用な理想化をもたらす．

境が，大学で入門物理を受講している大半の学生について学習効果を著しく向上させることを知っている[37]．しかし，第4の原理は「特効薬」を探すべきではないという警告である．

原理4：個々人それぞれが自分自身の心的構造（mental structure）を構築するので，学生が異なれば心的応答も学習に対するアプローチ方法も異なってくる．このため，いかなる学生集団においても，非常に多数の認知的変数について，大きな分布の広がりをもつであろう．

私はこの原理を「個別性の原理」または「分布関数の原理」とよびたい．この原理は，人間のふるまいにかかわる多くの変数の分布は，大きな固有の幅をもつことをわれわれに思い起こさせる．教育学的な実験の多くで標準偏差が大きいのは，実験の誤差ではない．それは，測定されるべき結果の一部なのである！　物理学者として，われわれはこのようなデータに慣れているはずである．単に，これほど広がりが大きく，変数が多いものに慣れていないだけである．すべての点で平均的な学生などいないのだから[38]「平均的な」アプローチは誰にも適合しないものになるだろう．

学生は異なる経験をもち，その経験から異なる結論を引き出すという事実に加えて，彼らのアプローチの方法もたがいに大きく異なりうる．私はこのことを一つの系として提起する．

系4.1：人それぞれの学習のスタイルは多様である．

今日では，人々の学習に対するアプローチの方法がどれほど多様であるかについての膨大な文献がある．多くの変数が発見され，それらについての分布が測定されてきた．いくつかの例を挙げると，こうした変数には，権威主義的-自立的，抽象的-具体的，代数的-幾何的，などがある．この最初のものは，人から教えられることを望む学生もいれば，自分自身で物事を解明することを好む学生もいることを意味している．二つ目のものは，一般的なものから特殊なものへと進むことを好む学生もいれば，その逆を好む学生もいるという意味である．三つ目のも

---

[37] 例えば文献［McDermott 1999］の "Research-Based Instructional Material" の節で引用されている文献を参照せよ．
[38] これは，弓と矢をもって鹿狩りに出かけた3人の統計学者の話に似ている．彼らは大きな牡鹿に出くわし，最初の統計学者が射たが矢は左にそれた．次に2人目の統計学者が射たが矢は右にそれた．3人目の統計学者は「仕留めたぞ」と叫びながら小躍りした．

のは、ある学生は数式で表現して操作することを好むが、図を眺めることを好む学生もいるという意味である。物理の教育にコンピュータを導入した経験があるわれわれの多くは、一歩ずつ導かれることを好む学生もいれば、すべてを自分で探索したい学生もいることに気づいている。これらは、数多くある変数のごく一部でしかない。個々の認知のスタイルとそれらの相違についての優れた分析については、［Gardner 1999］［Kolb 1984］［Entwistle 1981］を参照せよ。

学生のこうした相違に気づいてきたからには、われわれは、その事実をどのように用いるかについて極度に注意深くならなくてはならない。より好むものがあることが、（それ以外についての）能力の完全な欠如を意味するわけではない。具体的な数値例を抽象的な数式よりも好む学生は、代数学に慣れていないためにそうなっているので、生来その能力に欠けているのではないかもしれない。学生の好みの多くは、長年にわたってある活動（例えばよく覚えていること）についてくり返しほめられてきた経験や、他の活動（例えば教師が答えられない質問をすること）について非難されてきた経験に由来している。学生たちの視野を広げ、彼らに考える方法を教えるには、長年にわたる非建設的な訓練や、彼らが自分の好みや限界であると自分で信じるようになってしまったことを克服させることも必要となる。

これには以下の重要な含意がある。

　系 4.2：「特定の主題を教えるのに最良の方法は何か？」という問に対する唯一絶対の答はない。

学生によって肯定的に反応するアプローチは異なるだろう。もし自分のすべての学生を教えたい（あるいは少なくともできるだけ多くの学生を教えたい）という見地に立とうとするなら、さまざまなアプローチを組み合わせて用いなければならず、そしてその中には一部の学生にとってはうまくいかないものもあることを覚悟しなければならない。われわれは「ある授業における学生たちの学習上の特性を表す分布関数はどのようなものか？」という問に答える必要がある。（このことについては）何年も前から興味深い研究がいくつかなされてきたが、物理教育におけるその意味はよく理解されていない[39]。

---

[39] ［Kolb 1984］を参照せよ。

肝に銘じておくべきなのにそれが非常に難しい．もう一つの含意は次のようなものである．

系 4.3：われわれ自身の個人的な経験は，学生を教える最良の方法に対する指針として，おそらく非常に当てにならない．

物理教員は典型的とはいえない集団である．われわれは，なんらかの理由で物理が好きだったために，人生の早い段階で物理を「選んで」いる．われわれはその後，自分で授業をし始めるまでに十数年間にわたって訓練される．この訓練はわれわれを「典型的な」学生の物理学習のスタイルからさらに遠く引き離す．われわれが入門レベルの学生の大半を理解できず，彼らがわれわれを理解できないとしても，驚くべきことだろうか？

数年前のある日，代数ベースの入門物理のクラスの学生の 1 人がある運動の問題について質問しに来たときのことを，私は鮮明に覚えている．私はいった．「よし，それじゃあ基本中の基本にまで戻ろう．グラフを描いてみよう．」すると，学生の顔色が暗くなり，私は即座に，彼にとってグラフはまったく助けにならないことを理解した．と同時に，私はグラフなしに考えることやこの学生の頭の中で起こっていることを理解することが，自分にとって難しいことにも気づいた．私は導関数を用いないで説明することはいとわない――運動は結局のところ，実験を通した微積分の研究であり，微積分ベースでない授業においてさえ，この概念は（おそらく「導関数」という言葉を使うのは避けながら）説明されなければならない．しかし，自分がグラフを読みとれなかった頃を思い出すことはできないし，グラフを読めなかったり比例的な推論ができないままで物理授業にやってくる学生に共感することが難しいことにも気がついている．私がこうした学生への正しいアプローチの仕方を見つけるには，特別な努力が必要である．

これまでに述べた諸原則に基づけば，これは非常に自然なことである．学習の仕方についてのわれわれ自身のスキーマは，自分自身の経験に対する個人的な反応に由来する．しかし，自分自身に似ている学生だけでなく，より多くの学生に手を差しのべようとするのであれば，この習性となっている思考パターンを乗り越えるために最善を尽くさなければならないだろう．このことは，次の原理を不可欠なものにする．

系 4.4：学生の知識の状態についての情報は彼らの中にある．もし彼ら

が何を知っているかを知りたいならば，われわれは質問をするだけでなく，彼らのいうことに耳を傾けなければならない！

　個別性の原理について私が強調しておきたい一つのポイントは，その最後の文に表現されている．すなわち，いかなる学生集団においても，非常に多数の認知的変数について，大きな分布の広がりをもつであろう，ということである．とくに物理においては，「知性」だとわれわれが考える単一の軸に沿って学生を分類しがちである．　私はサグレドがつぎのようにいうのを聞いたことがある．「たしかに私の学生の大半は困難を抱えている．しかし，賢い連中は理解しているよ．」認知科学の分野では，知性を表す（「g」と名づけられている）単一の変数が存在するのか，それともわれわれが知性とよんでいるものは，独立な複数の因子からなっているのかどうかを巡って，長年にわたる激しい議論が現在も継続中である[40]．このテーマについての文献はかなり複雑なため，ここでは立ち入らない．しかし，知性が単一の要素からなる概念であろうとなかろうと，物理学における，あるいはあらゆる科学の職業における成功は，知性以外のものにも大きく依存している．私は，物理学科の自分の級友たちの多くのその後のキャリアを，学部や大学院の頃から数十年にわたって関心をもって追跡してみたが，絶対的に明らかなことが一つある．それは，学校の勉強で「最もよくできた」者が，かならずしも物理学に最も重要な貢献をしてきたわけではない，ということだ．創造性，粘り強さ，人間関係におけるスキル，および他の多くの因子もまた大きな役割を果たしていた[41]．この点は後で，「隠れたカリキュラム」に関して述べた次の章で再び議論する．

5. 社会的学習の原理

　第5の原理では，私は個々人という枠を越え，他者との関係を彼らの学習の一部分として考える．この原理は，ロシアの心理学者レフ・ヴィゴツキーの考えに立脚したグループ学習に関する研究にもとづいている．ヴィゴツキーの考えは，教育と学習に関する今日の理論に対して深い影響を与えた［Vygotsky 1978］

---

[40] この話題の議論と参考文献については［Gardner 1999］を見よ．
[41] 重要な変数のこの幅広さは，ガリソン・ケイラーの系とわれわれがよぶ「どんな学生も，何らかの尺度については，平均以上である」への根拠となる．

[Johnson 1993]．

　　原理5：ほとんどの個人にとって，最も効果的な学習は，社会的な相互
　　作用を通して行われる．

　物理学者にとっては，この社会的学習の原理を念頭に置いておくことはとくに重要である．集団としての物理学者は，多くの点で非常に例外的である．私の経験では，物理学者は，好奇心，独立性，数学的スキルについての分布において極端に端のほうに位置している傾向がある．彼らはまた，非常に自己充足的な学習者である傾向が強い．私はかつてデービッド・ハリディが，学生時代に最も楽しみだったのは，静かな部屋で物理の教科書を前にして一人だけで座り，その本の著者たちと「1対1」になって——著者たちを理解し，彼らが何をいわんとしているかを解明しようとして——読み進んでいくことだったと述べたのを覚えている．われわれの多くは同じような傾向がある．物理学者は，独習ができる性格の者が選ばれている集団のように見える．しかし，この種の自分自身の経験を吟味したところ，私の「独習」には，さまざまな観点に立って自分自身と議論する「内なる他者」を作り出す能力が含まれていることが明らかになった．これは，一般に見られる特性ではなく，一般的な学生集団においてこの特性を想定すべきではない．

認知モデルから導かれるいくつかの一般的な教育方法

　上で議論した認知モデルにもとづいて，多くの教育方法が開発されている．その中で，後に行う個別のカリキュラムについてのわれわれの議論に関連するのは「認知的葛藤」と「橋渡し」の二つである．認知的葛藤という方式は，不適切な一般化や不正確な連想（関連づけ）がとくに頑強で変容させにくい場合に用いられる．橋渡しという方式は，物理の学習に役立つ知識のリソースを学生はもっているという認識に基づき，適切な方法でそのリソースを明示的に活性化させようとする方法である．

認知的葛藤

　素朴概念はときには驚くほど頑強である．工学部向けの微積分ベースの物理授

業における直流回路の単元の冒頭で，私は，図 2.7 に示した問題を学生たちに出した．

この問題は，現在ではかなり伝統的な問題となっていて，6 年生の科学の教科書や多くの高校物理の教科書に出てくる．回路についての私の授業は工学部向け物理の第 3 学期の初めに組まれている．学生の大半は 2 年生の第 2 学期に在学中で，その多くは電気工学の学生であった．彼らのうち，95% 以上の者が高校物理を履修している（そして成績もよかった）．しかし，授業前にこの問題を解くことができた学生は約 10 ～ 15% にすぎなかった．

サグレドはこの問題は「ひっかけ問題」だと不平をいった．彼はいった．「物理の大学院生でもこの問題を間違える者は多いに違いない．光らせるにはちょっとした機転が必要だからね．つまり電球の端に電池の一端を導線なしで直接触らせないといけない．そしたら 1 本の導線を使って閉じた回路を作ることができる．」

サグレドの正解は図 2.8 の左に示されている．多くの物理の大学院生が（そして多くの教授たちも），初見ではこの問題を間違うだろうという彼の意見は正しい．しかし，誤答の具体的な内容は，学生たちと専門家たちとでは何か違ったことが起こっていることを示している．この問題を間違えた専門家たちは，「ああ，これは無理だよ．閉回路を作らなければいけないから導線は 2 本必要だよ」と答える．工学部の学生たちの誤答は，「できます．この問題は簡単です」というものである．学生のうち 3 分の 1 ずつが，それぞれ真ん中に示されている回答と右に示されている回答を書いた．残りの学生の約半数が正答した．その他の学生は，空白のまま提出したか，あるいは解釈不能な回答を書いた．「専門家の誤答」を書いた学生は非常に少なかった．

多くの学生は，電気を，電源（電池）から直接「引き出す」ことができるか，接触させることで「流れ出させる」ことができるエネルギー源ととらえる一般的な素朴概念を示した．学生の電流についての素朴概念はワシントン大学物理教育グループの研究で文献化されている．[McDermott 1992] 同グループはまた，この問題に対処するために開発した授業を報告している [Shaffer 1992]．この授業はワシントン大学において伝統的な演習の授業に代えて導入された「チュートリアル」方式で実施される．これらの教材や関連する教材は「物理スイート」の一部に含まれていて，第 8 章において詳細に議論される．

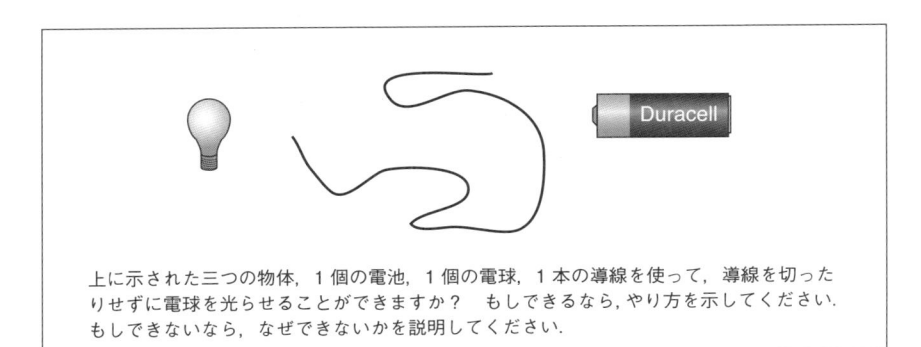

図 2.7　入門コースの学生がなかなか解けない問題

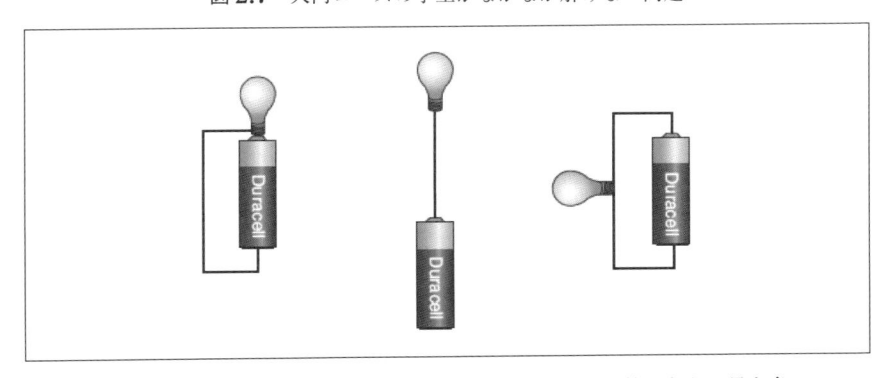

図 2.8　電池─電球─導線問題の正解（図左）と学生による誤答のうちの最も多い二つ

　「チュートリアル」で頻繁に用いられているモデルは，「（矛盾を）引き出し (elicit) ／直面させ (confront) ／解決させ (resolve) ／省察させる (reflect)」という形をとる認知的葛藤である．直流電流に関する最初のチュートリアルの中では，（チュートリアル前に行われる講義の中で実施される成績づけをされない小テスト[42]の一部として課せられる）上述の問題から授業は始まる．学生が「チュートリアル」に取りかかるとき，各グループは，1個の電池と1個の電球および1

---

[42] 小テストを成績づけしない一つの理由は，学生に，教師が何を望んでいるかを推測するのではなく，自分が実際に妥当だと考えていることを探すことをうながすためである．同様に正解も提示されない．大事なことは（「チュートリアル」の時間の中で）学生に理由づけについて考えさせることであって，答に注目させることではないからである．

本の導線を渡される．

　私が自分の授業で行ったとき，学生の約半数は図 2.8 の右の二つの配置のいずれかを用いて電球を光らせることができると予想した．私は，自分に配られた器具は壊れているに違いないと苦情をいいにきた 1 人の学生のことを，とくによく覚えている（彼女は図 2.8 の真ん中に示された配置でうまくいくと確信していた．「だって」と彼女はいった．「懐中電灯がつくのはこうしてじゃないですか？」）彼女は新しい電球と新品の電池がほしいといって譲らなかった．

　受講仲間やチュートリアルのファシリテーター（facilitator）とのその後の議論（および重要点を詳説し，それを多様な文脈の中で再考するその後の授業）に助けられながら，学生は自分のモデルと観察との間の矛盾（葛藤）を解決し，その意味を熟考・省察する．「チュートリアル」授業の後，学生たちは，同系統の（より複雑な）問において，伝統的な授業を受けた学生（50％以下の正答率）よりも著しい正答率（75％程度）を示した．認知的葛藤にもとづく授業を通して生み出された学習の成功例は，他にも多くある．

橋渡し

　授業における主要な教育的手段として認知的葛藤を用いることが，困難を生じることもありうる．なぜなら，認知的葛藤はかなり否定的なアプローチ方法だからである．高校で，授業を認知的葛藤の方法を多用する方式に改革したある同僚は，ある小試験の問題に対する 1 人の学生の反応を私に報告してくれた．「やれやれ，また，自分たちが物理に関してどんなに馬鹿かを教えてくれるテストだ．」もし，学生が自分には物理は無理だと確信してしまったら，丸暗記以外の何かを彼らに教えることはとてつもなく難しくなる[43]．

　しかし，学生のスタート時の知識をリソースととらえて，学生の推論の正しい部分から出発すれば，自分自身と自分が物理をする能力について，学生の感じ方をはるかに前向きなものにすることができる．これがどのように機能しうるかを見るために一つの例を検討しよう．

　ジョン・クレメントは，学生に，彼らの素朴概念のうちの正しい側面に基づい

---

[43] これらの問題は第 3 章でより詳細に議論される．

て自分のメンタルモデルを形成させることを提案した［Clement 1989］．この方法は，素朴概念の中の正しい側面を起点としてつぎつぎとつながっていく一連の「橋渡し」ないし「補間的なステップ」を発見することによって，彼らが自分のメンタルモデルを，科学的に正しいと認められているものに合致するように変容させていくことを支援するものである．「橋渡し」は，クレメントが「アンカー（支え）」とよぶ，学生が正しいことをよく知っていることがらから出発する．クレメントの橋渡しの一例は，垂直抗力についての一般的な素朴概念に対処する彼の授業構成の中に見られる．

ジム・ミンストレルは，彼の高く評価されている論文「物体の『静止』状態を説明する」の中で，高校物理の生徒の半数以上が，生命をもたない支持物体は力をおよぼすことができないと信じていたことを報告している［Minstrell 1982］．

彼らは，机はその上に置かれている本に対し「単にそれが落下するのを妨げている」のだと解釈した．彼らは，「力」という言葉から引き起こされる連想（関連づけ）のパターンは，意志や意図という観念と強いつながりをもち，そのため，「能動的な」物体，最も多くの場合，生命をもったもの，によって生み出される何かと強いつながりをもっているという認識を示した．生徒は，「ばね的性質（springiness）」の推論プリミティブよりも「阻止（blocking）」の推論プリミティブをもち出してくるようである．その後，大学の入門物理の学生の場合にも，同じ結果が少なからぬ割合で生じていることが確認されている．

クレメントは，学生が，授業の基礎として活用しうるかもしれない正しい直観（プリミティブな反応ないし「直感的な確信」）をもっている例を探した．彼は橋渡し方式の授業への有用な出発点は以下のような特徴をもつべきであるとしている．

1. 正しい物理理論の結果とだいたいにおいて適合する応答を引き起こす確率が高いものであること．
2. 抽象的なものよりも具体的なものであること．
3. 結果について学生が自分の中で確信をもてるようなものであること．すなわち，彼らが，権威に頼るではなく，自分たち自身の論理づけによって，強く確信することができるものであること．

クレメントはミンストレルによって述べられた状況に対する「アンカー」の候補を二つ提起した．

表 2.1 橋渡し方式授業の結果

	事前テストの平均	事後テストの平均	規格化されたゲイン
対照群（$N = 55$）	$(17 \pm 1)\%$	$(45 \pm 2)\%$	0.34
実験群（$N = 155$）	$(25 \pm 2)\%$	$(79 \pm 1)\%$	0.72

・自分の手で重い本を支えること
・ほどよいやわらかさのばねで支えられた物体

クレメントにとって驚きだったのは，ばねの方が本よりもはるかによい出発点となることだった．これは，われわれ教員には自明の「アンカー」と思える例が，特定の学生集団において必ずしも役立つと想定することはできないことを強く示している．それらは確かめて見なければならない．われわれの言っている個別性の原理もまた，特定の例がすべての学生に対して役立つと期待すべきではないことを教えてくれている．学生の大多数に手をさしのべるには，いくつもの異なる「アンカー」を用いなければならないこともありうる．

クレメントはこのアプローチ方法をマサチューセッツ州の四つの高校で試した [Clement 1998]．実験群には 155 名，対照群には 55 名の生徒がいて，同じ事前-事後テストがすべての生徒に課せられた．静的な垂直抗力の問題に関する両群の事前-事後テスト間のゲイン（成績向上率）が表 2.1 に示されている．実験群は橋渡し方式の授業を受け，対照群は伝統的な授業を受けた．評価は，通常のテストの一部として出題された六つの問いを用いて行われた（誤差は平均値からの標準誤差である）．摩擦の分野や衝突についてのニュートンの第 3 法則の動力学の分野でも橋渡し方式の授業方法についての同様な結果が報告されている [44]．

枠組を限定する

現実の世界はあまりに複雑なので，すべてを一度に扱うことは困難すぎる．どんな状況下でも，長期記憶と作業記憶が連動して働いて，この目に見える世界を，うまく説明するのに必要な要素に分解する．多くの学生は，物理の問題に直面したとき，何が重要で何がそうではないかを見分けるのに大きな困難を感じる．学

---

[44] この橋渡し方式の授業と対照群の授業の議論については [Clement 1998] を参照せよ．

生の適切なテンプレート（ひな形）や連想（関連づけ）の構築を支援することは，物理教育の達成目標の重要な一部である．

　分析したいことに視野を限定することは，科学的な営みの本質的な一部である．科学に対するガリレオの最も偉大な貢献の一つは，すべての運動に対する壮大な総合的な理解を作り出そうとするアリストテレス的な試みから一歩退いて，斜面上の物体，振り子，落下する物体などといった少数の単純な現象の理解に焦点を絞ることができたことにあった．統合は後になって，より一貫性のある構造を築くための堅固な煉瓦のブロックが得られたときに行われる．50年後にニュートンが運動の理論を統合したとき，彼が生み出したのは限定的な統合だった．それは，運動の理論だったが，例えば光，熱，物質の性質などを同時にうまく説明する単一の理論ではなかった．科学的構造はさまざまな場所でさまざまなペースで成長する．その際，そのさまざまな部分は，より整合性があり，より有用な地図を作りあげるために，継続的に組み合わされて調和するように修正されていく．

　同様に，入門物理の教育においてもまた，考察を全体像の一部に限定しなければならない．われわれの目標は，たとえそれが知的には魅惑的で楽しいことであっても，われわれ専門家が構築できる，整合性のある物理的知識の全体像を示すことではない．物理を描写するために，われわれが自分自身の中に形成してきた心的構造は，長年（おそらく数十年）にわたって築かれてきたものである．そしてそれは，物理そのものだけでなく，われわれ自身が遂げてきた継続的な変容の結果として生まれたものである．

　入門物理において一つの問題を解く場合でさえ，考察を世界の一断片に制限し，考察しようとする側面を限定する過程を経なければならない．私は窓枠を設定して見る世界の一断片を選ぶことを「猫のテレビ」とよぶことにする．私の猫（図2.9を見よ）は，（私が知っている他の多くの猫と同様に）窓を通して世界のごく一部を見ることが大好きで，それに夢中になってしまうように見えることもある．サバティカル（研究休暇）のおりにこの猫を車に乗せて田舎を旅したとき，彼はどこのホテルの部屋に入っても，窓の外を眺めることができる場所を探して，われわれが世界のどこにいるのかを見ることにこだわった．本物のテレビは彼の興味をまったく引かない（これは多くの物理学者の場合も同じである）．

　ひとたび自分の枠を決めても，つまり猫のテレビのチャンネルを選んだのちに

も，描像を描き始める前にしなければならないことがある．われわれは，何に注意を払い，何を無視するかを選ばなければならない．私はこの過程を「カートゥーン（cartoon）の形成」とよんでいる．ここでいう「カートゥーン（略画）」は，絵画や壁画を制作する準備のために描かれる画家のスケッチという意味である．何を残し何を無視するかを判断する過程は難しいもので，何を考察すべきかをすでに知っている物理学者は，しばしばその説明をごまかしている（一例は，図 2.10 に示されているビル・アメンドのカートゥーン（漫画）「フォックストロット」である．——ただし，この「カートゥーン」は上の「略画」とは別の意味だが）．

　現実の世界の物理的現象の何に注目するかを変更することが，科学における大きな進歩と関連していることもある．その著書「科学革命の構造」[45] の中で，トマス・クーン［Kuhn T 1970］はガリレオの振り子の観察にまつわるパラダイムシフトについて描いている．その話は以下のようなものである．ガリレオは教会で，おそらく長引いている説教に飽き飽きしながら座っていた．そのとき吹いた一陣の風がシャンデリアを揺らした．そのシャンデリアの観察から，それはやがて静止すると結論することもありえただろう．そこから物体は本来静止に向かう（そして最も低い点を探す）というアリストテレス的な立場を支持するものだと推論することもできただろう．しかし，ガリレオは自分の脈拍を使って，そのシャンデリアの振動の時間を計り，振幅が小さくなっていっても振動の周期が変わらないことに気づいた．彼はそのとき，これは物体の本来の状態は振動を継続する状態であるとも解釈できることに気づいた．アリストテレス的な見解では，静止に至ることが根本的なことと受け取られ，振動はそこからの逸脱と見られる．ガリレオの見方では，振動が根本的なものと見なされ，減衰は末梢的なことと見られる．どちらの見解が優れているかを決めるア・プリオリな方法はない．これらの仮説が最終的にどのような展開を見せるのか，また，より広い分野の現象のより深い理解を生み出すうえでこれらの見方がどれだけ生産的かについて，もっと多くの情報が必要である．

　学生は，物理のある主題や問題を眺める際に，物理学者がその問題の中に見ているものを，自分たちの個人的経験にどのようにつなげたらよいのかわからない

---

[45]（訳注）　みすず書房刊.

認知モデルから導かれるいくつかの一般的な教育方法　　71

図 2.9　「猫のテレビ」猫たちはしばしば小さな枠で切り取られた「世界の断片」を見ることを楽しむ．同様に，研究を進めるためには，科学者は彼または彼女の関心を一組の特定の課題に絞りこまなければならない．私はこのことを「猫のテレビにおけるチャンネル選び」とよんでいる．

図 2.10　伝統的な物理の問題に含まれている仮定には，あらわに示されていないが重要なものがしばしばある．「フォックストロット（ビル・アメンド作）」より．

ことがしばしばある．現実の世界の問題には，摩擦があり，滑車には質量があり，台車の車輪は無視できない慣性モーメントをもつ，などがある．何を無視するかを知ることは，科学について考えるという学習の重要な一部であり，それは自明なこととして扱われるべきではない．サグレドは自分の学生たちによく「物理の問題を解くときの最初のステップは図を描くことだ」と教えるが，学生たちはしばしば「描くことさえできない」と愚痴をこぼしている．私は，そのような指示を受けて，2次元で済むのに3次元の図を描いたり，問題を解くにはブロックを使えばすむのに，リアルな車や人，馬をていねいに描く学生たちを見てきた．「丘を降りていく自動車を考えよ」と指示されたとき，その自動車がポルシェだろうと，フォルクスワーゲンだろうと，車輪のついた木のブロックだろうと，かまわないというのは自明なことだろうか．私は，われわれ教員がこのステップを無視することが，学生が物理と現実の世界の経験との間の関係を必ずしも見てとることができない理由の一つであると推測している．（第3章を見よ．）

多様な表現

科学では，めまいがするほど多様な表現が用いられており[46]，それがさまざまな有用な認知的効果を発揮することがある．第一に，複数の（例えば視覚的および言語的）表現を利用することで，作業記憶をより有効に活用できることがある．第二に，われわれが描写しようとするデータや状況のさまざまな特徴に対して，それぞれにより自然に対応する異なる表現が存在する．その結果，多様な表現の利用は，状況のさまざまな側面の相互のつながりを作るうえで効果的でありうる．物理で用いる表現のいくつかは以下のようなものである．

・言葉
・方程式
・数値の表
・グラフ
・特定の目的に合わせた図表

それぞれの表現は，専門家にとっては，現実の世界のシステムのある特性を他

---

[46] 例えば，[Lemke 2000]における化学と物理の授業の詳細な分析を参照せよ．

の表現に比べてより効果的に表していて，こうした表現の間の相互の変換とつながりは，強力で一貫性のあるメンタルモデルの構築の助けとなる．しかし，それぞれの表現の学習には，ある程度の時間と努力を要する．もし学生がある表現の「読み方」を学んでいなかったら，すなわち，もしその表現についての彼らの知識がたやすく処理されるチャンクにコンパイルされていなかったら，その表現の変換に用いられる作業記憶が大きくなりすぎて，その表現を効果的に利用できないかもしれない．学生の中には，こうした表現のうちの一つないしいくつかを，それまでの自分の経験の中ですでに修得済みの者もいるだろう．言語的または視覚的表現を好む学習スタイルをもつ者もいるだろう．これらの表現方法の一つないしいくつかについて自分は苦手であると感じ，それらについて考えることをなんとか避けようとする学生もいるだろう［Lemke 1990］．

　図2.11に示した図は，われわれが問題や科学的探究を設定する過程を表している．特定の物理の文脈の中で考察される現実世界の特定の状況──例えば丘を降りる1台の自動車の力学──に猫テレビのチャンネルを合わせることから始めよう．それから最初に注目したいこと──例えば，摩擦のない斜面を滑る降りる箱で表される単純化されたイメージ──の選択を行う．これは先に私が「カートゥーンの形成」とよんだものである．これは，岩だらけの山道を降りていくSUV（スポーツ用多目的車）についてのよいモデルになるであろうか？　おそらくならないだろう．しかし，それは舗装された道を下っていく車輪がより小さい乗用車のモデルとしてはよい出発点になるかもしれない．

　ひとたび略画ができれば，われわれは相互につながりをもった多面的な表現を用いて，その状況についての知識を多様な仕方で表現できる．これらの表現は，情報をさまざまな仕方で提示し，その結果われわれは，さまざまな方法で，与えられた情報について考えたり，関連づけていくことができるようになる．

　表現間の変換に際し，学生が遭遇する困難について，実証的に報告している研究文献は多い［Thornton 1990］［Beichner 1994］．例えば，彼らは，グラフを描くことを，より複雑な問題を理解し解くうえでの手助けとなるツールであるとは考えずに，──教員によって課せられた──問題に対する解答と見なすことがしばしばある．

　物理授業において多様な表現を用いるためには，学生にとってのこれらの表現

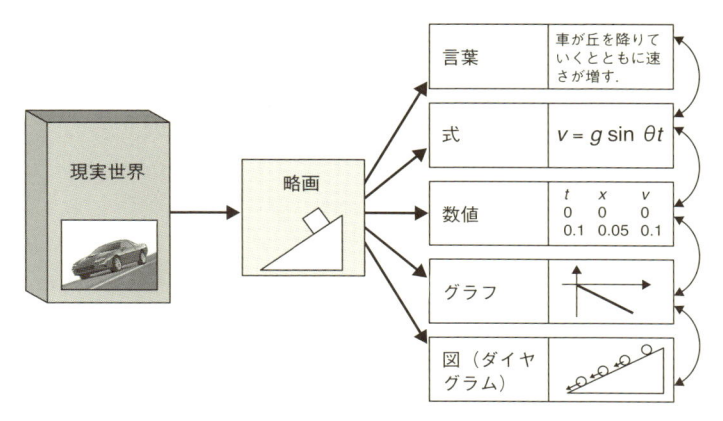

図 2.11 物理学者は多くの異なる表現を用いて，現実の世界の事象と過程を描写する．これらの表現の取扱いとそれらを変換することを学ぶのは，入門的物理コースの学生たちにとって，重要な，そして難しいステップである．

の難しさをわれわれが意識し，物理の学習を支援するとともに，彼らが不慣れで居心地の悪さを感じる考え方をも獲得できるように支援することが重要である．

物理教育の目標を再考する

　学生の学習を認知科学の枠組の中に置くことは，物理教育において何を達成したいのかについて，物理教員のコミュニティの中で，より詳しくより建設的な対話を始めるうえで有効である．物理を学習することには，単に，教科書の目次の項目にチェックをつけていく以上のものがある．われわれの教育の最も重要な結果の多くは，特定の学習内容とは関連していない．学生の思考について，われわれがここまでに理解したことを基にすれば，特定の学習内容に関わる目標でさえ，いまや違った観点から見ることができる．この節で，私は学生が入門物理コースで到達してほしいとわれわれが願う，学習姿勢とスキルについての「隠れた」目標のいくつかを詳細に説明したい．これらの目標は滅多に議論されることはないが，その達成はしばしば，強く望まれていると同時に当然のことと見なされている．

　「ちょっと待った！」とサグレドが話に割りこむ．「学習姿勢やスキルについての話はもちろんとてもよいことだし，私も自分の学生がそれらを伸ばすことを願っているよ．しかし物理学は学習内容が大事なのだ．それを忘れてはならない

よ.」それはとても大事な点だ，サグレド．それでは，われわれの学習理論が，物理の内容の学習について何を教えてくれるかから始めよう．そのうえで，学習姿勢に関する目標とスキル開発について考察しよう．

学習内容に関する拡張された目標

　物理学の内容を学習することは，多くの互いに無関係な定義や方程式を暗記することよりもはるかに多くのことを意味している．われわれは，問題が何を扱っているのか，そしてその答にはどんな意味があるのかを理解できるように，物理が意味することについて，学生に十分に理解させたいと思っている．また，いま学習している物理が，すでに学んだ他の物理や現実の世界での個人的経験とどのように適合するかを理解させたい．さらに，問題を解く際に自分の知識を効果的に使えるようにしたい．私はこの学習で習得・獲得させるべき三つの目標を，概念，整合性，機能性とよぶことにする．

　　目標 1：概念（concepts）　　学生は，自分が学習しつつある物理がどんなものなのかを，物理的世界にしっかりと根ざしたさまざまな概念が
　　構成する強い基盤の上に立って，理解すべきである．

　新しい知識を，既存の知識構造に，それとは関わりのない，物理の授業で問題を解くという文脈にのみ関係があるものとして，学生がつけ加えることもあり得ることが認知モデルからわかる．われわれは，物理の問題を解くのに用いる数学的な操作をコンパイルする（すなわちそれらの細部について，そのたびに考えることをしないでも使えるようになる）ことだけを学生に望んでいるのではなく，その物理的な意味を理解してほしいと思っているのだ．

　この目標を達成するためには，学生は，物理のさまざまな概念——すなわち物理的世界の実際の事物を抽象的な物理学的描写に対応させる考え方や定義といったもの——の意味を理解しなければならない．教育を通じて，彼らがこの目標に到達するのを支援するためには，ある概念の定義を紹介する前に，現象の直接的な観察を通じて，その概念の必要性について動機づけをすることが役立つことが多い．アーノルド・エイロンズはこのことを「考え方を先に，名前は後に」とよび，物理教育における操作的定義の意義を強調した．彼の自著［Arons 1990］の中に，これについての以下のようなよい説明がある．

私の授業では，授業初日から，「考え方を先に，名前は後に」という指針の下に授業を運営することを宣言し，科学の用語は，共有された経験をそれまでに定義されている言葉を用いて描写することを通してのみ意味を獲得する，ということを指摘する．学生が，まだ定義されていない専門用語をもち出すことで博識をひけらかそうとしたら（あるいは質問から逃げようとしたら），私とアシスタントたちは完全にとぼけてわからないふりをする．学生はこのゲームをとてもすばやく理解する．彼らは知ったかぶりで名前を口にすることをやめ，自分が用語の意味を理解していない場合には，それに自分自身で気がつくようになる．その後，彼らは，経済学や政治学の授業で専門用語の操作的な意味をたずねて煙たがられたときのことを，ぶらりと立ち寄って私に話していくようになるのである［Arons 1990］．

「考え方を先に，名前は後に」提示するのはよい出発点だが，それだけで学生が物理概念を深く理解していくのに十分であることは滅多にない．この10年間にわたる物理教育研究において，学生の概念的理解の構築を助けるための効果的な教育手法の開発が行われてきた．学習内容についての個別の課題に関してより詳しく知るには，［Arons 1990］および文献案内［McDermott 1999］の参考文献を参照せよ．

　目標2：整合性（coherence）　　学生は，物理の授業で獲得した知識を全体として整合性のある物理的モデルへと関連づけるべきである．

　科学的な世界観の大きな強みは，多くの複雑な現象を，いくつかの単純な法則と原理で記述することにある．科学を事実の集合であると思っている学生は，その構造の完全整合性，すなわち説得性をもち問題解決にも有効である，という意味での完全整合性を見落としやすい．整合性のある見方が欠落している場合，その学生には，自己の論理づけの中の間違いを認識し損なうことや，思い出したことをクロス・チェックによって吟味することができないなどの，多くの困難が生じるだろう．

　原理1と原理2を思い出そう．学生は，われわれが彼らに与えるものを，自分の知識構造の中にもちこみ，それを自分の既存の知識構造の中に，何らかの自分自身の方法で統合する．ある内容についてすでにもっている知識がどんなものであれ，学生は，適切に接続され適切な文脈において高い確率で活性化されるよう

な，整合性のあるスキーマを形成するかもしれないし，形成しないかもしれない．われわれは，学生が単に「内容をつかむ」だけでなく，その内容の理解を正確で効果的なメンタルモデルの構築へと組みこんでいくことを望んでいる．

目標3：機能性（functionality）　　学生はいま学んでいる物理をどう使うか，およびそれをいつ使うのか，の両方を学ぶべきである．

　われわれが，入門物理の学生の集団の大半に対して望むことは，彼らが物理の内容を単に知るだけでなく，それを用いて何かができるようになることである．前述した第二の認知的原理によれば，物理の内容を学生に修得させ，それが意味するところを納得させるだけでなく，彼らの物理の知識が強固で機能的なものであることを，われわれは望んでいる．つまり，彼らが，学んだそれぞれの物理の知識に対する適切な文脈を認識し，それらの知識を正しく用いることができるようにならなければならない．これは，学生に対して，物理内容の知識を獲得することだけでなく，自分の知識を組織化することを支援する必要があることを意味する．

　これらの目標は，われわれが評価の方法を広げるべきことを示唆している．われわれは伝統的に，教科内容と物理を用いるスキルの一部のみを試験してきた．それも通常は（少なくとも入門レベルにおいては）限定的な，前もって設定された文脈においてのみ試験してきた．サグレドは，かつては，学生に宿題をさせる効果的な方法は，試験にそれまでに課した宿題の中からだけ出題することだと考えていた．学生たちはこの試験方法に対して何の異存もなかった．残念なことに，この試験方法は彼らに，必要な物理の知識は，解答を暗記してしまえるような少数の問題だけだという強いメッセージを送ってしまう．このように訓練された学生は，暗記した問題以外のいかなる問題もおそらく解けないだろう（私は，もとの問題を非常にたやすく解いていた学生たちが，図を左右反転させただけで，解けなくなるのを見たことがある）．

　学生が，（当面の問題に）関係する物理の正しい記述を「知っている」だけでは十分ではない．彼らは，適切なときにそれらにアクセスすることもできなければならない．また，彼らが思い出した結果が（その問題に対して）本当に妥当なものであることを確かめるために，クロス・チェックしたり評価したりする方法を身につけなければならない．これを実現するためには，その主題について整合

性のある一貫したメンタルモデルを構築する必要がある．

　物理の内容についての適切なモデルを，学生が構築することを支援したい場合，学習に関する認知モデルがいくつかの手がかりを与えてくれる．これまで傑出して優れている教員が報告してきた経験は，われわれが認知科学と神経科学の研究者から学んだことと整合している．すなわち，思考と理由づけの仕方を教える種々の活動は，さまざまな異なる文脈の中で時間をかけてくり返される必要がある．アーノルド・エイロンズはつぎのように述べている．

> しかしながら，反復は，（効果的な）教育にとって絶対的に不可欠な特徴であることが強調されなければならない．それは，同じ練習問題や同じ文脈の中での反復ではなく，つぎつぎと変化し内容が豊富になる文脈における反復である．… 経験は…数週間・数か月にわたってくり広げられなければならず，また時の経過によって発芽することが可能になった後に，新しい文脈において再びくり返さなければならない．最初は数人の学生だけが成功する状態から出発し，反復や再学習をするたびに成功する学生の割合が増えていき，通常おおよそ5サイクルを経ると全体の100%よりわずかに小さい割合で飽和する［Arons 1983］．

認知学者たちは，短期記憶から長期記憶に何かを移動させるためには反復とリハーサル，すなわち（頭の中での）復唱が必要だといっている．神経科学者たちは，学習には，神経回路の結線構造の実際の変化が伴っていることを示している．私はこのことを教え方と学び方についての基本的な教訓として要約する．実は，それは構成主義の原理の系の一つである．

　系 1.1：学習は移転ではなく成長である．強固でかつ機能的な知識を形成するためには，反復，省察，および統合が必要である．

　この系から教育への一つの指針が導かれる．私はこれ（そしてこの後に述べる教育へのいくつかの指針）を「教育のための戒律」とよぼう．

　レディッシュの教育のための第1戒律：大半の学生の場合，機能的な科学的メンタルモデルは，ひとりでに構築されることはない．メンタルモデルの構築のためには，整合性の形成をうながすようなさまざまな活動をくり返し行う必要がある．

第3章 物理授業には教える内容以上のものがある：隠れたカリキュラム[1]

> 真の教育とは,
> 学んだものを忘れ去った後に
> 生き残るものである.
> B. F. Skinner
> (New Scientist, 1964年5月21日)

　前章では，われわれの学生たちの思考についての認知モデルが，学生たちが教室にもちこむアイデアの重要性を理解するうえで，どれほど役に立つかを論じた．しかし認知という働きは複雑である．学生たちが教室にもちこむのは，物理的世界がどのようになっているかについての考え方だけではない．彼らはまた，学習の特質や科学の特質，そして自分たちが授業で何をするよう期待されていると考えているか，などについての彼らの考えを授業にもちこむ．加えて，学生たちはよい成績をとろう，という自分たち自身の動機ももっている．効率よく成績を上げる，すなわちできるだけ努力しないで十分な点数をとる，という多くの学生たちの暗黙の目標に，われわれはしばしば振り回され，その目標はしばしば学生たちの知の習得に測り知れない大きな不利益をもたらすことになる.

　私が教えている学生の多くは，物理学を学ぶためにしなければならないことは，教科書を読み，授業を受けることにつきると思っている．そう信じている学生の中には，この最小限の努力さえ実際にはしてはいないものもいるが，その努力をしている学生でも，私が彼らに望むようには物理学の意味を理解できていないこ

---

[1] この章の一部は，レディッシュ，ソウル，スタインバーグ [Redish 1998] による論文に基づいている.

とが多い．このため私は，教科書を読んだり講義を聴いたりするやり方は，多くの学生にとってあまりよい学習方法でない，と考えている．サグレドは「それは一般的に正しいなどとはとてもいえないんじゃないか！」と反論する．原理4を思い出せば学生たちはそれぞれ違うよね，と私も同意する．物理の教師として，われわれの多くは，講義の中で「よい」学生を何人かはもった経験がある——そのような学生にとっては講義を聴くことは能動的な活動，学生自身と教師との知的な対話なのだ．実際のところ，われわれの多くはそのようなよい学生だったのだ．そして講義（の少なくともいくつか）は学習経験の重要な一部として記憶に残っている[2]．

同様のことが教科書についてもいえる．教科書や講義ノートを使って勉強し，学習内容を再構成し，導出のステップのとびを補い，自分自身に問いかけて答えたりすることが楽しかったことを私は覚えている．しかし今の学生の多くは，どうすればそのような学習ができるかわからず，それどころかわれわれが彼らにそのような学習を期待していることさえわからないようにみえる．このことはさらにもう一つの見解をわれわれに思い起こさせる．

　　多くの学生は，物理学を学ぶということがどういうことかについての
　　適切なメンタルモデルをもっていない．

これは一種の「メタ」問題である．人々は学ぶ内容についてだけではなく，どのように学ぶかについても，さらにどういう状況ではどういう行動が適切であるかについても，スキーマを作り上げている．大部分の学生は，われわれがいう科学するということの意味や，われわれが学生にしてほしいと期待していることをわかっていない．残念ながら，私の授業において科学を学ぶことに対する，最も一般的なメンタルモデルは以下のようなものと思われる．

- 教師が黒板に書いたすべての方程式や法則を，それが教科書に書かれていても，ノートにとる．
- それらを，各章の終わりにある公式の一覧表とともに暗記する．
- どの公式がどの問題を解くために使えるのかを「わかる」ために，十分な数の

---

[2] しかし，「伝統的な講義」に関しては，7章の7.1節で述べた私のある講義経験についての議論と比べてほしい．

宿題と章末問題を解く．
- 試験の問題を解くための公式を正しく選び，試験に合格する．
- 次の学習課題を覚えるための脳のスペースを確保するために，試験の後は覚えたことをすべて忘れ去る．

　私は上記の「・」のついたリストを「枯れ葉モデル」とよぶ．それは，物理学とはあたかも落ち葉に書かれた方程式の集まりのようなものである，という意味である．例えば，1枚目には $s = (1/2)gt^2$ と書いてあり，もう1枚の上には $\vec{F} = m\vec{a}$，そして3枚目には $F = -kx$ と書いてある．これらの方程式はいずれも，等価な重み，重要性，および構造をもっていると考えられている．問題を解くときにしなければならない唯一のことは，ぴったり合う方程式を見つけだすまで，方程式の葉っぱの集まりをパラパラとめくることだけである．私は，学生が物理学を生きている木と見なしてくれる方を，よほど好ましく思うのだが．

第二の認知レベル

　この章の導入部で議論された問題は，第2章で議論された，より具体的な認知応答とは違ったレベルと思われる．2章で述べた認知レベルの「上位」にあって，その働きをコントロールしている第二の認知レベルの存在を多くの認知科学者が突き止めた［Baddeley 1998］［Shallice 1988］［Anderson 1999］．彼らの多くは，この第二の認知レベルを実行機能（executive function）——他の思考過程を管理しコントロールする思考過程——とよぶ．教育の文脈では，この認知を制御する機能のうち三つのタイプがとりわけ重要である．すなわち，期待観（期待・予測・思い込み），メタ認知（認知過程を認知する機能），そして情緒・情動（affect）である．

　各々の学生は自分自身の経験に基づき，物理の授業に一連の，姿勢，信念，想定（assumption），などをもちこむ．その想定とは，どのようなことを学ぼうとしているのか，必要とされるスキルは何か，何をすることを期待されているのか，物理の授業で出会うさまざまな状況でどのような種類の議論や推論を使うべきなのか，などについてである．加えて，科学的情報の特質についての学生の見方は，彼らが授業で聞いたことをどのように解釈するかに影響する．それぞれの授業に

特有な,これらのさまざまな理解の仕方を示す用語として,期待観（expectation）（期待・予測・思いこみ）という言葉を使う．また「メタ認知」とは認知の中の自己参照の部分,すなわち考えることについて考えること,を意味する．自己参照的応答は意識的なものであることもある（例えば,「ちょっと待て．この二つの命題はつじつまが合わない」）．また,無意識の確信を表わす場合にも使われる（例えば,「それは,直感的に正しいと思われる」）．情緒・情動という用語で,私は動機,自己イメージ,感情,などを含むさまざまな情緒的応答を一まとめにして扱う．

期待観（期待・予測・思いこみ）：認知過程をコントロールするもの

学生の期待観（expectation）は,教授やティーチング・アシスタント（TA）に教わったり,実験室での活動や教科書を通じての,典型的な教育の課程で与えられる情報の洪水の中で,学生が何に耳を傾け何を無視するかに影響を与える．期待観は,学生自身が知識基盤を構築し,授業教材への自分の理解を形成して行くなかで,どのような行動を学生が選ぶかなどの判断に強い影響を与える．学生がしようと思っていることと,教員が学生にさせたいこととの間に,大きなずれがあるときには,その影響はとくに大きい．

多くの物理教員は,つねに明確に伝えているわけではないが,学生に対して期待観に関わる到達目標をもっている．大学での,技術者や生物学やその他の分野の科学者を育成する物理学課程では,学生に事物を関連づけさせ,方程式の適用限界と適用条件を理解させ,物理的直観を磨かせ,問題解法に個人的経験を関連づけさせ,教室で習う物理と現実世界との関連性をわからせることを目指している．何よりもまず,われわれは学んでいることがらの意味を学生にわかってほしいのだ．このような授業のシラバスや教科書の目次の中に載っていない学習目標を,授業の中の隠れたカリキュラム（hidden curriculum）[3]という．

---

[3] この用語の初出は,私が知っている限り [Lin 1982] である．

学習に関する期待観

　科学の授業で学生が何をどのように学ぼうとしているのかについての彼らの期待観は，教育課程のあらゆる段階で研究されてきた．入学前の学生については，科学的知識がどういうものであるかについても，科学の授業で彼らがしなければならないことについても[4]，学生がしばしば思い違いをしていることが多くの研究により明らかにされている．他の研究では，学生の期待観と信念の体系の主要な要因を作り上げている，重大な項目のいくつかが明らかにされている．私はここでは大学教育と中・高教育についての研究に的を絞ることにする．

　大人の学習者の一般的な認知論的期待観に関する二つの重要な大規模研究がペリイ (Perry) とベレンキイ (Belenky) らによりなされた [Perry 1970] [Belenky 1986]．ペリイはハーバードとラドクリフの学部学生たちの認知的な姿勢を，その大学生活の全期にわたり調査した．ベレンキイらは，さまざまな社会的および経済的状況にある女性たちの考え方を調査した．二つの調査から，彼らの調査対象者たちの期待観，とりわけ知識に対する姿勢が進化することがわかった[5]．両方の調査から青年層は初期にはしばしば，すべてを真か偽か，良いか悪いか，に分けたり，権威から「真理」を学ぶことを期待するというような，二者択一的または受け身的に知識を求める段階から学び始めることがわかった．両方の調査で，彼らの調査対象（の青年層）は相対主義的，または主観的段階（真であるものや善であるものは何もなく，すべての見方は等しい価値をもっている）を経て意識的構成主義者の段階へ移っていくことが観察された．この最後の，最も知的に成熟した段階において，彼らは，この世で完全に理解できることなど何もないのだということを受け入れ，さらに，自分たちにとって最も生産的で役に立ちそうな見方は何かを決めることは，自分自身の役割であることを自覚するに至った．

　これらの研究は，両方とも科学以外の領域に焦点を当てているが[6]，サグレドと私は2人とも（物理を学ぶ学生たちについても），二者択一段階，すなわち学生が「正しい」答だけ教えられるのを望む段階，と構成主義者の段階，すなわち

---

[4] 例えば，[Carey 1989]，[Linn 1991]，[Songer 1991] を見よ．
[5] この短い要約は，各研究で述べられている複雑で込み入った一連の状況をきわめて単純化してまとめたものである．
[6] ペリイは「答がある分野」という理由で，とくに科学を除いている．

学生が自ら自分自身の理解を構成する段階,があることを認識している[7].意識的に構成主義者である学生は,自分で解き方や方程式,結果などの評価を行い,妥当性のための条件と基本的な物理学の原理との関係という両方を理解している.創造的な科学者になろうとする学生は,彼らが受けている教育のある時点で,二者択一段階から構成主義段階に移行しなければならない.

学生の期待観にかかわる認知的問題についての優れた入門書がライフ (Reif) とラーキン (Larkin) によって書かれている.彼らは日常生活で自然に生じる自発的な認知活動の知能領域と,科学の学習のために必要とされる領域とを比較している [Reif 1991].脳の実行機能の重要な働きの一つは「これで事足りる,と判断すること」であると彼らは指摘した.日常生活の領域で使う知識は,最適なものを追究するというより,満足を追求する (satisfice)[8] ものである,ということに注目した.科学知識の典型である無矛盾性,正確性,原理の一般性などは人々の日々の活動においては,必要でもなければ共有されてもいない.学生は,われわれが科学領域で使う考え方を使ってほしいときにも,日常生活の領域で使う考え方をしばしば使う.

学生の期待観の構造:ハマー変数

脳活動の実行制御や期待観についての複雑な問題を取り扱って,それらについて議論し,それらを教育を通じて発展させる方策について考えるためには,われわれは,それを特徴づけるものをはっきりと定義することから始める必要がある.デイビッド・ハマー (David Hammer) は一連の興味深い論文でこの仕事を始めた [Hammer 1996a] [Hammer 1996b] [Hammer 1997].これらの論文で,彼は物理学の授業に学生がもち込む期待観から生じる学生の状態を測るいくつかのパラメーターを見いだした.ハマーの三つの変数が表 3.1 に示されている.

---

[7] 私の経験では,物理の学生の間では,真の相対主義者はまれである.もちろん相対主義者がいることを聞かないわけではないが.
[8] (「目的を達成するために必要最小限を満たす手順を決定し,追求する」という意味の) satisfice という用語は,ハーバート・サイモン (Herbert Simon) によって経済学と認知科学に導入された.この仕事で彼はノーベル賞を受賞した.その要点は,現実世界の中では人々は最適解を求めない,ということである.最適解を求めるためには,あまりにも多くの努力が必要である.人々はむしろ「十分受け入れられる」答,すなわち「満足で十分な」答を探そうとする.このことが,経済学者が使う変分原理の論拠を示唆している.

表 3.1 学生の物理に対する期待観を表現する「ハマー変数」[Hammer 1996a]

	好ましい姿勢	好ましくない姿勢
独立性	自らの理解を自分自身の意志で構築しようとする.	権威（教師や教科書）から与えられるものを無批判に受け入れる.
整合性	物理学は，自然を理解するための，たがいに関連づけられた，首尾一貫した体系として理解されなければならない，と信じている.	物理学は，たがいに無関係な事実やばらばらの事実の断片として扱えばよい，と信じている.
概念	背後に横たわっている考え方や概念を理解することが大切だと考えている.	解釈や意味を理解することなしに，公式の暗記や使い方に集中する.

　私はこれらを「好ましい姿勢」と「好ましくない姿勢」とよび分けることにする．その理由は，科学者や技術者としてそれなりの成長をしていくうえで，好ましくない姿勢は成長の制限要因になることに学生は気づき，「好ましい」の欄に示された姿勢への移行を迫られるからである．

　サグレドは，この考え方に文句をいう．「学生が私の授業の履修を始める時点で確実に『好ましい姿勢』を身につけていることを私は期待するね．もし，初中等教育でそういう姿勢を学びとっていないとしたら，私にはできることはないね．」サグレドよ，問題の一つは，われわれがそれと気づかずに，学生が好ましくない態度をとるよう，しばしば学生を仕向けていることなのだよ．実例をあげよう．ハマーは彼の博士論文で，バークレイで代数ベースの物理を学んだ2人の学生についての事例研究を行った．その2人は，成績の平均点 GPA や SAT（大学進学適性テスト）などが同じレベルにあるように注意深く選ばれた．しかし物理学を学ぶ姿勢は決定的に異なっていた [Hammer 1989]．最初の学生 A は学習内容の意味を理解し，その意味と自分の直観を調和させようとしていた．彼女は，以下の意味で「理論」とよぶものを嫌った．

　　「理論」というのは公式のことなのです…みんなは，あてはまる変数があるからこの公式を使おう，というんです…それでは，この方向に飛ぶボールの速さを求めよう，というべきときに．…私はむしろなぜそうなるかの理由を本当は知りたいんですけど．

　第二の学生 B は，自分の学んでいることを理解することに興味をもっていなかった．彼女にとって物理学とは，教員と教科書といった権威に基づいた公式と

事実の集まりでしかなかった．無矛盾性とか，意味づけるなどということは，彼女にとっては関係ないことであった．

　　私はすべての公式を眺めます．問題では，速度，時間，加速度が与え
　られていて，距離を求めることが要求されています．だから，たぶんそ
　の四つの量が含まれている公式を使えばうまくいくのだと思います．

　学生 A は最初の数週間は教科内容の意味を理解することができた．しかし間もなく，定式化のさまざまな部分の相互関連を理解することや，それと自分の直観とを調和させることに難渋して，行き詰まってしまった．結局，彼女はこの行き詰まりを切り抜けるために自分の基準のほうを妥協させた．学生 B は，物理学の授業に首尾一貫性や理解を求めなかったので，彼女は何の悩みももたずにすんだ．

　このちょっとした例は，学生が好ましくない姿勢を取り続けるように，われわれがそれと知らずに仕向けてしまう可能性を示唆している．これらの問題点について知った私は，この状況を変えるために自分の教え方を変えようとした．そのためにはどうすればよいか．宿題とテストについては 4 章で，学生の実態調査とそれに基づく教授法の評価については 5 章で論じる．私は，学生の学習に関する期待観を調べるため，われわれが開発した（5 章で説明される）メリーランド大学で作られた物理学に対する学生たちの期待観についての調査（MPEX）なるものを使った．最初は何の改善も見られなかったが，少なくとも私が学生に与えた成績評価は，私が行ったこの調査の結果とある程度は相関があり，私の同僚たちについては相関がないことがわかった．これには 2 通りの解釈が可能である：この調査が，われわれが学生に習得を望んでいるものを測定していないか，あるいはわれわれが学生に与える成績評価が学生に奨励しようとしている学習姿勢を評価していないか，である．

　物理の授業で何が起こっているか，そこから学生たちに何を習得してほしいか，われわれが何に価値を見いだしているか，などについてより複雑な見方を展開できるようになれば，「正解」だけがわれわれの探し求めるべき唯一のものでないことに気がつく．学習姿勢について学生がいかに変わりうるか，またこの問題が授業環境の中でどのような展開を見せるかについて，ハマーの分析に劇的に提示されている．それは，水平面上を転がるボールが一定の速さで動き続けるかどう

期待観（期待・予測・思いこみ）：認知過程をコントロールするもの　　87

かを判断しようとしている高校生のグループと先生との間の討論の分析である[Hammer 1996a]. 学生は理想的条件下ではそうなるであろうというガリレオの議論は聞かされていた[9]. 後でどの発言か区別できるように, 発言に番号を振った.

1. ここまでは, 討論は主として, ボールがだんだんゆっくり転がるようになるのは, 摩擦のせいか, 重力のせいか, それとも両方のせいなのかどうか, に的を絞って行われていた. 学生たちは, 摩擦や重力, または両方を無視することが適切なのかどうかについて, さらに他方を無視せずに一方だけを無視できるのかどうかについて討論していた.

2. その討論が約20分続いたところで, ニングはガリレオのいう理想的条件というのは, 摩擦力も重力もないことを含め, ボールには力が働いていないことを意味しているのだ, と主張した. そして彼女は「もしボールにどんな力も加えなければ, ボールはそのまま止まっているか, 一定速度で動き続けようとする」と主張した. ブルースは, ニングの主張をさらに精密化する意図で, ボールを動かすには力がなければならないとつけ加えた:

3. ブルース：もし重力も摩擦もなく, そしてボールを動かす力があれば, それはまさに一定速度で一直線上を動こうとするでしょう…だって, 何がボールを動かしているの？

4. アメリア [何人かの声を押し止めて]：ボールの後ろから力が働いているのよ.

5. スーザン：ガリレオは, 力ははたらいていないといったわ.

6. ブルース：もしボールを下に引っ張る力も, 遅くする力もなければ, それはそのまま真っ直ぐに進むんじゃないの.

7. ハリイ：ボールは動かないんじゃない.

8. ジャック：それを動かしている力はないはずだよ.

9. スティーブ：ボールを押し続けている力がある.

10. ブルース：ボールを押している力がそれを動かしているんだろう.

11. ジャック：その力はどこから来るんだい. だってどんな力も働いていな

---

[9] 学生の名前は仮名である.

いんだよ．
12. スティーブ：いや，力は働いているんだよ，ボールを押している力が．でも，ボールを遅くするような他の力はないんだ．
13. 大勢がいっせいに話し出し，訳がわからなくなる．シーンが議論を整理するための例題をもち出そうとする．
14. 教師：シーン，君の例題を話してごらん．
15. シーン：もし宇宙空間にいる人が何か物体を押したなら，その物体はそれを止めない限り止まらないはずです．
16. 教師：もし君が宇宙空間にいて何か物体を押すということは，重力のない場所では——
17. シーン：重力も摩擦もありません．
18. 教師：——君が止めるまで，それは止まらないだろうというのだね．では，ペニイ，それについて君はどう思う．
19. ペニイ：でも，私たちは平面上のボールについて議論していたんですよ．空間での話でしたら，平面の話とは別ですよ．それで，私は重力がボールの運動を止めるだろうと，いったんですよ．
20. アメリアがシーンの例に対し，空間で動いている物体もそのうち止まるはずだという，別の理由から反対した．
21. アメリア：そうじゃないわ．たぶん宇宙空間には重力も空気もないわ．でも動いているボールを止める他の気体があるに違いないわ．
22. 教師：だが，それは別のこと，考慮していないことだよ．
23. アメリア：その別の摩擦がそのボールの運動を止めるに違いないわ．
24. ブルース：それは違うよ，それだったら理想状態でないってことになるよ．
25. スコット：宇宙空間は真空なんだよ．からっぽで何にもない——
26. アメリア：他の種類のガスがあるんだわ．
27. いくつかの声が上がって，聞き取れなくなる．
28. ハリイ：僕たちは理想的な空間について話しているんだよ（学生たちが笑う）．
29. 宇宙空間にガスがあるかどうかの問題から離れ，ボールを「動かす力」

があるかどうかの問題に議論を戻すため，ここで私が介入した．
30. 教師：それじゃ，一方ではどうしてボールに力が働いていないということができ，他方ではボールを動かしている力が働いている，なんていうことができるの．
31. ブルース：それは，最初に力があったからです．
32. スーザン：最初にボールが動き始めるための力があって，それが動くためのエネルギーを与えたのよ．

この討論の分析からハマーは，学生の応答の評価に用いることができる6個の観点を抽出した．以下で私はそのうちの四つに焦点を合わせる．
・答の内容：学生は正しい答をいったか．
・推論：学生が述べたのは一般的な素朴概念か．それは推論プリミティブと関係するものか．
・整合性：科学の法則は自然の多様な状況を統一する方向に発展してきており，科学は首尾一貫していなければならない，ということを学生は理解しているか．
・理想化についての理解：学生は理想化や条件の限定の必要性やその意味を理解しているのか．

対話では，ニングが正しい答を出した（2番目の項）．しかし彼女はその答を擁護する議論には加わらなかった．この討論で，多くの学生が「運動は力によって引き起こされている」というファセットに表現される素朴概念にとらわれていることが明らかになった（3，8，10，12番目の項）．ほとんどすべての討論は，理由を説明したり証拠を挙げたりすることなしの，単なる主張とそれに対する反対主張に尽きていた．15～19番目の討論はシーンとペニイの考えの違いを示している．シーンは，二つの異なった物理的状況を結びつけようとしているし，ペニイはその二つの状況を別々に扱おうとしている．この違いは，多様な現象を統一的に理解するという科学の要件についての理解の程度の差から来ていると解釈できる．15番目のシーンの主張は重力や摩擦がない理想化された状況を分析しようとする試みであった．アメリア（23，26番目の項）は単純化された例について考えることになじめないように見える．

ハマーによって取り上げられた他の事例では，学生は問題に対しては正しい答

を出すが，その論拠を教科書や教師においており，自分たち自身で考え抜こうとはしなかった．

これらの例は，隠れたカリキュラムの複雑性をよく示していると同時に，学生がわれわれの授業にもちこんでいることがらと，学生がわれわれの授業から得られることがら，の両方について，単に「彼らの答は正しいかそれとも間違っているか」という以上のより高次の観点からわれわれが考え始めるきっかけを与えている．

現実世界とのつながり

物理学者は，物理を研究するとき，現実世界について研究していると信じているが，認知的応答の文脈依存性（2章を見よ）が教員と学生の間にもう一つ別のギャップをもたらす可能性がある．多くの学生は，原則としては，物理学は現実世界と関連づけられていると信じているように見えるが，相当な割合の学生が，彼らが物理学の授業で学んでいることは個人的な経験とはまったく，またはほとんど，関係がないことだとも信じている．このことが重大でしかも驚くような問題を引き起こす可能性がある．

たとえ，学生が現実世界に意味づけられた重要な概念を構築したとしても，認知的応答が強く文脈に依存しているため，学生は，物理の授業で学んだことを物理の授業の文脈の中だけでとらえてしまう傾向がきわめて強い．この事実はサグレドにとっては不自然に見えるようだ．「私が宿題に出し黒板で説明する問題のほとんどすべては，現実世界の物理と結びついている」と彼はいうだろう．その通りだ，サグレド．しかしそれでも，あなたがしている現実世界への結びつけは，学生にとっては容易に，ひとりでに，できるわけではない．

教員が，摩擦や空気抵抗のような本質から目をそらさせる要素を「取り除いて」演示実験をするとき，それは，日常世界の中にあるが本質的でない要素の背後に「隠れて」いる一般的物理法則を提示していると教員は考えている．一方，学生は，演示で見るような現象を起こすには複雑な装置が必要でそのような現象は日常世界では自然には起こらないとか，日常世界とは無関係であると信じている可能性がある．しかし，経験との結びつきがうまくいかないとさまざまな問題が生じる．それは，学生が現実の生活経験と教室で学んだことを強く関連づけさせるこ

とを教員が重視するからだけではなく，学習は現実の個人的経験と結びついてこそ，より効果的で強固なものになりやすいからである．

さらに悪いことに，学生が個人的経験と授業で起こっていることを結びつけられないことが，理解への到達をさえぎる壁を築いてしまい，しかもそれは透過しがたい強固なものになりがちだ．第2章で論じたように，物理では，知識を相互に連携した多様な組み合わせ方で記号化（code）するために，いく通りもの表現形式が使われる．すべての表現について大事な要素は物理系への対応づけである．問題を解くプロセスの本質的部分は，問題が現実世界で意味することは何なのか，その状況下では何が重要なのか，そしてそれらが物理学のどのような原理や方程式に対応づけられるか，を理解することである．学生が問題解決におけるこのプロセスを理解していないと，物理学が物理的世界を理解する方法であることを理解するうえで重大な困難をきたす可能性がある[10]．

> 1人の羊飼いが125頭の羊と5頭の牧羊犬を飼っています．羊飼いは何歳ですか？

図3.1　中学校の数学授業での文章題

問題を正しく把握することの困難さを説明している古典的な文章題を図3.1に示した．これが明らかにばかげた答えようのない問題であるにもかかわらず，中学生[11]の中には，答を出そうともがき（思いこみ：「先生は僕に答のない問題を出すはずがない」）そして，25という答を思いつく生徒がいる．（「この問題では使える数はたった二つしかない：5と125だ．足しても，掛けても，引いても年齢らしい数にはならない．割り算だけが年齢らしい数を与える．」）

もう一つ別の例は，全米学力調査（NAEP）で出題された数学の試験である．全国から抽出された45,000人の13歳児に図3.2で示された問題が出された［Carpenter 1983］．この問題を解いた生徒の70%は複数桁の割り算を正しく解い

---

[10] マサチューセッツ大学アムハースト校の物理教育グループは，「問題提示（problem posing）」を学生がこのスキルを磨く手助けをするための手法として用いて興味深い研究をした［Mestre 1991］．4章で論じられたさまざまな問題も参照せよ．
[11] （訳注）米国のMiddle Schoolは日本の小学5年から中学2年に相当する．

> 米国陸軍の兵士輸送用バスは36人乗りです．訓練施設に1128人の兵士をバスで運ぶためには，何台バスを用意すればよいですか？

図 3.2 全米学力調査で使った，中学生用の数学の試験問題

たにもかかわらず，正しい答，32，を出した者はたったの23％だった．「31余り12」という答を出した者は29％，31と答えた者が残りの18％であった．このように，形式的計算は正しく行うことができた生徒のほぼ半分が，問題で要求された最後の単純な段階，すなわち，現実世界の具体的な状況下で答がどんな意味をもっているのかを考えるという段階，をクリアすることができなかった．（思いこみ：「数学的操作が大事なことで，そのことが試験されているのだ」）

　生徒がおかした間違いは，この二つの例のおのおのでいささか種類が異なる．羊飼い問題では，生徒は現実世界に関する情報――何歳が答としてもっともらしいか――を，ある程度使ってはいる．しかし生徒は問題に与えられた数値が，答とどのように関連づけられるかを考えていない．すなわち，生徒は問題の意味を理解していないのだ．兵士とバス問題では，生徒は，バスはその一部だけを借りることはできないという，自分たちが生活している現実世界についての知識を使っていない．両方いずれの場合においても，間違った生徒は，数学的操作に心を奪われて，問題の意味を現実世界の観点から理解していない．

　同様な問題が入門物理でもしばしば起こる．大学の入門物理についての私の経験では，学生の半数以上が物理の授業で学んだことと日常経験とを積極的に結びつけていない．自分の日常経験を物理の授業にもちこもうとしないし，自分が学んだ物理学を外の世界に当てはめてみようともしない．以下の二つの逸話は，このことが大学の物理の授業にどのような状況をもたらすかを示している．

　私の代数ベースの物理の授業を受けている学生の一人が病気のため中間試験を欠席した．そこで私は彼女に追試をした．追試問題の一つは次のようなものであった．「走り高跳びの選手が跳躍した．彼の重心が4フィート（約120 cm）上がったところで降下が始まり，着地した．彼が地上から跳び上がる際の速度はどれほどか．」これは典型的な投射問題である．学生は公式を知っていて，電卓に数値を打ちこんだ．彼女が提出した答案を見ると，答は7840フィート/秒（約2400

m/秒）とあった（彼女が計算でどんな間違いをしたのか，想像できるだろうか）．私は彼女に自分が導いた解答に不安を感じなかったかどうかたずねた．彼女は肩をすくめ，「公式に入れたらそうなりました」といった．彼女は自分の経験に照らして答をチェックする気など毛頭なかったのだ．公式を間違って覚えていたかもしれない，係数の値を思い違いしていたかもしれない，電卓のキーを間違って押したかもしれない，などということは彼女には思いもよらないことなのだ．この自分の記憶および計算処理に対する過信は多くの学生に見られる傾向である．学生は自分が覚えていることは正しいと思い，疑おうともしない．

2番目の例は，工学部学生向けの微積分ベースの私の物理の授業であったことである．何年にもわたって，私は授業でフェルミ問題とよばれるタイプの評価問題を出し続けている[12]．ほとんどすべての宿題ごとに一題，すべての試験ごとに必ず一題，出題している．私の教えている学生の一人がオフィスアワーに私のところに来て，この問題は公平じゃないと文句をいった．「私はこれがどのくらい大きいのか知らないんですもの」と彼女はぶつぶついった．「それじゃ，1フィートはどれくらいなの？君は1フィートがどれくらいか知っていますか？」と私は応じた．「わかりません」と彼女はいった．彼女は論点を強調するためにわざと知らないというのだと思った私は，「推測してごらん．床から1フィート離れたところはどの辺か示してご覧なさい」といった．彼女は手を腰のあたりに置いた．「それじゃ，あなたの身長はどれくらいなの？」と私はたずねた．彼女はちょっと考え「あら」といい，手をいくらか下に下げた．彼女は再び考え，床からほぼ正しい高さの辺りまで，さらに手を下げた．彼女は自分の手を見て，そして数インチ離れている自分の足を見て，ひどくびっくりした様子で（それは真に迫って見えた）いった．「まあ，1フィートというのは，人の足と何か関係があるんですか？」日常の経験を理解するうえで物理がいかにわれわれの役に立つかということを深く理解するうえで，このような現実世界とのつながりは，きわめて重要である[13]．そこで，私は第4の学習目標を次のように設定する．

目標4：現実との結びつき（Reality Link）　学生は，自分たちが学んで

---

[12] この種の問題の例は，4章にある．
[13] このことは，われわれが教えている工学専攻と生物学専攻の学生にとってとくにあてはまる．

いる物理学と物理的世界における自分たちの経験とを，結びつけなければならない．

伝統的授業では学生をどの程度まで上記の目標に到達させることができるのだろうか．それを知るための最も簡単な方法は，学生たちにたずねてみることである[14]．工学部学生のための微積分ベースの物理における，学生の期待観についてのわれわれの研究では［Redish 1998］，MPEX 調査[15]で調べると，物理学と現実世界との関連づけに対する学生の期待観は，授業の最初の学期を終えた後ではおおむね悪化する傾向にある．

MPEX 調査の中の現実との関わりに関する質問群（reality cluster）の 4 項目が表 3.2 に示されている．これらの質問群は，学生たちが授業を理解するためには現実世界での経験と関連づけることが必要であると想定しているか／必要だったか[16]，そして学生たちが物理で学んだことを現実の世界で自分たちが経験するこ

表 3.2　現実世界と物理との関連づけに関する MPEX 調査項目についての結果

MPEX 調査項目	好ましい傾向 授業前	好ましくない傾向 授業前	好ましい傾向 授業後	好ましくない傾向 授業後
物理法則は，私が経験する現実世界とはほとんど関係ない．（−）	84%	5%	87%	2%
物理を理解するため，個人的な経験を思い出し，そのときの学習トピックと関連づけることがときどきある．（＋）	59%	11%	54%	22%
物理は現実世界と関連しており，この関連性について考えることが役に立つこともある．しかしそれは，私がこのコースでどうしてもしなければならないということはめったにない．（−）	73%	9%	61%	19%
物理を学ぶことは，自分の日常生活の出来事を理解するうえで役立つ．（＋）	72%	10%	51%	18%

---

[14] この方法は，学生たちがしばしば回答しなかったり，学生たちがどのように考えているのかを，学生たちが必ずしも知っているわけではなかったりするので，あまり正確ではない．よりよい方法は，学生たちに考えていることを口に出して言わせる方法を使って，学生が 1 人または集団で問題を解いているところを観察することである［Ericson 1993］．
[15] MPEX の詳しい考察については 5 章を見よ．
[16] 代替の表現はそれぞれ事前，事後の調査に用いられる．

との中に，見いだせると想定しているか／見いだしたか，をたずねている．この二つの主張はおのおの，一つは肯定的な，もう一つは否定的な，二つの文で提示されている．学生の反応は，もし学生が関連づけを必要と見ている場合は好ましい（favorable），そうでない場合は好ましくない（unfavorable）とする．同意する，同意しない，のどちらの回答が好ましい表明を表しているかは，同意することが好ましい結果である場合は項目の後ろに（+）を，同意しないことが好ましい結果になる場合は（−）をつけて表している．学生は五つの選択肢（強く同意する，同意する，どちらともいえない，同意しない，まったく同意しない）から選んで回答するよう求められている．ただし，好ましい，好ましくない，の偏りを分析する際には回答に「強く」という言葉がついているか否かを無視している．表3.2の結果は工学部の学生111人に対する調査から得られたものである．授業は微積分ベースの物理の最初の学期で，内容はニュートン力学である．この111人は事前調査と事後調査の両方に回答した学生たちであった[17]．

　この結果は，とくに最後の2項目については落胆させられるものであった．私は教えている学生たちに，現実の世界と物理学との間につながりを作る手助けになればと，いくつかの見積もり問題を与えてみたのだったが，それだけでは明らかに不十分であった．同様な結果がメリーランド大で同じ科目の別のクラスを担当している他の教授たちの授業についても見いだされており，また他の多くの大学でも見いだされている［Redish 1998］．

　学生が現実世界と物理の間に強い結びつきを作ることを手助けする方法についての公刊された文献はほとんどない．私の経験では，学生に物理を自分の経験に結びつけるよう誘導する記述問題と見積もり問題を定期的に出題すること（そして，その両方をすべての試験で必ず出題して，学生に重要な問題であると意識させること）だけが，現実の世界と物理学の間につながりをつけるための，ほんのちょっとした手助けとなっている．物理学者たちにとっては，現実世界での意味がただちにわかるような講義内容でも，学生たちは，誘導されなければ，自分から進んで現実世界とのつながりをつけることなどまずない．学生の経験に物理学をはっきりと結びつけるという形で物理を日常世界に完全に編みこむことによっ

---

[17] 全部で158人の学生がその授業に合格した．

てのみ，この目標が達成されると私は期待している[18]．この問題については，さらなる研究と発展が待望される．

メタ認知：考えることについて考える

　前節で述べたデイビッド・ハマーの高校での授業の記録は，物理の問題を解くための生徒間の議論において，生徒の一人一人が異なった推論の仕方をしていることを示している．この学生の多様性は，科学の特質や，科学を学ぶことの意味についての学生たちの期待観の違いから生ずる．残念ながらそれらの期待観には，科学の学習にとって不都合なものが多い．それらの期待観ないし思いこみには学校で，また，映画やテレビから，あるいはSF小説の本を読んで学んだものがあるだろう[19]．学生たちが授業で行うべきことについて不適切な期待観（思いこみ）をもっていると，それは教員が与える明白な指示さえも無視するようなフィルターとして作用することがある．

　授業に学生たちがもちこむ物理の学習へのアプローチの姿勢は，少なくともその一部は，科学的知識の特質や，それをどのように学ぶべきかについての誤解に基づいている．ディセッサが明確に指摘し2章で論じられたように，大部分の普通の人々にとって（さらに，われわれが教えている最優秀な学生たちの幾人かにとってさえも[20]），世界を理解するための知識は，個々の状況の機能の仕方についての「断片」的な知識の寄せ集めとして入ってくる [diSessa 1993] [diSessa 1988]．ライフとラーキンによって指摘されたように [Reif 1991]，首尾一貫していて効率的な原理の組み合わせを構築することは——数多くの現象についての長々しく間接的な説明の過程を経るという代償をともなうために——多くの人々が日常生活の中で現実世界をモデル化してゆくやり方とは異なっている．世間の人たちは手短な，直接的説明を求める傾向にあるものだ．科学によって築き上げられる無駄のないつじつまの合った複雑なつながりをもつ知識の網目構造は，多

---

[18] よりしっかり編みこむ教え方を用いた場合についての結果は，予備的なものではあるが，きわめて有効と思われた．
[19] いくつかのSF小説，とりわけ（David Brin, Gregory Benford, John Kramer などの）科学者によって書かれたものは，科学がその知識を発展させていった過程の記述が優れている．
[20] [diSessa 1993] での研究対象はMITの1年生であったことを思い起こすこと．

くの人々にとっては，自然に作り上げられるものではない．それは学習によって獲得すべきものなのだ．

　物理の学習に際し学生たちに使わせたいメンタルモデルの鍵となる要素は，省察すること――すなわち，自分たちの考え方について考えてみること――だと私は考える．それには，さまざまな活動が含まれる．それらは，自分の考え方を評価したり，経験に照らし合わせてチェックしたり，つじつまが合っているかを考えたり，自分たちが守らなければならない基本的なことは何で，何が些末で簡単に再構成できることなのかを判断したり，他にどんな考え方が可能なのかを考えてみたり，などなどである．入門物理の授業における学生についての私の経験では，――そして，上級物理の学生についてさえも[21]――学生たちはそのような方法で自分たちの知識について考えようとすることはまずない．学生たちはしばしばオフィスアワーに私の部屋へ問題解法への助力を求めてやってくる．私はいつでも，学生たちにこれまでにどう取り組んだか示すことを求め，それに対して質問をすることで手助けしようとする．彼らは，しばしば問題を分析し始めるところで，記憶から取り出してくる原理や方程式について，間違いを犯している．そして私の質問によって，ありそうもなく，もっともらしくもない結果が導かれると彼らは困惑する．しかし，自分たちの仮定のなかに間違っているものがないか調べることよりも，むしろ，不都合な苦しいこじつけの推論によって，自分たちが導いたばかばかしい結果が正しいと主張しようとすることが多い．

　われわれの論じた認知モデルから，以下のことが理解される．すなわち，新たな，整合性のある，しっかりと構成されたメンタルモデルを彼らの中に作りあげるためには，学生は，学ぶべき課題を扱っている入念に設計された活動を数多く経験し，それらを繰り返しやってみて，そしてじっくりと考える（省察する）必要がある．同様の原理がメタ認知――思考過程それ自身について省察する思考――についても成立している．それゆえ，2章で作成したリストにさらにもう一つの学習目標をつけ加える．

　目標5：メタ学習（Metalearning）――私たちの教えている学生たちは，

---

[21] 私の代数ベースの物理授業の学生たちの多くは，それ以前に化学や生物学の分野でたくさんの単位を取得している上級生である．

科学を学ぶということはどういうことなのか，そして科学を学ぶためには何をしなければならないのか，について十分に理解を深めるべきである．とりわけ，学生たちは自分たちのもっている知識を評価し，さらに構造化することを学ばなければならない．

この目標は当たり前のことではない．多くの学生たちにとって，物理の内容を学ぶ努力をすれば，この目標が自動的に達成されるというものではない．

　　レディッシュの教育のための第 2 戒律：大半の学生たちは，物理学の学習法や考え方を学ぶためには，彼らが学習についてのより高度なスキーマを探求し発展させることができるための明示的な指導を必要とする．

「ちょっと待て」とサグレドが不平をいう．「私には自分が教えたいと思っている内容をすべて教えるための時間的余裕などほとんどないよ．どう勉強するのかを教えるための時間をどのように捻出すればよいのかね？」サグレド，気持ちはわかる．しかし実のところ，その問題はそれほど悲観的なものではない．もしわれわれが学生たちに学びかたを教えようとすれば，彼らに「何か」を学ぶことを通じて教えるしかない．その「何か」を適切な物理の内容から選ぶことは十分可能だ．導入的な議論や，特別な活動を促進するよう設計された授業や，学生たちに自分たちがしたことを分析し省察させることなどは，この学習に大きく寄与するはずである．学生たちにメタ認知を明示的に教えて改善する方法について，きちんと文章化した数少ない研究の一つにアラン・シェーンフェルド（Alan Schoenfeld）のものがある．

メタ認知を改善するための教え方

　アラン・シェーンフェルドは大学の数学の問題演習学習において，学生たちが判断力を強化し自分の思考をコントロールする手助けとなるよう工夫されたグループによる問題演習授業を展開した．授業クラスは（25 人程度かそれ以下の）十分少人数だったので，誘導型の協同によるグループ問題演習の手法を使うことができた[22]．

　シェーンフェルドは，学生の授業中のふるまいについての観察から，自分の教

えている学生たちが，メタ認知活動ができないために，次のような非生産的解き方でしばしば時間を浪費していることを見いだした．すなわち，学生たちは最初に心に浮かんだ思いつきにすぐ飛びつき，ああでもないこうでもないと広範囲にわたって引っかき回し，しばしば自分たちが解いている問題解決の道筋を見失ってしまう．そして自分たちのやり方が適切なものかどうかを評価することはまずしない．

シェーンフェルドは，学生たちがもっとメタ認知的に思考できるよう，その手助けとなる教育方法を開発した．その要点は図3.3に示されている．壁に張り出されたメタ認知に関する質問の一覧表（「呪文」）である．この呪文をどう用いたかについての彼のコメントをここに引用しよう．

君は（本当のところ）何をしているの？
　（君は，今していることを正確に説明できるかい？）
君はなぜそれをしているの？
　（どのようにして，そこから答を導くの？）
それをすると，どうなるの？
　（それができたら，その結果をどう使うの？）

図3.3　学生にメタ認知課題に関心を向けさせることをうながすシェーンフェルドの質問群

　学生たちの意思決定のプロセスは通常は表面に現れず，ほとんど注目されることもない．学生たちが問題を解けないとき，解けないのは知識がないからではなく解き方の方針が間違っているのかもしれないと，学生に納得させることは難しいようだ．そこで教員は，学生たちが問題に挑戦しているとき，いつでも中断させ，［図3.3］の三つの質問に答えるよう学生たちに要求する権限を行使することにした．シェーンフェルドのコースの初期には，学生たちはこれらの質問に答えられず，彼らはその事実に当惑した．彼らはそれ以上に当惑したくないために，その質問

---

[22] 学生たちの概念形成と問題解法の技術を促進させる手助けとなるよう，物理学に導入されたこの種の方法についての議論は8章を参照のこと．

について討論しはじめた．学期の中頃までには，自問することが何人かの学生にとっては習慣となった（もちろん制度的に行われたわけではなかった）[Schoenfeld 1985]．

シェーンフェルドは，グループ活動の中で学生のメタ認知とそれをコントロールすることに焦点を当てただけでなく，クラス全体の指導法についてのモデル解を得るために，授業方法をモデル化した．彼はその過程を詳細に記述している．

> クラス全体が集まって（授業時間の 40～50％を使って）問題を解くとき，私は学生たちの提案の調整者となった．私の役割は，前もってわかっている解へ学生たちを誘導することではなかった…私の仕事は，周到に用意された，適切なコントロール行動の手本役（ロールモデル）を演ずることであった――すなわち質問を投げかけて，彼らが知識を最も有効に活用するように意思決定する過程を形にして，目に見えるように示すことであった．討論は「われわれはどうしたらよいと（君は）思うか」という質問で始まり，たいてい学生の誰かがそれに応じて，「X をしてみましょう」と提案した．その提案はしばしば即断に過ぎ，その問題が要求していることや，その提案がどのように役立つのかについて提案者がよく考えていないことを示していた．それゆえ授業では，「X を進めていく前に，みなさんはこの質問の意味をよく理解していますか」と学生にたずねた．何人かの学生が否定的な反応をした場合には，われわれはその問題をより詳しく考察することにした．その後で，われわれは可能な解法の一つとして X に立ち戻った．
> 　X は，やはり妥当な解法と思われるだろうか？ しばしば答は「否」であった．そのような事例は，質問の答に飛びつく前に，質問の意味を確実に理解することの重要性を，学生たちに思い起こさせた…何分間かその問題を考えてみた後――正解への道すじにのっていようといまいと――どんな具合なのか評価するため，その問題を解く作業を中断させて，クラスの学生たちに次のようにたずねた．「この方法で 5 分間やってみたよね．このやり方でよいのかな，それとも別のやり方に変えたほうが

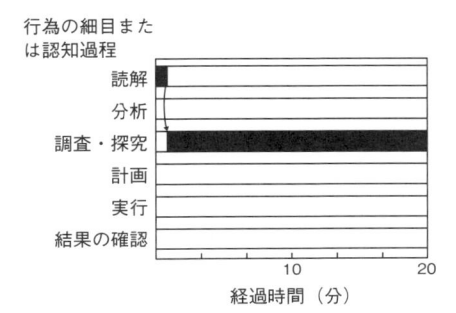

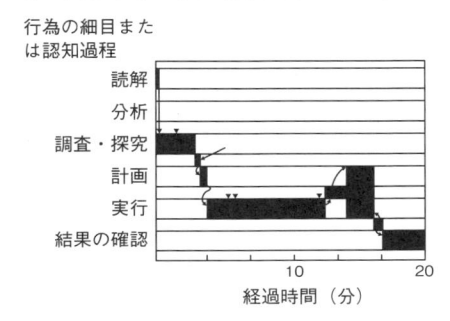

図 3.4 アラン・シェーンフェルドによる，メタ認知を使った数学解法クラスの学生の数学の問題解決活動の記録例[23]．小さな三角形はメタ認知的な発話があったことを表している．

よいのかな．もしそうならなぜなの」その評価の結果に応じて，そのやり方を継続するかやめるか決めることもあり，また，他のやり方を採用する前に，いまのやり方をもう数分間続けてみることもある．ひとたび解けたら，その解について事後討論をした．その討論の目的は，クラスで取り組んだことを要約し，もっと効率的にできる箇所を指摘したり，うまくいかないとあきらめた考え方が，どうすれば問題解決に結びつけられたかを示したりすることだった．…ある問題を完全に終えるまでに，われわれはしばしば同じ問題を 3 通りか 4 通りの違った解き方で解いた [Schoenfeld 1985]．

1 学期の授業が終わるまでに，シェーンフェルドは次のことを見いだした．学生たちは以前よりかなり多くの割合の時間を，計画を立てることや評価することに使っていた．「メタ認知的行為」（「私はこのことが理解できない」とか「それは正しいと思えない」というような発言）を契機に，学生たちは学期の初めの頃に比べてより頻繁に，計画を立てたりチェックしたりするようになった．このことは図 3.4 に図解されている．

---

[23] [Schoenfeld 1985] からの引用．発話記録 9.2 と 9.4 の詳細は，それぞれ，その付録 9.2 と 9.4 を参照．

情緒・情動：動機づけ，自己イメージ，感情

　大部分の大学の物理教員にとって次のことは明白である．すなわち，学生たちが，どのように動機づけられていて，授業についてどう感じていて，そして自分自身についてどう感じているかが，学生が教えられることにどう反応し，どの程度よく学ぶかということに対して，重大な役割を担っている．感じ方，感情，気分などの問題は心理学では情緒・情動（affect）という用語で表現されている．これらの問題は教育学の文献上では，広範囲にわたって議論されてきた［Graham 1996］［Stipek 1996］．しかし，情緒・情動と認知の間で起こる相互作用はきわめて複雑で正確な手引きをまとめることは難しいので，私はここで挙げた文献には詳しくは立ち入らないことにする．しかし，これらの問題が重要でないということではない．そこで，私はここでいくつかのコメントを述べるにとどめて，詳細については上に挙げた文献を読むよう読者に勧める．

動機づけ

　動機づけは，勉強しようと努力する学生とそうでない学生とを分ける主な原因といえる．動機づけにはさまざまなものがある．

- 内発的に動機づけられた学生——授業に出てくる学生の中には物理学に対する興味や勉強したいという欲求をもっている者もいる．
- 外発的に動機づけられた学生——学生の中には，物理学に対する内発的な興味はもっていないが，われわれの授業が，学生たちを動機づけている進路希望を実現するためにくぐらなければならない関門になっているために，よい成績を取ろうと強く動機づけられている者もいる．
- 弱く動機づけられた学生——学生たちの中には，必修科目だから物理を履修しているので，よい成績をとることより不合格にならないことだけに関心をもっている者もいる．
- ネガティブに動機づけられた学生——学生の中には落第しようと思っている者もいる．——例えば，家庭教師や厳しく口出しをする両親に，自分は技術者や医師にふさわしくないということを証明するために．

最初のグループに属する学生たちは，物理教員にとって喜びである．あなた方教師が何を教えようと彼らはそれを最大限に活用する．第二のグループに属する学生たちとは，学習環境の設定をコントロールし，試験では何が評価されるのかをはっきりさせることによってやっていくことができる（4章の例を見よ）．最後のグループの学生たちについては，何をしてやることも難しい．彼らの授業における目標は，私の目標とはまったく別物なのだ．

　学生たちに物理を学びたいと思わせる方法を見いだすことが，うまく教えるためのきわめて有効な手立てとなるだろう．残念ながらこれは，「言うは易く行うは難し」であり，教える「技量」がとても必要とされるところである．学生が喜ぶことと学生が動機づけられることとを取り違えやすい．授業を「おもしろおかしく」することは学生の学習意欲を駆り立てることに必ずしもならない．実際そんなことをしても学生たちの心に，授業をテレビ番組と同じような，考える必要のないものと見なす思いこみを植えつけてしまう可能性がある．

　学生たちが目指す職業と物理学との関連を示すことは，ときとして役に立つ．私は工学部の物理の授業で，見積もり問題を工学設計に関連する形にして出題している．そして，代数ベースの授業を受けている学生[24]に対しては，医学や生物学に関連した問題を作っている．このことが，彼らの目指している職業と物理学の関連を学生たちにわかってもらうための助けになると私は思っている．（自ら進んでインタビューに応じた少数の学生――たいてい成績良好な学生たちなのだが――によると，少なくともこのグループは物理学とのつながりを築き上げているようだ［Lippmann 2001］．）

　動機づけは，おそらく教師によって大きな違いが生じる主要な部分であろう．学生の気もちをつかむカリスマ的教師が学生を動機づけると，教科書を読むだけで学生と付き合おうとしない教師よりずっと理知的な関係を作り上げることができる．学生を動機づけるうえで最も重要な要素はおそらく，教えている学生について関心をもっていることや，彼らが学習に成功することを願い彼らにそれができると信じていることを，示し続けることである．

---

[24](訳注)　ここでは保健・医学志望の学生を指している．

自己イメージ

　サグレドは，学生たちの自己イメージの問題については，いささか懐疑的である．彼は教育界が「学生たちが自分を好意的に見るように支援するあまり」，学生が厳格な自己分析や学習を行うことを妨げかねないと感じている．これは，少なくとも，新聞に掲載される読者の投稿が信じられるものであるとすれば，の話だが．大学レベルの物理の学生についての私の経験によれば，この問題には二つの面がある．中にはきわめて自信過剰な学生たちがいるが，その一方で，物理を理解することは不可能であると思っている学生たちもいる．両方のグループとも取扱いが難しい．

　われわれが行っている小グループ授業では，ワシントン大学で開発されたチュートリアル教材（詳細については 8 章を見よ）を使用する．その授業は，研究に基づいて作成されたグループ学習用ワークシートによって行われ，認知的葛藤のモデルに基づいている．その結果として，正解することに慣れている学生は，たとえ自分が一貫して間違った答を出しているときでも，しばしばチュートリアルはやさしすぎてつまらなく，役に立たないと感じている．私はそのような授業のファシリテータ役をつとめることが，自分にとって絶好の学習の機会だと考えている．私は授業中クラスの中を歩きまわり，学生たちがひっかかりやすい問題にどんな答を得たかたずねる．自信過剰の学生の間違った答に引きずられているグループを見つけると，私はいう．「よく覚えておきなさい．物理学は民主主義でもないし，カリスマによって決められるわけでもないのだよ．誰かが強く主張したからといって，多くの人がそう考えているからといって，それが正しいとはいえないのだ．物理の主張は，納得できるものでなければならないし，つじつまが合ってもいなければならないよ．君たちは，前に戻って，その問題をもう一度よく考えてみたら．」その結果はほとんどいつも，グループの中で気おされて黙っていた学生が，皆を正しい答にたどりつかせるのだ．このような出来事は，自信過剰の学生にも，グループの他のメンバーにも，有益なメッセージを伝えることになる．

　一方私は，物理学を理解するなんて自分には絶対不可能だ，と思いこんでいる学生たちを担当した経験がある．あるとき私は，代数学ベースの物理の授業で，「こんな面倒なことはできっこない」と思いこみ，何度も私にそういった学生を受け

もった．しかし，彼女がチュートリアルの時間には，自分の能力や答を過信している学生と難しい問題について熱心に討論しているところを何度も見かけた．私が教えているクラスで見る限り，自分の力を過小評価している学生はほとんどいつも正しい答を出し，自信過剰の学生はほとんどいつも間違った答を出した．

チュートリアルでは成功していたにもかかわらず，この学生は自己の能力の総合的な評価は変えなかった．そして試験ではよい成績がとれなかった．また，別のケースでは，他の授業では優秀なのに，たぶん高校時代の悲惨な経験のため「物理はできない」と思いこんでいる学生たちを救うことができた．このような学生と接するときには，自分がもっている限りの共感と理解力のすべてを使って，注意深く，個別に，対応するのが最善である．残念ながら多くの大学の状況を見ると時間が足りず学生数が多いという制約が，個々の学生に合わせて必要な対応をとることを，まったく不可能ではないにしても，難しいものにしている．

数学に不安をもつ，いわゆる「数学恐怖症」という問題についての研究がいくつかある（例えば [Tobias 1995] を見よ）．これに相当する「科学恐怖症」の研究については，私は聞いたことがないのだが．社会的固定観念が人の自己イメージと実行能力に与える影響については，きわめて重要な研究が行われている．スタンフォード大学の社会学者クラウド・スティールは数学のテストの際に，学生の心にジェンダーや人種への関わりを想起させることがどのような影響を及ぼすかを調べた [Steele 1997]．大学の 2 年生で，数学を主専攻または副専攻にしている学生たちに，自分たちのレベルより少し程度の高いテストを受けさせた．学生たちには，このテストは「ちょっとした調査」だと伝えられ，第一のグループには，「学生たちがどの程度できるかを調べたい」のだと伝えられた．第二のグループには，このテスト結果は「ジェンダーによる差が出ることがある」とテストの前に伝えられた（男女どちらがより高成績かは明らかにされなかった）．結果は図 3.5 に示された通り，劇的なものであった．ジェンダーについて特別なコメントを加えられなかったグループでは，男女のテストの得点はほぼ等しかった．Steele がジェンダー的脅威とよんだ[25]，ジェンダーによる差についてのコメント

---

[25] この「脅威」は明示的なものではないことに注意せよ．どちらのグループがよりよい成績をとることを期待されているのかについては何も言われなかったし，この学生たちがどんな成績をとろうと何の影響もなかった．

106　　第3章　物理授業には教える内容以上のものがある：隠れたカリキュラム

（ジェンダー的脅威を与えたとき）　（与えなかったとき）

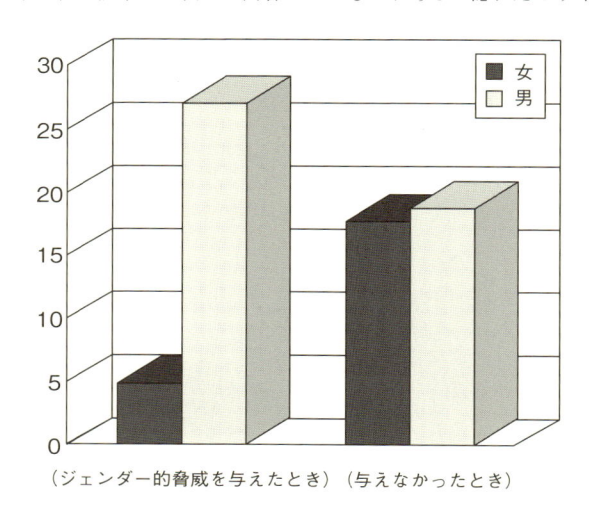

図3.5 「このテストでは男女の違いが得点に出るでしょう」とコメントしたときと，そうしないときとの，大学2年生の男女学生の数学のテストの得点 [Steele 1997]

が加えられたグループでは，女性の得点がきわめて低く（コメント無しのグループの3分の1以下），男性のそれはいくらか（50％程度）高かった．

　この研究結果は，社会的固定観念（数学では，男の方が優秀だ）が，われわれの文化に深く浸透しており，われわれが見落とし鈍感になりがちなさまざまな影響をおよぼしていることを暗示しているように思われる．このことは，ジェンダーや人種についてはどんなコメントであっても，授業でそれに言及する際には細心の注意を払うべきであることを明確に示している．研究者は，インタビューや調査をする際には，回答者のジェンダーや人種や他の社会的要素についての質問はテストが終わった後に別個に行うべきことも示唆している．

感　情

　「私は物理学者であって歌って踊るエンターテイナーではない」とサグレドがスタートレックのドクター・マッコイよろしく不平をいう．その通りだ，サグレド．しかし，君の授業について学生に好感をもたせられれば，学生たちの学習に影響を与えることができるかもしれない．例えば，もし学生たちがあなたの授業を嫌って授業に出席しなかったら，学生たちは授業から何も学べないだろ

う[26]．一方，もしあなたが授業をジョークや映像，漫画であふれかえらせたら，学生たちは授業をまじめに受けとらないだろう．

　あなたが学生たちに自分の授業に対して「好感をもたせる」ためにできる最善のことは，授業をやりがいがあり，レベルが適切で，公正なものにすることである．学生たちは，自分たちが何か有意義なものを学んでいて，他の授業科目（や彼らの社会生活）を犠牲にしなければならないほど必死に勉強しなくても，「よい成績」（その意味は学生によってそれぞれ異なるだろう）がとれると思いたいのだ．われわれが授業で学生にどれだけ多く学ばせられるかは交渉次第である．教師としての私の立場から見ると，学生に一所懸命勉強してほしい．しかし学生の立場から見ると，はっきりとした見返りなしにはそんなに勉強したくはない．物理の学習には挫折がつきものだし，その習得は一筋縄ではいかないものだ．物理を学ぶ人はしばしば，理解が明確に進んでいるという感覚が得られないままに，長い間勉強を続けなければならない．そして，あるとき突然，すべてが腑に落ち，その意味がはっきりわかる．しかし，その「ひらめき」が訪れるまで，そのためにどれくらい時間をかけなければならないのかはっきりしないし，それを計画することもできない．だから学生たちはまず，物理を理解できたときにどのような感覚が得られるかを学ばなければならない．そして徐々に，より難しいことがらが理解できるように，より一所懸命勉強することを覚えなければならない．

　しかしサグレド，エンターテイメントや「歌って踊る」ような要素はまったく避けねばならないというものでもない．物理ジョークや，個人的なエピソード，あっと驚くような演示実験などがそのような要素になることもありうる（ただし，7章の演示実験についての議論を参照せよ）．これらはすべて，有効なことも，そうでないこともありうる．ジョークは適切なものであるべきで，いかがわしいものや，個人や団体を中傷するものであってはならない．個人的なエピソードは問題にしている物理と関連づけられるものでなければならず，初心者にも意味がわかるようなものでなければいけない．それらは，学生に物理をきちんと教えていないと思わせるほど多くの時間を費やすべきものでもない．演示実験は有効で

---

[26] 特別な手立てを講じない限り，学生たちは，自分たちが受けている授業からでさえ，ほとんど何も学ぼうとはしない．7章を見よ．

ありうるが，危険性もはらんでもいる．7章で説明するように，演示実験は人を楽しませることもできるが，誤解を植えつける可能性もある．学生たちは教師が見ていると思っているものを実は見ていないことがしばしばある．教師がリードしてクラス全体が参加する注意深い討論を，演示実験の前と後の両方で，行うことが必要である．

第 4 章　学習評価の方法とその高度化：
　　　　　宿題と試験

> もし教育心理学のすべてを
> 一つの原理に集約しなければならないとしたら，
> 私は次のようにいうだろう．
> 学習に影響する因子を最も重要な一つに絞れば，
> それは学習者がすでに何を知っているかだ．
> それが何かを確かめて，それに応じて教えることだ．
> —— D. P. アウスベル［Ausubel 1978］

　私たちが 2 章と 3 章で展開した二段階認知のモデルは，私たちが自分の学生や指導法について評価する方法についての示唆を与えてくれる．まず，認知応答には文脈依存性があることを理解すれば，学生にとって，単に個々ばらばらの事実を学んだりいくつかの問題の解法を記憶したりすることよりも，彼らの知識の機能性（functionality）や整合性（coherence）を発展させていくことが重要であることがわかる．次に，認知応答が連想的な性格をもつことを理解すれば，概念的な基盤の重要性と，概念理解を問題解決や分析のスキルにつなげられるよう学生たちを支援することが大切であることがわかる．3 番目に，学生たちの期待観やしっかり確立されたメンタルモデルの安定性を理解すれば，学生たちが学習に際して重視することや選択することを変えさせるためには，教員と学生との間での「折衝」が必要であることがわかる．

　この折衝には二つの重要な要素がある．それは，（1）私たちが学生に（整合性や納得性，効果的な分析，創造性，等々を追求する）思考をうながす活動をさせる必要があり，（2）双方向的にフィードバックがかかるような仕組みを作る必要

がある，ということだ．

　実際に私の授業の中で学生が行う活動は通常さまざまなものから構成されており，講義を聴いたり実験をするというような教室内の活動と，教科書を読むとか宿題をするというような，教室外の活動を含む[1]．

　折衝においては，双方向のフィードバックがなければいけない．われわれ教員は，学生が何をしていてどのぐらい学んだのかを知る必要がある．学生たちは，どうなれば設定された目標に到達したことになるのか，そして，うまくいっていないときには自分の活動をどのように修正すればよいのかを，知る必要がある．

　この章では，授業での宿題や試験という活動の役割について議論する（授業の他の要素については，7章から9章で議論する）．これらの活動は，学生に物理を学んだり使ったりすることの意味を理解させるのに，重要な役割を果たす．成績評価と授業評価の目的についての一般的な議論から始めよう．次に，宿題と試験に的を絞って議論し，有効であることがわかってきたいくつかの手法を紹介しよう．そして，宿題でも試験でも使えて，学生たちには授業から何を獲得してほしいとわれわれが望んでいるのかを理解させ，私たちには学生がどこまでそれをなし得たかを見極めるための手助けになる，何種類かの問題を検討しよう．

成績評価と授業評価

　もし私たちが，自分の指導がどのぐらい有効に機能しているかを探りたいのであれば，その答は「いつ？」と「何を？」という問に関する二つの軸に沿って考えることができる．
- いつ？：学期の授業が進行している間に問うのか，それとも終わった後で問うのか？
- 何を？：個々の学生について問うのか，それともクラス全体について問うのか？

　学期の授業の途中で指導が成功しているか失敗しているかを調べれば，学生と

---

[1] 教育学の文献では，教室で学生全員がいっしょに行う活動は同期された活動とよばれる．教室外で学生たちがべつべつの場所と時間に行う活動は非同期の活動とよばれる．

教員が，うまくいっていない部分を修正したり，それからでも解決可能な問題点を特定するのに役立つ．それは形成的（formative）調査とよばれる．学期の授業の終了後に行われ，学生に最終的な合格証明を与えるような調査は，総括的（summative）調査とよばれる．また，個々の学生について調べるのか，クラス全体について調べるのかについても違いがある．私は，個々の学生の学習について調べたものは「成績評価（assessment）」，クラス全体への指導を調べたものを「授業評価（evaluation）」とよぶことにしている．

　この章では，「ある特定の学生が何を学んだか？」という質問のレンズを通して行う評価に焦点を絞ろう．次の章では，「自分のクラスの学生たちには，私の指導法がどのぐらい効果的であったか？」を評価することについて考えよう．このように分けるのはある意味で形式的である．それは，個々の学生の学習についての評価結果は，われわれの指導が全体としてどの程度効果的であったかについてもある程度教えてくれるからである．私たちの指導について全体的に評価する場合にも，唯一可能な方法は，個々の学生について調べることである．しかし，以下で明らかになるように，全体的な結果を評価するのに有効な手法が，個々の学生の学習を評価するのに適切であるとは限らないのだ．

　授業がうまくいっているかどうかについてのフィードバックを得たり，われわれの介在が成功しているかを探るためには，初めにまず「成功」が何を意味するか決めておかねばならない．2章，3章の議論で見たように，これは複雑な問題である．私たちが目標をどこに選ぶかが，評価へのアプローチを決めるうえで大きな役割を担う．その一方で，私たちが何をもって成功とするかは，学生の理解や学習についてのわれわれのモデルによって決定される．

　学生の学習を評価するには，私たちは多くの要因を考慮しなければならない．その要因には，概念の学習，問題を解くスキル，連想のパターンやメンタルモデルの整合性や適切性，などが含まれる．私たちが想起しなければならないのは，学生は，ある項目の知識を「もって」いたとしても，それは非常に狭い範囲の手がかりにのみ反応して想起され，広範囲の適切な状況においてそれを想起して適用することができないことがある，ということだ．このため，われわれの調査は，多様で多岐にわたる必要がある．さらに，願望的思考（wishful thinking）によって論理の道筋の空白部を補ってしまうことにも注意する必要がある．学生が説明

や方程式を答えると，私たちはしばしば自分と同じような考え方にそってそれに到達したと推定してしまう．残念ながらそうでないことが多いのだ．

学生へのフィードバック

2章や3章で学んだように，学生の物理に対する見方や分析の仕方は，教師が期待するそれとは大きく異なることがある．宿題や試験問題に対する誤答の中には，重要な概念的なつまずきが隠されていることがあり，学生は，それを解きほぐすための知識や，自己評価するスキルをもち合わせないことがある．彼らの思考に真のフィードバックを与えることは，とても有益なことなのだ．残念ながら，そのような作業は，財政的あるいは人員的制約がきつくなり，クラスのサイズが大きくなると，一番初めに切りつめられる部分である．宿題の採点は行われなくなり，教科書に解答のある問題ばかりを課すようになる．そこに書かれている詳細な解法はなにがしかの助けにはなりうるが，個々の問題の解法には多くのアプローチがあるので，学生の思考の誤りを修正させるものになるとは限らない．

> レディッシュの教育のための第3戒律：学生に対する最も有効な支援の一つは，彼らの思考に詳細なフィードバックを与えることである——彼らがそれに注意を払い活用できるような状況の中で．

宿　題

「自分は物理の授業でいつも宿題を課す．それは問題を解く中で，学生は『物理を本当に学ぶ』からだ」とサグレドはいう．これこそ，彼と私が強く同意する部分だ．私の経験では，あまりに多くの学生が，物理とは単純な事実の集合と一連の方程式からなっており，それらを覚えさえすれば，私の授業で評価Aがとれると期待している．逆に，物理について深く考え，強固な概念的理解と適切でよく組織された知識を構築しなければ解けないような複雑な問題を解くことができる学生は，きわめて少ない．宿題は学生に物理を学ばせるうえで大きな価値をもちうるが，悪い宿題は逆に，「事実と方程式で充分だ」というような見方を補

強するような，悪いメッセージを送ってしまう．

　不幸にして，ときには最善の努力をつくしたにもかかわらず，悪いメッセージが伝わってしまうのだ．入門的な教科書の章末問題には，さまざまな形態のものがある．例えば，（定性的ないし概念的な）質問，（単純に数値を代入すれば答が出てくるような（plug-and-chug））計算問題，（より複雑な物理的な説明が必要な）推論問題などである．サグレドと私は2人とも，長年にわたって，それらを混ぜて出題してきた．しかし最近になって私は，多くの学生にとって，そのような宿題を出すことが害になっているのではないかと疑うようになってきた．少なくない数の学生が，私の授業が目指しているものは，単に数値を代入して計算することだ，と思う（あるいは望む）ようになるのだ．これは，そのような問題であれば彼らが快適に解けることから生まれる，かなり標準的な願望的観測である．もし彼らが質問に対して適当なことを書き連ね，計算問題の全部に正解し，推論問題に対して部分点をもらうのに充分な程度のことが書ければ，この課題について必要なことは全部わかったのだと，満足してしまうのだ．実際には，これらの学生は，重要なポイントの大部分ははずしてしまう．質問は，学生に概念について深く考えさせることを想定しており，推論問題は，物理をどう適用すればよいかについてしっかりと理解させるものとされている．しかし，計算問題という抜け穴を与えてしまうと，学生の中には，それを解く以上のことはしようとしないものが出てくる．

　この抜け道を閉ざすためのいささか冷徹な試みとして，宿題の一部として計算問題を課すことをやめてみた．その代わりに，全体の出題数を減らし，論述問題や文脈に富んだ問題（context-rich problems）を含む，より少ない題数の難しめの問題を与えることにした（以下の，これらの問題についての解説を見よ）．比較的できがよい方の学生の一人が，このことについて不平を言った．彼らは，学習内容に精通するためには計算問題が必要だと言った．私はそれに次のように答えた．あなたが，そのような計算問題に取り組むのはとてもよいことで，計算問題の多くは教科書の後ろに解答があるのだから，自分でチェックできるはずだ．しかし，この授業でよい成績を与えるためには，数値代入問題が解けることよりはるかに上のレベルのことを私は求めており，評価は，私が最終的に学んでほしいと思っていることについて行う．

複雑な推論問題を出すときであっても，学生からの圧力にまけて，その質を下げてしまうことがよくある．2章の多面的な表現についての節に記述したように，現実的な物理の問題を解くときの一番の難しさは，現実世界の複雑な状況の中から，解くことができる物理の問題を抽出することにある．問題の状況の中に現れる量に変数名をつけてしまったり，問題に関係する量についてだけ言及して無関係なことについては省いてしまったり，何が重要で何がそうでないかの選択が明白になるように問題を設定してしまうと，私たちは学生から，広範な本質的な問題解決スキルを学習する機会を奪ってしまうことになるのだ．

学生が何かの課題について難しいと感じていると，私たちは彼らからの圧力に屈して問題を加減し，彼らがそのようなスキルを発達させる必要がないようにしてしまう傾向がある．重要な一例は，多くの記号を含む方程式を操作し，その意味を解釈することだ．サグレドは，学生のそのような苦手意識に気づいていて，心配している．「なぜそんなことが苦手なのだ？ 記号は一つの数を示しているにすぎない．彼らは記号を含む方程式と数値のみの式とのどちらだって扱うことができるはずだ．」私もそう思うよ，サグレド．しかし思い出してほしいのは，そのような表現や操作を経験して慣れているかどうかが，彼らが適切な対応を認識できるかどうかについて大きな差を生むということだ[2]．私はかつて，微積分の入門的な教科書数冊に注意深く目を通したことがある．驚いたことに，二つ以上の文字が含まれる式は，教科書のどこにもほとんどなかったのだ．たまに出てくる複数の記号を含む式は，x, y, z, t は変数で，a, b, c は定数である，という厳密な慣行に従っている．もし，二つ以上の文字を含む方程式を使うスキルを学生に学ばせたいのであれば，それを使う必要がある例を与える必要がある．文字に対応するべき数値がはじめから与えられている問題では，学生は複数の文字を含む方程式を立てるスキルを学ばずに済ませてしまうだろう．

毎週の宿題として多様な挑戦的な問題を出すことは，（とくに「中間試験より」とか「期末試験より」と書いてあれば），物理を学ぶにあたって必要なことは何かについての学生の考えを方向転換させるうえで効果がある．

学生の活動の態様にさまざまな可能性を与えることに加えて，宿題もまた，学

---

[2] 2章で議論した，ウェイソンのカード（K2A7）の例を思い出してほしい．

生に形成的なフィードバックを与えるうえで重要な役割を果たす．しかし，大人数のクラスでは，学生が高校や他の科学の授業で身につけてきた学習へのアプローチを改変するのに充分なフィードバックを与えられるほど頻繁には，小試験や中間試験を行うのは難しい．第3章で議論したように，学生がもちこむ期待観は，彼らが学習のためにすることに大きな影響を及ぼす．あなたがよいフィードバックを与えたとしても，彼らがそれを活用する保証はない．宿題が採点されコメントをつけて返却されたとしても，何週間か後に返されたのでは，学生は自分がその問題を解いたときの心的状態を再構成することはできないだろう．書きこまれたコメントを解釈するのに困難を感じれば，彼らはそれを無視する結果になりがちである．

学生からフィードバックを得る

　この章の冒頭に掲げたアウスベルからの引用，われわれの認知モデル，そして私の経験のすべてが一致して，フィードバックは双方向に働く必要があるといっている．学生がどの位置にいて，何を考えており，授業で与えられた情報をどう解釈しているか，について，十分なフィードバックを定期的に得ることによって，教員は自分の授業を大きく改善することができる．

　　レディッシュの教育のための第4戒律：自分の学生たちが何を考えているのかについて，できるだけ多くを探り出しなさい．

学生からフィードバックを得て，彼らの学習を評価するために，よく使われる妥当な方法として以下の四つをあげることができる．
1. 授業中や，オフィスアワー[3]での面談に際して，学生のふるまいを観察する．
2. 調査票やアンケートによって，学生の満足度を測定する．
3. 明確な答がある（選択肢式あるいは短答式の）質問——ただし，一般的に

---

[3]（訳注）　質問・相談のための学生の研究室訪問を受け入れるために設定された時間帯．

見られる誤りに関する物理教育研究の成果を反映した誘導的な誤答選択肢を用いたもの——を用いて，学生の学習を測定する．
4．明確な答がない（記述式あるいは論述式の）質問——すなわち，学生たちに自分の答を説明させたり議論させたりする問題や自由記述問題（open expression question）——を用いて，学生の学習を測定する．

上の第一の方法は，学生を理解したり，指導に対してどのように反応しているかを見るうえで不可欠な部分である．ここでわれわれがとくに注意して避けなければいけないのは，自分が願望的思考をしてしまい，学生がした質問に対して，直接，単刀直入に答えさえすればよいと考えることである．それでよいときもあるが，多くの場合には，次のような2，3の適切な質問を問いかけた方が，はるかに多くの情報を引き出すことができ，そして，そのような場合には私の単刀直入な回答は学生にとっては役に立たないであろうことがわかった．それは，「では，あなたはどう考えているの？」とか，「なぜそれをたずねるの？」とか，「どこでひっかかっているのか説明してくれない？」などの質問である．

　　レディッシュの教育のための第5戒律：学生が質問をしてきたり，手助けを求めるときに，すぐに答えてはいけない．彼らの質問についてのあなたの想定が正しいのかどうか見極めるために，まず質問を返してみることだ．

二番目の方法である学習姿勢の調査票やアンケートは最も単純でよく使われる．学生の学習を動機づけていくうえでも，また，それゆえにおそらく，学生が学習を達成していくうえでも，満足度は大切ではあるだろうが，満足度と学習との関係はきわめて間接的である．実のところ，一番の目標がよい成績をとることにある学生は，学習を改善しないでもよい成績が得られる授業に，より大きな満足を感じるであろう．なぜなら学習を改善するには，しばしば時間と苦痛を伴う努力が必要だからだ．

三番目の方法である，研究成果に基づく誘導的な誤答選択肢が入った選択肢問題や，研究成果をもとに設定された文脈に沿って提示される短答式の問題は，実施するのは容易だが，第5章で説明するように，効果的な問題を開発するには多大な努力を要する．私は以下で，このタイプの問題のうちの4種類について議論

する．それは，研究に基づく誘導的誤答選択肢を含む選択肢問題，多選択肢・複数回答問題，表現変換問題，そして並べ替え問題である．このほかにも，きわめて有用な短答式問題が開発されている［Peterson 1989］．

　四番目の方法の，長文解答問題ないし確定した答のないオープンエンドの問題は，実施するのは容易だが，採点して分析するのに時間がかかる．学生の解答を詳細に読みこみ，そこに表現された理解の程度を評価しなければならない．この評価はたいへんに微妙だ．そこには，あまりに冷徹で，詳細で注意深い説明にだけ得点を与えるような評価と，あまりに寛大で，学生が覚えてはきたがどう使ってよいかまったくわかっていない方程式や原理でも書かれてさえいれば点を与えてしまうような評価との間の綱引きがある．前者の評価は低くなりすぎるだろうし，後者は理解することはあまり重要ではないというメッセージを送ってしまう．この章の後の方で，長文解答の問題4種類について議論する．それは，自由解答方式もしくは現実場面に沿って設定された理由づけ問題，見積もり問題，定性的問題，そして論述問題である．

試　験

　私たちが行う，学生を評価するための標準的な試験方法は，とくに大人数クラスの場合は，限定的なものになりがちである．採点を容易にするために，機械的に採点できる選択肢式の問題に頼ることが多い．それは，教科書の章末にある選択肢問題などで，その多くは正しい方程式を認識して，単純な代数操作によって答の数値を得るものだ．このような方式でテストを行うという選択は，われわれの指導の性格に強力な影響を及ぼす．学生の学習状況について得られるフィードバックが著しく限られてしまうだけでなく，学ぶべき重要なことは何であると私たちが信じているかについて，学生に強力なメッセージを送ってしまうことにもなるのだ．

　学生は教員と同じくらい忙しく，物理だけでなく多くの科目について考えなければならない．加えて彼らの多くは，恋人を探している若者であり，学業外のスポーツやクラブ活動にも忙しく，また，中には授業料を稼ぐために長時間働いているものもいる．われわれにとっては信じがたいのだが，これらの学業外活動の

中には，彼らの人生や経歴にとって，物理の授業以上に影響力があるものもある．その結果として，複数の方法で解いてみることが学習するうえで大切だとか，解き終わった問題について，その意味が腑に落ちるまでよく考えてみよう，などというよいアドバイスを学生に与えても，それが点数や成績評価に直接結びつくと思えなければ，彼らは無視するだろう．たいていの学生は，授業をうまく乗り切るために絶対的に必要なことに限って学習活動を行うよう，時間配分の優先順位づけを行うのが普通だ[4]．

　私たちがさせたいと思うような知的な活動に学生を取り組ませるためには，そのような活動に関わるテストを行うことで，それを彼らに知らせなければならない．とくに試験問題を選ぶときには，わたしたちが学生に送るメッセージにはさまざまな要素がありうることを意識しなければならない．これは，とくに今日のように，授業の成功度が，学生の学習度合いの測定からではなく，学期末に行われる学生の無記名コメントで表現される「学生の満足度」によって測られる今日では，きわめて難しい．多くの学生はあまり勉強しないでもよい評価がもらえれば——ほとんど，あるいは何も学んでいなくてさえも——満足するものであり，学期末の調査では，そのような目標に到達させてくれた教員を賞賛し，多くの学習を強いた教員には罰を与えるのだ[5]．

試験問題の設計

　試験のための問題の選び方は，学生が授業の中で何をするかに大きく影響する．例えば試験問題を，記憶していれば答えられるような（「誘導的な」誤答や，あれこれ迷うような選択肢がない）選択肢問題で作ると，学生たちは教科書や講義ノートを「軽く」何回か読むだけで，満足するようになるだろう．もし，以前に宿題で出した問題で試験を作れば，学生は正しい解答を友人や解説本から探してそれを記憶するだけで，理解し納得する努力をしなくなるだろう．もしすべての試験問題が，「正しい方程式」を思いつき，それを機械的に使えば解けるよう

---

[4] そしてもちろん「うまく」というのは学生ごとに違う意味をもつ．中には，両親に対して，医者なり技術者なり，彼らの両親が押しつけた目標に到達するのに不足はない成績であるということを意味するものもいるだろう．

[5] しかし，注意が必要である．学生からの反応が悪いのは，学生に勉強させすぎたせいだと考えるのは，古典的な「願望的思考」である．

なものであれば，学生は方程式の一覧と，解法パターンを覚えるだけだろう．もし学生に方程式カードを作って試験にもちこむことを許可し，方程式の適用の仕方だけをテストするのなら，学生は理解することはしないですまし，式の操作だけを練習するようになるだろう．これらの種類の「学習」は，真の学習に対しては最小限の効果しかなく，非常に短命のものになることが多い．

もし学生たちの物理の勉学を，本当に深く効果的で，長期間の学習につながるものにしたいのなら，授業で学習活動をさせるだけでは充分ではない．彼らが育む学習を，試験を通じて検証しなければならないのだ．

> レディッシュの教育のための第6戒律：もし学生に何かを学んでほしいなら，それについて試験をしなければならない．このことはとくに，「隠れたカリキュラム」(3章参照)の項目についてあてはまる．

形成的なフィードバックとしての試験

試験や小テストは，学生が何を学んだかを総括的に評価をするための手段であるだけではない．学生が学んだこととこれからする必要があることについて，学生たちに形成的なフィードバックを与えることもできる．残念ながら私の経験では，多くの学生は，試験は総括的な評価をするためだけのものと思いこんでいる．あまり成績がよくなかった学生は，「ああ，今回はだめだった．次の章ではもっとうまくやる必要があるぞ」という反応を示すのだ．もちろん物理は，内容においてもスキルの構築においても，積み上げの性格が強いものなので，知識の中に穴を空けてしまうことは，悪循環につながりかねない．

試験や小テストの，提示や実施の方法を工夫することによって，学生に試験での自分の間違いに注意を払わせることができる．私は，自分の試験結果から得られるフィードバックを使って自分の考え方を改善することを，少なくともある程度の数の学生たちにうながすような試験実施の方法をあみだした．

・試験を週の最後の授業中に行う．
・試験はすぐに（週末の間に）採点し，次の週の最初の授業で返却する．
・授業の冒頭で試験を返却してその授業時間中に見直しを行い，部分点を与える解答のパターンも，もしあれば，明示する．

- 学生に採点の間違いや，問題文の別の解釈の可能性を見つけさせ，自分の得点を上げることを奨励する．私は彼らに，なぜもっと点数を上げるべきと考えるのか，くわしい説明をそえた異議申し立てを書いて出すように告げる（たんに「問4を見て下さい」などだけでは取り上げない．学生はなぜ自分が正しく採点が間違っていると考えるのかを説明しなければならない）．
- もし試験の点数が不満なら，授業時間外に同じ題材について（ただし違う問題で）やり直し試験を受けることができる．しかし，再テストの点数を最初のテストの点数におき換えるのではなくて，二つのテストの平均点が与えられる．
- 私は学生に，自分の経験では，低い点数をとった学生が単純に同じ方法でもう一度勉強し直してくる（あるいはまったくしない）場合，再テストでは点数が下がり，結果として点を失うことが多い，と告げておく．他方，最初のテストで自分がどんな間違いをなぜしたのかを理解しようと意識して学習してきた学生は，おおむね高い確率で，点数が上がるのである．
- 各問題についてのクラス平均を提示し，その中で正答率が最も低かったものに類似した問題を，学期末試験で少なくとも1題は出題すると告げておく．

　この手順では，1回の試験ごとに2時間の授業時間を要し，それぞれの試験について二つの試験問題を作成する必要があるため，学期中の試験の回数は減らした．週あたり50分授業3回のコースでは，学期あたり3回の試験を2回に，週に75分の授業を2回のコースでは，試験1回と小テストを2回に減らした．100人から200人のクラスでは，たいてい25%程度の学生がやり直しテストを受ける．これは，私の奇抜な試験スタイルに，学生を馴れさせるためにも効果的であった（私はいつも，論述問題，見積もり問題，表現変換問題を，伝統的な問題1〜2題とともに出題する）．

　上述の箇条書きの最後のポイントは，テストしている問題のすべてをわかってほしいと思っているのだ，という私からのメッセージを伝えている．もしクラス全体の成績が悪いなら，授業で問題をもう一度見直す際に問題の背景にある物理を注意深く復習し，全員にその題材に立ち戻って見直すようにいい，学期末試験でもこの題材に関わる問題が確実に出題されることを告げる．

八つのタイプの試験問題と宿題

　物理の問題の出し方には，さまざまな形式がある．異なるタイプの形式は，学生のそれぞれ異なる種類の連想やリソースを活性化する傾向がある．学生に物理についてより深く考えさせるようなコースを開発するうえできわめて重要な要素は，幅広いタイプの問題から選択することだ．この章の残りの部分では，8種類の問題について議論し，その価値を簡潔に記述し，それぞれについて一つか二つの例を示す．ここで議論する種類の問題に加えて，それ以外のタイプの問題形式を用いる7章のピア・インストラクション（Peer Instruction），ジャスト・イン・タイム教授法（JiTT），8章の協同による問題演習（Cooperative Problem Solving）の議論も参照してほしい．

　物理スイートは膨大な量の問題を集めており，それらは教科書 "Fundamentals of Physics"[6]（HRW6　2001）のために長年にわたって開発されてきた問題セットや，「ワークショップ物理」の問題セット，「活動を基盤とする物理」プロジェクトで私が長年にわたって開発してきたものなどを，統合したものである．これらの問題は教科書 "Understanding Physics" の問題集にまとめられている．追加の問題素材や試験へのアプローチは，[Arons 1994]，[Tobias 1997] に掲げられている．

選択肢式および短答式の問題

　選択肢式および短答式の問題は，採点しやすいので使いたくなるものである．解答の結果は非常に示唆的ではあるけれども，選択式問題のテスト結果は解釈するのが難しいこともある．それらは，間違った理由づけによって[7]正答を選択したり，ヒントに導かれて本質的な理解を経由せずに正しく解けてしまうことがあるので，学生の学習を過大評価しがちである．その一方で，よくある誤概念やファセット（一面的で不完全な理解）を誘導的な誤答選択肢として用いれば，学生がしっかりと理解しているかどうか試すよい「引っかけ選択肢」が作れる．このよ

---

[6]（訳注）　邦訳『物理学の基礎：力学』，『（同）：波・熱』，『（同）：電磁気学』（培風館）．
[7]　例えば，[Sandin 1985] を見よ．

うな引っかけにもかかわらず正しく解答できる学生は，よく理解している可能性が高い．素朴概念の研究に基づいてしっかり構築された選択肢式問題は，学生の正答がどれだけしっかりとしているかの指標を与えることができる．しかし，注意しなければならない点は，関連した教育研究の成果を学んでいない教員が作る標準的な選択肢式問題の誤答選択肢は，あまりにもありきたりで，学生の理解を本当に試すには役立たないことが多いということだ．物理教育研究の成果を意識していない教員にとっては，学生がおかしがちな間違いを想像するのが難しいのである．

研究に基づいた誘導的な誤答選択肢を含む，よい選択肢式問題の例を図 4.1 に示す．引っかけ選択肢は，教員たちの考えではなくて，学生の素朴概念に対応していなければならない．多くの物理教員は，流体中の物体に浮力が生ずることをよく知っているので，図 4.1 の問題の解答群を奇妙に思うかもしれない．しかし，多数の研究報告に裏づけられていることだが，多くの高校生や大学生の一部は，大気圧が重力の原因になっており，物体をその上の空気の重さによって下向きに押していると考えており，このため選択肢(C)は，そういった学生にとってひっか

本が机の上に置かれており，静止している．本には次の力のうちどれが働いているか．

1. 重力による下向きの力
2. 机による上向きの力
3. 大気圧による正味下向きの力
4. 大気圧による正味上向きの力

(A) 1 のみ
(B) 1 と 2
(C) 1, 2, そして 3
(D) 1, 2, そして 4
(E) これらのどれでもない．本は静止しているので，力は働いていない．

図 4.1 力学概念調査（FCI）の選択式問題［Hestenes 1992］

かりやすい誘導的な誤答になっているのだ[8]．研究に基づいた誘導的な誤答選択肢を含む問題は物理のさまざまな分野の概念調査に多数作成されている．

短答式の問題もまた，学生が物理概念をしっかりと理解しているかどうかを，効果的に調べることができる．ポイントは，単純な暗記を試す問題にしないことで，問題文が直接にはヒントを与えていない考えや原理を使っての多少の理由づ

次の文章の下線部に，より大きい（＞），より小さい（＜），等しい（＝）のいずれかの記号を入れて，文を正しく完成させよ．

(2.1) 鉄のかたまりが机の上に置かれている．これを机の上から，机の上にあるバケツの中に移した．バケツには水が満たしてある．いま，鉄はバケツの底に静止している．このとき，バケツの底にある鉄のかたまりがバケツの底から受ける力＿＿＿鉄のかたまりが机の上に置かれていたときに机から受けた力，である．

(2.2) 鉄のかたまりが机の上に置かれている．これを机の上から，机の上にあるバケツの中に移した．バケツには水が満たしてある．いま，鉄はバケツの底に静止している．このとき，バケツの底にある鉄のかたまりが受ける合力＿＿＿鉄のかたまりが机の上に置かれていたときに受けた合力，である．

(2.3) 鉄のかたまりが机の上に置かれている．これに排気鐘（bell jar）をかぶせ，真空ポンプにつなげた．鐘内の空気を排気する．このとき，鐘内にある鉄のかたまりが机から受ける力＿＿＿空気中で，鉄のかたまりが机の上に置かれていたときに机から受けた力，である．

(2.4) 鉄のかたまりがはかりの上に置かれている．鉄とはかりを水を満たした大きな容器の中にそっくり入れる．全部水につかった状態でのはかりの読み＿＿＿空気中で，はかりの上に鉄のかたまりが置かれていたときのはかりの読み，である．

図 4.2　異なった物理法則を結びつけて使う短答式問題の例

---

[8] サグレドは，「それでは空気の重さはどこから来る？」と問う．よい質問であるが，学生はあまりそういう質問はしない．

けを要するようにするのがよい．図 4.2 の例では，自然に浮力の考えを思い起こさせるが，より高度の力の作用図を使うことが求められるのだ．（例えば，(2.2) に対する正答は，ニュートンの第 1 法則によれば両方とも合力は 0 （ゼロ）に等しいので，明らかに「＝」である．しかし，個々の力と合力の区別が明確でない学生は，これに答えるのが難しいのだ）．

多選択肢・複数回答問題

多選択肢・複数回答問題は，学生に多くの思考と推論をさせることができる．図 4.3 に一例を示す．この問題を解くために，学生は変位ベクトルと平均速度ベクトルの概念をうまく使い，速度と速さを明確に区別できなければならない．

このタイプの問題では，学生は一つ一つの問題文を吟味し，それについて判断することが求められる．学生たちが物理的な状況についての複数の文脈依存のモデルを混同して抱きがちな場合には，このタイプの問題はとくに有効である．

A, B, C, D と名づけられた 4 匹のネズミが下に示すような三角形の迷路を走った．彼らは左下隅の角から出発し，矢印で示された経路をたどった．かかった時間はそれぞれの図の下に示されている．

次の文章にあてはまるすべてのネズミの記号を，解答用紙に記入しなさい．

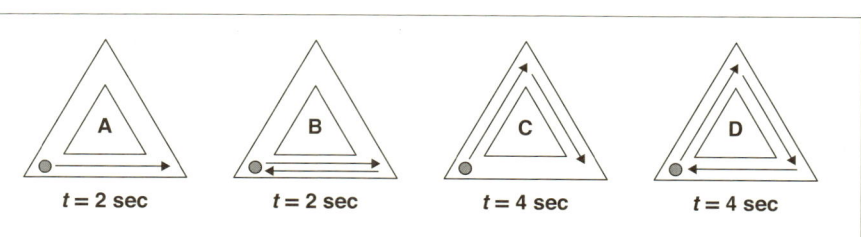

A　$t = 2$ sec
B　$t = 2$ sec
C　$t = 4$ sec
D　$t = 4$ sec

(a) このネズミが，平均の速さが一番大きい．
(b) このネズミが，全変位が最も大きい．
(c) このネズミの平均速度はこの向き（⇒）である．
(d) このネズミが，平均速度が一番大きい．

図 4.3　多選択肢・複数回答問題の例

表現変換問題

2章で学んだように，われわれが使うさまざまな表現方法の使い方を学ぶことは，初学者にとって大きな挑戦課題であるが，物理を学習することによって身につけることができる一般性のあるスキルとして，最も有用なものの一つであろう．一つの状況を異なる方法で表現することは，理解を深めたり，状況の異なる側面を見つけたりするのに役立つ．加えて，初学者が問題を解くときに抱える重大な困難の一つは，動的な状況を視覚化したり，さらにその中に物理的な記述を投影していくことができないことなのだ．

ソーントンとソコロフは，物理的な状況の言葉で表現した記述を，同じ状況を表現したグラフや図に対応させる問題を開発した［Thornton 1998］．FMCE, ECCE, VET, MMCE などのさまざまな概念理解調査には，多くのそのような問題が含まれている．

私が学生に物理量の意味を考えさせることに成功したのは，彼らに物理的な状況とたくさんのグラフを見せるような問題を課したときである．グラフの横軸には時間をとっているが，縦軸には何も記さない．学生はそこで，示された複数の物理量のどれがどのグラフに相当するのか考えるのだ．一例を図4.4に示す．

私は図4.5の表現変換問題に関して，学生とのやりとりでおもしろい経験をした．この問題を含む試験が終わったあとで，一人の工学系の学生が不平をいいに来たのだ．「どうやってこの問題を解けばよいかわかりません」と彼は不機嫌にいった．私は（a）の問題で何を選んだのかたずねた．彼はEを選んだと答えた．「で，どうしてそれを選んだのかね？」と聞くと，「ええと，それは波なので，波はくねくねしているはずです．そのグラフが一番くねくねしていたからです」と彼は答えた．

「じゃあ，そこで何が起こっているのか教えてくれ」と私はいった．

「どういう意味ですか？」彼は答えた．

私はいった．「弦を描いて，点はどこにあるとするかいいなさい．そしてパルス波が来たときに，弦がどうなって，その点がどうなるか，説明しなさい．」

「ううん」彼は答えた．「ええと，パルス波が右に動いてきて，点のところに来たときに，点はまず上に行ってそれから下に…あっ×××！（思わず口走った言葉を削除）」一度，何が起きたかを視覚化する作業をしてみただけで，彼は残り

物体が，等速円運動をしている円盤の端に取りつけられている．時刻 $t = 0$ における物体の位置および速度は右図に示されている通りである．物体は円盤とともに回転運動をして，ちょうど1回転する．次の(a)ないし(f)の六つの各項目を表しているのは，下に示すグラフのうちどれか．（グラフの座標軸のスケールは適切に選んであるとする）

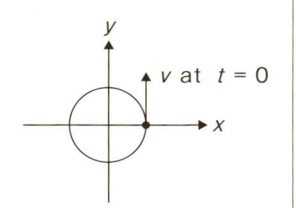

(a) 物体の速度の x 成分
(b) 物体の位置座標と x 軸とのなす角
(c) 物体を円運動させている力の y 成分．
(d) 物体の角速度
(e) 物体の速さ
(f) 物体の位置座標の x 成分

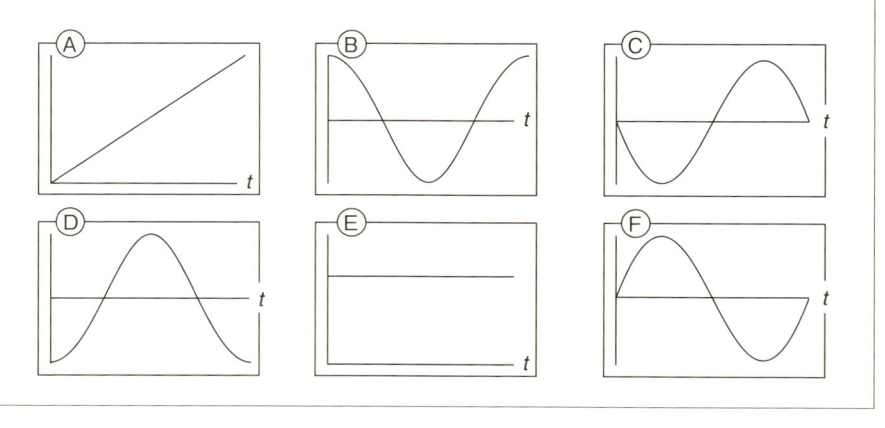

図 **4.4** 表現変換問題

の問題のほとんどを難なく解いたのであった．

　私はこの事象について，まだ明確な研究をしたわけではないが，経験上，代数ベースと微積分ベースのどちらの入門物理の授業でも，学生はこれらの問題に苦労するが，その苦労から得るものは非常に大きい．

長くてぴんと張った弦におけるパルス波の運動を考えよう．弦が静止しているときに，x軸と弦が重なるように座標系をとる．x軸の正方向はこのページの右向きにとり，y軸の正方向は上向きにとる．重力は無視する．

　パルスが弦上を右に向かって動きはじめた．時刻t_0のときの弦の写真は下の図Aのようであるとする．パルスの右側にある弦の一点には，目印の色が塗ってある．下のそれぞれの項目に対して，項目に示されている量を表すグラフとして最もふさわしいものを選びなさい（正の軸を上向きにとること）．どの図もグラフにあてはまらないと考えた場合には，Nと記入しなさい．

(a) 目印の点のy方向の変位を，時間の関数として表したグラフ．
(b) 目印の点のx方向の速度を，時間の関数として表したグラフ．
(c) 目印の点のy方向の速度を，時間の関数として表したグラフ．
(d) 弦の目印の小部分に加わる力のy成分を，時間の関数として表したグラフ．

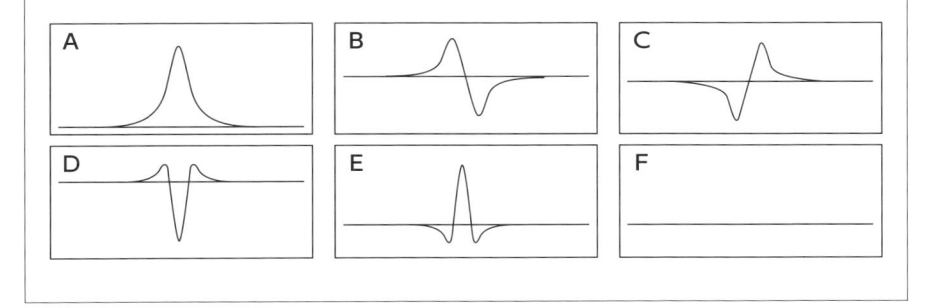

図4.5　表現変換問題の例

並べ替え問題

　採点しやすいけれども効果的なもう一つ別の種類の問題は，並べ替え問題だ．この問題では，学生は一連の項目を適切な順番に並べなければならない．これらは，非常に多くの研究者やカリキュラム開発者に，効果的に使われてきた．

　並べ替え問題が効果的なのは，これが「原因が大きければ大きいほど，結果

図のように五つのブロックがある．これらのブロックの体積は等しいが，質量は異なっている．これらのブロックを水で満たされた水槽に入れたら，ブロック2と5は下側の図に示す位置で静止した．ブロック1，3，4が静止すると思われる位置を図に描きなさい（隣り合う二つのブロックの質量の差はほんの少しではなく，大きく異なっている）．

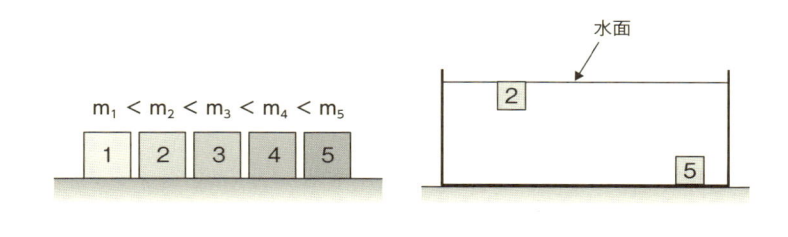

図4.6　並べ替え問題の例［Loverude 1999］

も（比例的に）大きくなるだろう」というような，推論プリミティブによる推論[9]を誘発しやすいということにある［diSessa 1993］．ワシントン大学物理研究グループによる一例を図4.6に示す．

　デイビッド・マロニィ（David Maloney）は長い間，その研究の中でこの問題を利用してきた．最近，彼と協力者たち——トム・オークマ（Tom O'kuma）とカート・ヒッゲルク（Curt Heiggelke）——はこのタイプの問題集を出版した［O'kuma 1999］．そのうちの一例を図4.7に示す．教科書"Understanding Physics"の本文中の練習問題には並べ替え問題が多く用いられている．

文脈に基づいた推論問題

　宿題に用いても試験に用いても，最も価値があると私が考える問題は，私が「文脈に基づいた（現実の場面に即した）推論問題」とよんでいるものである[10]．この問題では，適度に現実的な状況が設定され，学生は物理の原理を——往々にし

---

[9] 推論プリミティブについては第2章で詳細に議論されている．
[10] この種の問題は，ミネソタ大学グループが用いる「文脈に富んだ（現実の場面に即した）問題」と意図するところは類似している．この点は第8章の「協同による問題解決学習」を参照せよ．

下に示されたものは二つの電荷とPと書かれた点の7通りの配列である．すべての電荷は同じ電気量（Q）だが，正または負のどちらかである．電荷と点Pはすべて一直線上にある．隣り合うものの間の距離は，二つの電荷の間でも電荷と点Pの間でも，すべてx cmである．点Pには電荷はなく，他のどんな電荷もこの範囲にはない．

　これらの配置を，点Pにおける電場の強さの最大から最小に順番に並べよ．つまり，点Pで最も強い電場をつくる配置を最初に選び，最後に，点Pで最も弱い電場を作る配置を選べ．

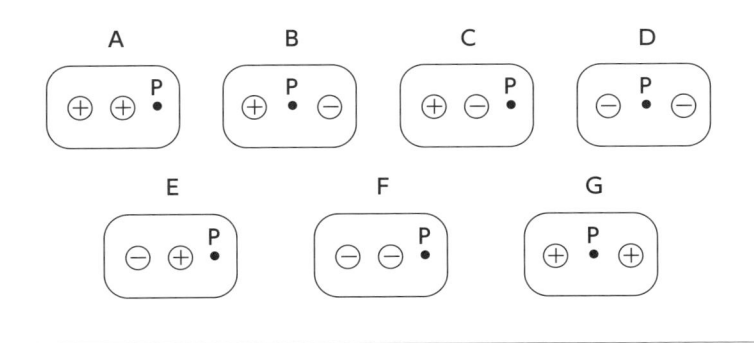

図4.7　［O'kuma1999］の並べ替え問題

て彼らがそれまで出会ったことのない方法や状況で——用いて結論を導かなければならない．重要なことは，この問題への解答が，現実世界での関心事にある程度関わっていることである．不幸なことに，物理の教科書の章末問題には，動機づけに欠けるものがあまりに多い．それらは，あまり重要ではない物理の計算を，明確な目的もなく，単純に練習させているだけのように思える．「重量挙げ選手は，200 kgのバーベルを2 mもち上げるにはどれだけの仕事をするでしょう」などという問題がこのタイプだ．なぜ，「仕事」が興味をもつべき対象になるのか？この計算は何と関わりをもつのか？「マラソンランナーが26マイル（約42 km）走るのに消費するカロリーを見積もりなさい．走る前に，炭水化物をたっぷり用意しておく必要があるだろうか？」という問題なら，より興味がもてるだろう．

　私が好きな問題の例は，図4.8だ．とくによいと思うのは，干渉の基本的な考

私は，私の家の裏のテラスに2台のステレオスピーカーを上から見て図のように設置した．私は，位置によっては，干渉のために聞こえなくなる振動数があることを心配している．図の端に示してある座標格子の長い目盛りは1メートルごとに描かれている．計算をやさしくするために，以下の仮定をせよ：

- 注目している物体の位置は座標系の整数または半整数の目盛りの位置にあると仮定せよ．
- 音速は343 m/sとせよ．
- 家や木などからの音の反射は無視せよ．
- スピーカーの出す音は同位相である．

(a) 私がベンチの中央に座っているとすれば，何が起こるか？

(b) 私が左側の折りたたみ椅子に座っているとすれば，弱め合う干渉によって私が聞こえなくなる最も低い振動数はいくらか？（あなたが計算機をもっていなければ，簡単に数値を求めることができる数式で答を表したうえで，結果を1桁の有効数字で推定せよ．）

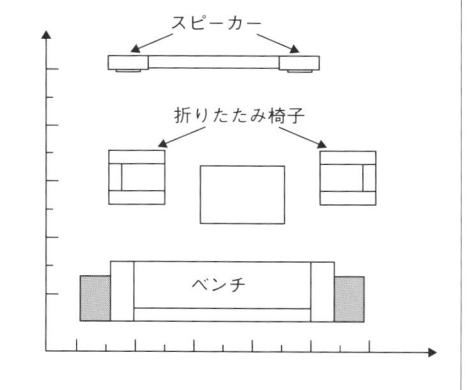

(c) 上の(b)で，一方のスピーカーへのリード線をつなぎ替えて，音源の位相を逆にすれば，私が聞こえない振動数を聞こえるようすることができるか？

(d) リード線を逆にした状態で，ベンチの中央に座っている人が聞こえている音に何が起こるか？

図 **4.8** 文脈に基づく推論問題の例

え方を用いているからで，行路差を算出し，そこにいくつの波長が収まるのか見積もる必要があるのだ．この位置関係では，標準的な干渉の公式を導く際に用い

る，小角度 θ について $\sin\theta$ を θ でおき換えるような近似は成り立たない．学生はピタゴラスの定理を用いて，距離を計算しなければならない．この問題は極端に現実的だということはない．なぜなら現実には，近くの壁や物体からの反射音が大きく影響するからだ．しかしこの計算は，現実世界で起こっていることの本質に触れている．

新聞，広告，テレビや映画などに日常的に現れる物理的な間違いの例は，このタイプのよい問題になる．図 4.9 はその一例だ．

> ジュラシックパークという映画で，調査隊のメンバーの何人かが，台所に閉じこめられ，ドアの向こうには恐竜がいるというシーンがあった．男性の古生物学者はドアの真ん中辺りを，恐竜が入ってこないように肩で押さえている．女性の植物学者はドアの端，ちょうつがいの近くを背中で押さえている．彼女はドアを押さえるのを手伝っているために，床の銃に手が届かない．もし彼が，ドアが開く側の端に動き，彼女が銃を取りに行くとしたら，彼らの状況はよくなるだろうか，悪くなるだろうか．そのように位置を変えたことによる，ドアに及ぼしているトルク（ちょうつがいのまわりの力のモーメント）の変化を見積もりなさい．

図 **4.9** 文脈に基づく（現実の場面に即した）推論問題の例

見積もり問題

見積もり問題は，エンリコ・フェルミが有名にしたもので，彼はその大家であった．彼の古典的な質問は「シカゴには何人の床屋がいるか？」である．この種類

> 標準的な郊外の住宅の庭で，夏に生えている芝生の，葉の枚数を見積もりなさい．

図 **4.10** 典型的なフェルミ問題

の質問はたいへんに価値があるが，その理由は学生に，

- 比例的な推論を練習し利用させ
- 大きな数を取り扱うことを学ばせ
- 有効数字について学ばせ（私は，有効数字の桁数が多すぎる答はいつも減点している）
- 現実世界の経験を定量化することを学ばせる

からだ．

典型的なフェルミ問題の一例が図 4.10 である．私は，自分の授業で，この種類の問題を解くときに何をしてほしいのかを説明するためにこの問題を使う[11]．具体的な数を得るために，芝生を思い描き，その面積を見積もり，一定面積中の葉の数を見積もり，そしてそのスケールを拡大させなければならない．私はいつも，彼らがある程度妥当な推定ができる数から始めることを要求する．だから，彼らが「芝生1メートル四方の中の葉の数を100万枚と仮定しましょう」といっても，その推定には得点を与えない．一方で彼らが，

> 1センチメートル四方の芝生を考えよう．それぞれの辺に沿って，およそ10本の葉があるだろう．だから1平方センチメートルには100，1平方メートルにはその100 × 100倍程度だろう．つまり，1平方メートルには100万枚の葉があると仮定しよう．

といえば，この答には満点を与えるだろう．私はいつも自分の見積もり問題の，推論を要するそれぞれの部分に部分点を与えるようにしている．私は学生にいつも，答そのものだけではなくどうやってその答に到達したかで評価されるということを注意深く説明している．

---

[11] これは，夏でも芝生の草が茂っているメリーランド州には適切な問題である．アルバカーキにあるニューメキシコ大学の学生にとってはやさしすぎるかもしれない．

教員は一貫して忍耐強くこの問題を出題し続ける必要がある．第一に，学生たちはあなたがこの種類の問題を真剣に問うているのだとは思わない可能性がある．そこで私は，毎回の宿題と試験で見積もり問題を必ず1問出し，そのうちのいくつかは，過去の試験問題からのものであることをいいそえて，私が本気でこの種の問題を出していることをわからせるようにしている．第二に，学生は，これが物理の授業で学ぶべきことの一つだとは信じられず，はじめは拒否するかもしれない．ある学生は，学期末の無記名アンケートで「当てずっぽうのうまい学生が点をもらっていた」という不満を書いた．私の経験では，この困難は彼らがスキルと自信を身につけていくうちに克服される．代数ベースの物理の学期末に近くなって，一人の学生が笑顔で話しかけてきたことがある．「教授，あの見積もり問題ですけどね，私はビジネスの授業をとっているのですが，そこでビジネスプランを立てるという作業があります．それってちょうど見積もり問題と同じですね．クラスの中で，どうすればよいのかがわかっていたのは私一人だったのですよ！」

年間を通じて授業が進行していくのに連れ，私は見積もり問題に物理をより多くとり入れるので，それらは設計問題になっていく．これらは，彼ら学生の専門家としての将来に，物理がどう役立つかを理解させるうえで，大きな役割を果たすように思える．「見積もり／設計」問題の一例を，図4.11に示す．

定性的問題

定性的問題は，概念について考えることを学ばせるのにとても効果的である．また教員にとっても，学生が定量的問題を上手に解いているのを見て感じるほどには，学生は学んでいないのだということを認識するためにも役立つ[12]．ワシントン大学物理教育研究グループは，カリキュラムを設計する際に，この種の問題を使って，とくに効果を上げてきた[13]．

定性的問題の一例で，並べ替え問題の拡張ともいえるものが，図4.12である．私がこのタイプの問題に初めて出会ったのは，1992年にサバティカル休暇中に

---

[12] 第1章のマズールの経験についての議論を参照せよ．
[13] 第8章の「入門物理におけるチュートリアル」および第9章の「探究による物理」の議論を参照せよ．

ワシントン大学に長期滞在したときであった．私がしようとしたのは，それぞれの電気抵抗を R，それぞれの電池の電圧を V とし，キルヒホッフの法則を用いて方程式をすべて書き下し，それを解いて未知の量を求めるというものだった．この方法なら，確実に答が得られる！ しかし一人のファシリテータ[14]が，その問題が方程式を使わずに解けるか，とたずねてきた．「なぜそんなことをしなければならないのか？」と私は答えた．「だってたぶん学生は，あなたのように方程式を簡単には使えないでしょう．」と彼はいった．私は挑戦してみたが，それがいかに難しいかに気がついて非常に驚いた．私はいままで，自分が概念知識を構築するのに，方程式を足場として用いてきたことを悟った．この知識構造がまだできておらず，その概念の理解があやふやな学生にとって，私のアプローチは，近寄りがたいものであろう．その一方，問題について概念的に推論するアプローチは，（例えば，電池は一定の電流の源であるなどの）学生の素朴概念を顕在化させやすい．彼らが宿題や試験でこのような問題に取り組むことを重ねると，純粋に数学的なアプローチによって学んだ場合に比べて，より確固とした概念を構築するようだ．留意すべきことは，この種の問題の本質的な部分は「なぜそう考えるのか理由を説明しなさい」というフレーズだ，ということだ．多くの学生は，理由を説明すること，すなわち推論（ないし理由づけ）することや，説明を組み立てることが，何を意味するのかを知らない [Kuhn 1989]．彼らに，考えた理由を説明させ，推論や理由づけという言葉がどんなことを意味しているのか議論し，われわれがこれらの言葉で何を意味しているのかを学生にフィードバックすることが，彼らが物理の授業で学ぶことの中でも重要な部分となりうる．

あなたが，^{12}C と ^{14}C の割合を測定して年代を推定するための磁気質量分析器として，「卓上サイズ」の装置が購入可能かどうか判断を任されたとする．

この問題では質量の異なる炭素原子を分離するための磁石に関心を集中することにしよう．試料を燃やして蒸発させ炭素原子はその気体に含まれてい

---

[14] リチャード・スタインバーグ（Richard Steinberg）で，幸運にも私は，後に彼と多くの共同研究を行うことになった．

るとする．これをイオン生成装置に通して1原子につき平均1個の電子をはぎ取ってイオン化する．このイオンを静電加速器に入れて加速する．静電加速器は小さな穴の空いた2枚の極板でできている．イオンは穴の空いた極板の一方から入り，他方から出ていく．

二つの極板を帯電させ電位差をΔVボルトにする．この極板間に入った多数のイオンは電場により加速されてエネルギー$q\Delta V$を得る．加速された高速イオンは，速度に垂直方向の一様な磁場へ導かれる（下の図を参照）．重力を無視すると，この帯電した粒子は水平面上で円軌道を描く．円の半径は原子の質量によって異なる（装置全体が真空容器の中に設置してあるとする）．

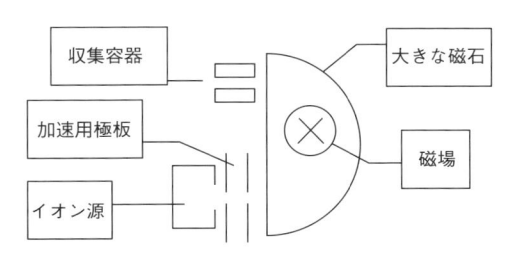

質量分析器：上から見た図

この装置の働きについて次の三つの質問に答えなさい．

(a) われわれはあまり高い電圧は使いたくない．ΔVを仮に1000ボルトとすると，「卓上サイズ」の装置にするために要求される磁場はどの程度か？これは卓上サイズの装置で可能な磁場の大きさか？

(b) ^{12}C と ^{14}C 原子が収集容器に衝突する位置は十分離れているか？（少なくとも数mm離れていないと，この2種類の原子をべつべつの収集容器に集めることは困難である．）

(c) 重力を無視することに問題はないか？（ヒント：原子が磁場中を半周する時間を求め，この間にどれだけ落下するか計算せよ．）

図 4.11　見積もり・設計問題

次の回路で，使われている電球はすべて同じで，電池もすべて同じでほぼ理想的なもの（内部抵抗はほとんどない）とする．明るい電球（電流がたくさん流れている電球）の順に並べなさい．

また，なぜそう考えるのか理由を説明しなさい．

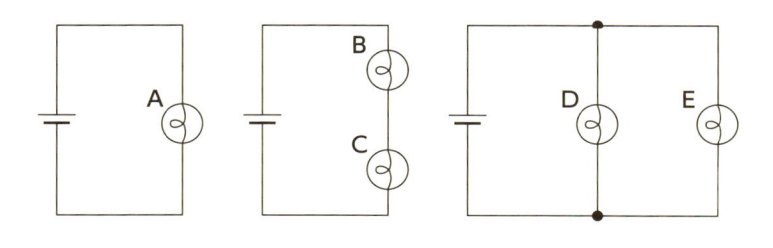

図 4.12　直流回路の定性的問題の例［McDermott 1992］

もちろん最後には，しっかりとした知識構造を構築し，その構造の中に方程式をしっかりと位置づけてほしいと思う．しかし，それをあまりに多くあまりにも早くから要求しないことが大切なのだ．

定性的問題は，関連する物理原理や概念を見つけ，定性的に推論し，説明を記述することを要求するので，現実世界での個人的な経験と，物理で学んだこととを結びつけさせるのに効果的である．このタイプの問題例を図 4.13 に示す．

公衆トイレには，よくペーパータオル・ホルダーがあり，ペーパータオルを下に引いて引き出すようになっている．濡れた手で，片手でペーパータオルを引き出そうとすると，しばしばちぎれてしまう．両手で引き出すと，破れずに引き出せる．どうしてか説明しなさい．

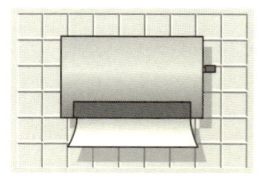

図 4.13　学生の個人的な経験と結びつける定性的な推論問題の例

論述問題

　論述問題は，学生のつまずきやあらゆる形の素朴概念を顕在化させるのに最も有効である．図4.14に示されている例では，法則を思い出すことは求められていない——それは与えられている．その代わり，学生はその妥当性を検討することを求められるのだ．この問題を，二つの力センサーを使ってニュートンの第3法則（N3）を探求するABPチュートリアル（8章参照）をやり終えた時点で課したことがある．私は彼らに，N3を正しいと信じる何らかの実験的証拠に言及することを求めた．非常に興味深いことに，かなりの割合の学生たちが，これらすべての場合について，N3が成り立つとは期待していなかった．この結果は私にとって，講義の中での理解の確認のための討論や，その後の試験問題を作る際に参考になった．図4.15の例では，講義の中で私が正確に注意深く説明することに努力したにもかかわらず，非常に多くの学生たちにとって，「場」の概念を理解することがきわめて難しかったことを，衝撃的なほど思い知らされた．

　ニュートンの第三法則によると，たがいに接触する物体は，たがいに力を及ぼし合う．

　　<u>物体Aが物体Bに力を及ぼすならば，物体Bは物体Aに力を及ぼしており，二つの力は大きさが等しく向きが反対である．</u>

　二つのまったく同型の乗用車と，ずっと重いトラックについての次の三つの状況について考察しなさい．

(a) 1台の乗用車が停車していて，それにもう1台の乗用車が衝突する．

(b) 1台の乗用車が停車していて，それにトラックが衝突する．

(c) 乗用車のエンジンが動かないのでこれをトラックが押している．2台は接触しており，トラックはスピードを上げつつある．

　これらのどの状況において，ニュートンの第三法則は成り立っていると考えられるか答えなさい．

　また，なぜそう答えるか理由を説明しなさい（配点は，答について5点，理由について10点）．

図 **4.14**　ニュートンの第三法則に関する論述問題の例

> 今学期に私たちは，電場と磁場という二つの「場」について学んだ．私たちがなぜ場の概念を導入したのか説明し，電場と磁場を比較して差異を議論しなさい．その比較の中で，類似点と相違点を少なくとも一つずつ議論しなさい．

図 **4.15** 場の概念についての論述問題の例

試験という状況で論述問題を出題する場合には，配慮が必要であることに注意してほしい．考慮すべき三つの点がある．

1. 大学の状況によっては（例えば私の大学の場合），入門レベルの学生たちは，しばしば大人数での講義だけからなる授業を受けていて，しかも彼らは試験の際に実際に文章を記述しなければならないという経験をほとんどしていないことがある．
2. 試験では学生はすさまじい心理的なプレッシャーを受けていることに配慮する必要がある．試験問題が長くて時間的なプレッシャーもある場合には，彼らは自分が書いている内容について考える余裕がないことがある．
3. 論述式の問題から最も多く学びとることができるのは，採点者である．

上記の観点から，私はいつも学生たちが過度にせきたてられることがないように試験を短いものにする．そして，クラス規模が非常に大きく試験の採点はティーチング・アシスタントにさせることができる場合にも，論述式問題の採点は自分自身で行うことにしている．

第5章 われわれの授業を評価する：調査

> 数学は，材料をどんな細かさにも挽くことができる
> 見事な挽き臼にたとえることができる．
> でも，挽き臼から出てくるものは入れたものによるのさ．
> 世界一の挽き臼でもエンドウ豆から小麦粉は取り出せはしない
> だから数式の書かれたページは，あやしげなデータから
> はっきりした結果を取り出すことはできないのさ．
> —— T.H. ハックスレイ [Huxley 1869]

　前章で議論したように，自分の授業で何が起きているかを測定する方法は二つある．一つは，一人一人の学生の知識の公的な評価つまり成績づけのために，その学生がどの程度学習したかを知るための評価方法である．もう一つは，われわれの教育が，設定した目標を達成しているかどうかを計るためにクラス全体について測定するものである．われわれは，最初の評価のことを成績評価（assessment）とよび，二番目の評価のことを授業評価（evaluation）とよぶことにする．前章では，学生一人一人が何を学んだかを知るためには，どのように評価するのがよいかについて議論した．この章では，われわれの教育を評価するために，クラス全体の状態を知る方法について議論する．

　第2章の原則2が述べているように，認知的反応には文脈依存性があるために，学生は場合によって，学習したモデルを使ったり，もとからもっていた素朴概念に逆戻りしたり，その反応は変動する．クラス全体（とくに大規模のクラス）について見るときには，学生一人一人について評価するときよりも，個々の学生の反応についてのより大きな変動があっても評価に差し支えない．一人の学生が，どのアイデアをいつ使うのかという選択は，（彼らの心的状態という）コントロール不能でかつ不可知的な変数に依存している．その結果，個別の測定項目につい

ての少数の選択肢型質問に対する彼らの回答はランダムに見えることがある．しかし，これらの質問によって，個々の学生の知識に関する完璧な描像は得られないとしても，全体で何が起きているかについて平均的な描像を得ることはできる．

研究に基づく調査

　研究に基づいて開発された既存の調査を用いると，クラスの理解のおおよその状況について対費用効果の高い測定ができる．ここでいう「調査（survey）」とは，ある程度短時間（10〜30分）で実施でき，機械採点ができるようなものである．このような調査には，選択肢方式や短答式の問題，および与えられた文章に同意するか否かを問う形式のものなどがある．この調査はスキャントロン（Scantron™）シート[1]形式と，コンピュータに直接入力する形式のどちらでも実施可能である[2]．この調査は大人数の学生に対して実施でき，その結果はコンピュータ上で表計算ソフトやさらに高度な解析ツールで分析できる．

　「研究に基づく」というのは，調査が，ある特定の学習項目に関する理解の困難さについての定性的な研究により開発され，さらにこれを実施した多くの学生を詳細に観察することによって改良され，試行され，そして妥当性を検証されたものであるという意味である．一般に，よい調査（妥当で信頼できる調査——このことについては後述）を実現するには，以下のようなステップが必要である．

- 学生の反応の裏に潜む彼らについてのモデル（student model）を見極めるための定性的な研究
- ある特定の項目に関する学生の反応をモデル化するための理論的な枠組の開発
- 予想される範囲の回答すべてを引き出すための選択肢の開発
- 調査結果——学生の誤答を含む——を活用した，新しい授業方法の設計と新しい診断・評価ツールの作成

---

[1] (訳注) コンピュータで読みとる方式のマークカード．
[2] 筆記式とコンピュータ・ベースの調査との差異を調べる研究ではまだ明確な結果が出ていない．

・調査のさらなる改良のための新たな定性的研究の方向づけへの調査結果の活用

このプロセスによって，第6章で詳しく論じられるカリキュラム開発と改良の「研究-再開発サイクル」（図6.1）のなかに，評価ツールの開発がしっかりと組みこまれる．

調査は，明示的な，および隠れた，カリキュラムで学生が何を学ぶかに関するさまざまな側面に焦点を合わせる．「学習内容に関する調査」は，物理の特定の分野の概念的な基礎に関する理解度を探る．「学習姿勢に関する調査」は，物理を学ぶ方法と学び方の特徴についての学生の考えを探る．物理教育研究者は，過去20年以上の間に，力学分野（力学概念調査 FCI）から，物質の原子モデル分野（微小粒子モデル評価テスト）に至る，数十の調査を開発してきた．

われわれはなぜ研究に基づいた調査を使うのか

私が研究をふまえた調査問題の作成の重要性を力説すると，サグレドはばかにするようにいった．「私は何年間にもわたって，機械採点できる選択肢式の期末試験を，私の多人数クラスで実施してきた．私のつける成績では教育コースの評価にはならないのかい？」確かになるよ，サグレド．しかし，試験の結果を教育コースの評価に翻訳するには危険がつきまとうのだ．

われわれの選択する問題は，学生の学習とは無関係の多くの要素によって制約される．第一の危険性は，成績は"適正に"分布するようにという学生からの（そしてときには大学当局からの）圧力である．学生たちは，クラス平均が80％で，90％が評価Aの境界で，ほんの少人数が60％以下であれば満足する．このことは学生と大学当局には都合がよいことであるが，学生が何を学んだかに関わらず必要な数のAを出さなくてはならないというプレッシャーをわれわれに与える[3]．

第二の危険性は，われわれの関心が，学生が何を本当に学んだかにあり，教員は何をいわせたいと学生が考えているかではないことにある，ということに起因

---

[3] 私のクラスでは，平均点が60から65％の範囲になるように試験の難易度を設定している．75％以上の得点はAと考えている．この程度に難しいと，成績のよい学生でも自分が強化しなければならないのはどのあたりかというフィードバックを得られる．第4章の私の試験実施についてのモデルを参照してほしい．

する．多くの学生は大学に入学するまでに「試験で点を取る技術」に習熟している．学校の中には，学生（そして学校当局）がよい評価を得られるように，このような技術を教えているところさえある．学生がこのような学習法を採用することを，私は非難しているのではない．私も，標準テストを受けたときにはこのような試験技術を用いていた．試験を受ける学生は，自分がもっている知識で可能な限りの最高点を獲得するという目標をもっている．教員は，学生の得点がその学生の知識を正確に反映していることを望んでいる．もしもわれわれが学生たちの初期状態——すなわち，どんなリソースやファセットが活性化されやすいのか——を詳しく知らなければ，選択肢式テストにおけるもっともらしい誤答や，短答式問題に組み入れてまどわせたり迷わせたりするような仕掛けを考え出すのに苦労するであろう．これらの学生を引きこむような誘導的な誤答群がなければ，たとえ学生たちがその主題に対してきわめて貧弱な理解しかもっていなくとも，彼らは容易に間違った答を見つけ出し，彼らの得点獲得技術を使って正しい答を得ることができるだろう．

　これらの危険性はいずれも些細なことではない．第一の危険性のもう一つの側面は，指導は決して純粋に客観的ではないということである．教えるということは，原理的に，教員が設定した目標を達成しようとする方向性をもつ——この目標は，ときには暗黙的なものであったり，首尾一貫していなかったり，対象となっている学生たちに対しては適切でなかったりすることがあるのにもかかわらず，教員の作成する試験は，教員が設定した学生の学習到達目標を反映するものでなくてはならない．学生に何を学ばせたらよいのかは，教員間の，学生との，さらには学校管理者，親，そしてその（物理）科目を教えに行っている相手先学科の教員たちといった外部圧力との，絶え間ない折衝にさらされている．

　もし教員が，学生に共通する（学習上の）混乱や，ある問題に対する学生の解答傾向を知らなければ，教員が試験問題として作成した問に対する解答結果は，教員が想定したことを反映しないだろう．そしてさらに，研究に基づいて注意深く作成された問題や，共通する素朴概念に対する理解がなければ，学生の誤答は，「学生は答をわかっていない」といった程度以上の有意な情報をほとんどもたらさないだろう．

　選択肢式問題に対する学生の回答の意味を読み取ろうと試みるとき，われわれ

は次のような問題点のいくつかに遭遇することがある．
1．もし選択肢式の問題が適切な誤答選択肢をもたなければ，学生が本当は何を考えているか探り出すことはできない．
2．学生が正答を選択するということは，学生がなぜその答が正しいのかを理解していることを意味しているわけではない．
3．学生の反応は文脈に依存するので，一つの問題に対する学生の反応は，全体像のほんの一部しか示さない．
4．誤答選択肢の提示の順序もしくは誤答の表現方法に問題があると，それが回答結果の解釈を難しくする．
5．比較的狭い出題範囲の1回のテストだけでは，——とくにそのテストが1種類の出題形式しかもたない場合には——その結果が意味するものを拡大解釈しやすい．

これらの点を考慮して注意深く作られた概念調査は，われわれの教育の評価のための有力な道具の一つとなりうる．

調査と授業目標

近隣の大学の物理学科の同僚たちに物理教育研究に関する講演を行っているとき，力学概念調査（Force Concept Inventory）の中のいくつかの問題を提示したことがある（この調査については以下で詳しく議論する）．すると，教員の一人がきわめて強く反対意見を述べた．「これらはひっかけ問題だ．」そこで「『ひっかけ問題』とはどういう意味ですか？」と私は質問した．彼は答えた．「それらの問に正しく答えるには，物理の基礎に対する深い理解が必要だ．」彼および彼以外の聴衆に，今いわれたことについてよく考えてもらうために，沈黙の時間を長めにとった後，私は答えた．「そうです．私はすべての問題をひっかけ問題にすることを望んでいます．」

このことは根源的な問いかけをよび起こす．学生が教育から学び取ってほしいとわれわれが望んでいることは何なのだろうか？　この同僚は学生たちに対し，ある意味で，私よりも低い期待しかしていなかった．彼は回答されたことを確認することだけで満足していて，学生が，（物理的に）正しい答と，それらしい（しかし間違っている）常識にそった誤答との識別ができているかどうかについては

注意を払っていなかった．その一方で，彼はたぶん私よりも，高度な数学的手法で試験問題を解くことを要求しており，学生が，すでに記憶している複雑な問題解法パターンの中から適合するものを一つ選び取れれば，それで満足している．私は，学生が複雑な数学的手法をパターン合わせの方法で選び出せるかどうかについては重視していない．私は，学生に，現実世界の状況を物理の問題として定式化できることを，そして自分の答の意味を筋道だって説明できることを望んでいる．もしも1年間の科目の中で目標を両方とも達成できるのなら，たいへん喜ばしいことであるが，多人数クラスでの与えられた時間と教育資源の制約のもとで，どうすれば両方を実現できるのか，現時点では私にはわからない．

　上のような設定目標の違いは，いくつかの困難をもたらすこともある．サグレドも私も，代数ベースの物理を担当することがある．彼が私の試験問題を見ると，問題があまりに簡単で，私が物理コースをやさしくしすぎていると不満を述べる．興味深いことに，多くの学生たちが，学生の間に流れている次のような噂を報告してくれた．「簡単にAをとりたいのならサグレド先生の講義をとれ．」そして私のコースは「もし一所懸命勉強して本当に理解したいのなら」とるべきコースである，というものだ．サグレドが私の問題の一つを試験で使うことに同意したときにはいつも，学生がひどい点数をとるので彼は驚く．同様に，私の学生たちは彼の問題のうちのいくつかについてはひどい点数をとることだろう．

　つまるところ，チョークをもって黒板に向かうとき，教員一人一人がすでにそれぞれの目標を明確にもっている．それでもなお，われわれが物理教育のコミュニティを形成して，その中で，物理授業における適切な目標設定と，その目標の達成度評価の方法について，たがいに議論することが必要なことも明らかである．われわれの授業の達成度評価の一要素として，研究に基づく調査を使うことを私が好むのはこういう理由からである．これらの調査は，何を評価するかがはっきりしており，学生の学習困難に関する注意深い研究に基づいており，そして妥当性と信頼性について注意深くテストされている．

授業の中での調査の実施

　私は，可能な限り，事前および事後（例えば，科目の授業1回目と最後を使って）の調査を行う．実験室での活動が付随するコースでは，最初と最後の週には

実験室活動は行わないのだが，学生たちに来させて調査を受けさせる．実験室での活動のないコースや，空白週がないコースでは，私は調査を実施するために最初と最後の授業の時間を使うことをいとわない．調査を受けること（そしてもしその授業を欠席したときには改めて受験すること）を学生にうながすために，どちらの調査についても受けた学生全員に（総計で約1000点満点のうちの）5点を加算する．もし，全員が調査を受ければ，調査は成績パターンには影響力をもたない．

　調査結果を分析するためには，事前と事後で氏名が揃っているデータの組のみを比較することが重要である．すなわち，事前・事後の両方のテストを受けた学生のみが対象となるべきである．これは，二つのテストを受ける学生集団に偏りがある可能性があるからである．例えば，コースの途中で脱落した学生は，事前テストは受けても事後テストは受けないであろう．事前テストにおいて得点を下げるような偏りをもっていた学生のグループが，途中で脱落したとすれば，事前・事後テストの比較において高いゲインへの偏りをもたらすであろう．少なくとも事前と事後で対応する氏名のデータの組を用いれば，少なくとも，特定の学生のグループに対する，真のゲインが期待できる．

　学生はしばしば，自分が何を考えているかではなく，教員が望んでいるであろうと考えたことを答える傾向をもつという，前節で指摘した危険性から，調査の実施に際して三つの重要な留意点が導かれる．もし調査が学生の成績の認証ではなく，われわれの授業の評価のために使われるのであれば，これらの留意点はとくに重要である．それは次のようなものである．

- われわれは"テストにむけて教える"のではなく，"物理を教える"ということに注意を払わねばならない．
- 調査問題の解答は配ってはならないし，学生に正答を説明してはならない．
- 調査を受けることは（成績加点をするなどして）義務づけるべきだが，調査の得点を成績評価に使ってはならない．

最初の指摘，すなわちテストに向けて教えるのではないというのは，微妙な問題である．われわれは，このテストで学生の理解度を正確に調べることを望んでおり，また，われわれの教育によって学生たちが調査対象となる教科知識を獲得することを願っている．ではなぜテストに向けて教えることが悪いことと通常考

えられているのだろうか．私は次のような理由によると考えている．われわれは，学習というものをかなり高度なものとしてとらえるモデルを採用している．すなわち「学生は，自分が理解していない答をオウム返しに答えればよいのではなく，どう考えるかを学ぶべきである」という学習モデルを暗黙のうちに使っている．われわれの（第2章で述べた）認知モデルでは，この考え方はより明確に次のように表現される．学生は，多くの知識への強力な連関をもった，物理に関する強力なメンタルモデルを発達させるべきである．それこそが，広範な文脈の中で提示される非常に多様な問題を解くに際して，適切な解法技術を見極め，それを正しく使いこなすことを可能にする．学生が問題に対する答を，パターン合わせによって狭く学ぶだけであれば，問題文をちょっと変えただけでそのパターンの認識ができなくなることを研究成果ははっきりと示している[4]．したがって，もしテストに出るのと同じ問題を同じ枠組で授業中に与えるなら，私はそれを<u>テストに向けて教える</u>という．

　このことから2番目の留意点が導かれる．すなわち，調査の解答は掲示したり学生に配ってはならない，ということである．研究に基づく調査テストの項目の開発には長い時間がかかる．質問項目をどのように読み取って解釈し，どう考えて回答したかについて，学生にインタビューをしなければならない．調査は，分布と信頼性を研究するために，くり返し実施されなければならないので，授業時間を費やす．注意深く開発された調査は，限界はあるにせよ，物理教員のコミュニティにとってきわめて価値のある資源であり，しかし，一方でもろいものでもある．もしそれが学生の成績評価に使われ，解答が配られたら，学生寮やサークルの共有解答集として，また学生のウェブサイト上で，広まってしまい，教育のコミュニティよりも学生のコミュニティの財産となってしまう．調査は教員にとってのそれなりに効果的な評価ツールから，学生にとっての「試験で点を取る技術」のツールに変質してしまう．

　このことから直接3番目の留意点が導かれる．すなわち，調査は学生の評価の一部となってはならないということである．これについては若干意見が分かれる

---

[4] 私は，パターン合わせで問題を解いたが，問題の中の図を鏡映反転させるだけで同じ問題であることを認識できなくなった学生たちを見たことがある．

ことだろう．サグレドは，もしテストが成績に関係しないなら学生はテストをまじめに受けないだろうと考える．このことは一部の学生には当てはまるだろう．メリーランド大学における私の経験では，学生のうちの95％は，真剣に考えたと思われる回答結果を提出してくれた[5]．学生集団によっては状況がこれと異なるかもしれないが．もしテスト結果が成績に結びつくのなら，少なくとも一部の学生は正答を見つけようと必死に努力し，おそらくまわりの人にも正答を教えるだろう．私としては，学生がそんなことをすることは決して望まないので，私は，試験（私はそれを，学生の学習を手助けするような教育的ツールと考える）と調査（私はそれを，自分の教育を理解するための評価ツールと考える）は，別なものとして扱う．

調査と成績づけとを区別するもう一つの理由がある．学生はよく，本当は自分自身では正答とは思えなくとも，教員が期待しているであろうと考えられる正答を推し量って答えようとするような受験テクニックを使う．成績づけのための試験はそのような反応を引き出す傾向がたしかにある．私は，そのような動機が取り除かれたときに学生たちがどのような反応を示すのかに，より興味がある．そこから，教育が学生の思考に幅広い影響力をもたらしたのかどうかを知ることができるからである．

調査が役立つものであるためには，妥当で信頼できるものでなくてはならない．次にこれらの条件について議論する．この章の残りでは，これまでに開発され，現在広く使われている2種類の調査について述べる．すなわち，学習内容に関する調査と，学習姿勢に関する調査である．

調査は何を測定するのかを理解する：妥当性と信頼性

教育を評価するツールが有効であるためには，調査は妥当なものでなくてはならない．すなわち，それが測るとされているものをきちんと測れなくてはならない．また調査は信頼性をもたなくてはならない．すなわち，結果に再現性がなく

---

[5] そうではないと推定させる証拠としては，すべての回答番号が同一であったり，回答番号が周期的にくり返していたり，平均所要時間の4分の1程度で終えてしまったり等がある．

てはならない．物理的特性を測定するのではなく，人が物理についてどう考えているかを測定する場合には，この二つの言葉の意味するところを慎重に考えなくてはならない．

妥当性

内容理解度調査（content survey）であれ，学習姿勢調査（attitude survey）であれ，その妥当性の解釈は，一見簡単そうで，簡単ではない．ここでのポイントは，学生が正解を選択しているかどうかでなく，学生がどう考えているか，つまり推論の心的構造，を適切に調査しているかどうかということなのだ．これが意味することを理解するために，次の例を考察してほしい．速度グラフについて学生たちの間で最も普遍的に見られる混乱は，それが「運動そのもののように見える」はずのものなのか，それとも運動の変化する割合のように見えるべきものなのかという点である．もしあなたが，大学の入門物理コースの学生に（図5.4に示されている問題のように）「どのグラフが，原点から一定の速度で遠ざかっている物体に相当しているか」という質問をしたうえで，正しい（一定値の）グラフを示し，彼らを惑わせるような誤答（直線的に増加するグラフ）を示さなかったら，その問題は，正答率は高いだろうが妥当性に欠ける問題である．これはとくに微妙な問題である．ソウル（Jeff Saul）は，もしも両方のグラフが含まれていて，正解のグラフが先に出てくるなら，約80％の学生が正解を選ぶということを発見した．しかし惑わせるような誤答（右上がりの直線）が先に出てくると，正答率はその半分にまで下がってしまった［Saul 1996］．

妥当性を獲得するために，われわれは物理だけではなく，学生が物理に対してどう考えるかについてしっかりと理解しなければならない．人間は状況に対してきわめて柔軟な反応を見せるので，われわれは扱いにくいほど広範囲の反応を覚悟しなくてはならないだろう．幸いなことに，テーマがそれなりに限定的に設定されていれば，比較的少数（2～10）の反応が，ある集団で見いだされる回答や推論の大部分を説明することが多数の調査結果からわかっている．このありそうな変動の範囲を理解することが，妥当な調査項目を作成していくうえできわめて本質的である．このために，調査を作り上げていく最初のステップは，学生の思考に関する文献を調べ，学生がその主題に関してどのように考えるのかを知るた

めに広範囲の定性的研究を実施することにある．

　あるトピックに関して学生の考え方がどのような範囲に広がっているかを理解したとしても，妥当性のある質問項目にするためには，学生がそれに対して予想通りの反応をしてくれなければならない．これは，調査を作成していく過程で最もフラストレーションを感じさせられるステップの一つである．この点を探るよい方法は，学生に調査テストを受けながら，「自分の考えていることを発話（think aloud）」してもらい，多くの学生についてその発言を観察することである．（たいていは中年の）テスト開発者と，（通常は若い成人の）被験者との間の，文化のずれや語彙の違いが劇的な驚きをもたらすことがある．われわれは以前に，この章の後半で議論される「メリーランド物理期待観調査（MPEX）」と名づけられた調査について，その妥当性検証のための面接調査を行い，講義の中で式の導出を行ったわれわれの意図を学生が理解しているかどうかを知ろうとしたことがある．狼狽させられたことに，微積分ベースの物理入門コースの学生のかなりの部分が，導出（derivation）という言葉をよく知らず，それが導関数（derivative）を意味すると考えていた[6]．一貫した妥当な反応を引き出すためには，質問項目の言い換えが必要であった．

信頼性

　信頼性という用語もその意味を注意深く考える必要がある．人間の行動について調査するときは，この用語が物理学でより標準的に用いられる「再現性」という言葉にとって代わる．通常，再現性という言葉は，もし他の科学者がわれわれの実験をくり返したとき，彼らは予測される統計的変動以内で同じ結果を得るであろうことを意味している．われわれが真に意味しているのは，もし（同じではないが）同等な材料を使い，最初の実験と（同じではないが）同等のやり方で新しい実験を準備すれば，同じ結果が得られるだろうということである．われわれは，同じ金属片を使って，何回も金属の変形可能性を測定できるとは期待していない．われわれは，ミューオンはみな同等であるという考え方に落ち着いている

---

[6] これはおそらく，1990年代に高校数学で起こった，「証明」を強く忌避する方向への不幸な方針変更の結果である．

ので，ミューオンの崩壊率の測定をくり返すということは，（崩壊したミューオンの）構成粒子から，先に測定したミューオンを組み立て直すことを意味しない．

一方，人間に関しては，われわれは，人は個人個人が異なり同等ではないという考え方になれている．もし，ある学生に，数日後に同じ調査をくり返しても，われわれはまったく同じ結果を得ることはないであろう．まず，1回目の調査を受けた結果として，「学生の状態」はいくぶんか変化してしまっている．また，認知的反応の文脈依存性という観点からは，その「文脈」がこの場合，——われわれがまったくコントロールできない——学生の頭の中で起こっていることすべてに依存している．2回の調査の間に起こったことや，個人的事情（例えば，他の科学のクラスの試験結果がひどかったので科学というものに嫌気がさしているとか，前の晩，ガールフレンドといい争って，そのことで頭がいっぱいになっているとか）が，学生の反応に影響をおよぼしている可能性がある．そして，ときには，学生が調査について考えたり調査を受けることから何かを学ぶことも実際にある．

幸いなことに，このような個人の反応の変動は，十分多くの学生がいるクラスでは平均化される傾向にある．個人個人の測定ではなくて，集団全体の測定を考えるときには，測定は再現可能な（信頼できる）ものになりうる．しかしながら，個別性の原理（第2章，原理4）により，学生集団は，さまざまな測定指標についてかなりの広がりを包含していることが，当然予想される．どんな調査もこれらの変数のほんの一部を測定しているだけである．測定結果にかなり大きな広がりがあり得るし，その広がりはデータの重要な一部となるのである[7]．

教育界では，信頼性をテストすることとは，異なった形で表現された同じ質問に対し，学生は同様な反応をすべきことを意味すると解釈されることがある．例えば，「同意する-しない」という質問項目を，肯定的および否定的な文章で提示することもあるだろう．後述するMPEXには，学生が物理の授業の中で日常世界における経験を使う必要性を感じているかどうかを測定するための次のような2種類の質問項目がある．

---

[7] 私にとって有用な比喩はスペクトル線である．多くの物理的状況において，中心の位置だけでなく，形状や幅が重要なデータとなる．

- 物理を理解するため，個人的な経験を思い出し，そのときの学習トピックと関連づけることがときどきある．
- 物理は現実世界と関係しており，この関係性について考えることが役に立つこともある．しかしそれは，私がこのコースでどうしてもしなければならないということはめったにない．

　これらの項目はお互い裏返しになるように作られているが同等ではない．「ときどきある」と「めったにない」という言葉の違いは，学生にとっての二つの文章の解釈の差異を拡大させ，どちらにも同意するといわせる可能性がある．とくに学生がどっちつかずの状況や過渡期の状態にある場合にはそれが起こりやすい．項目間の意味がこれよりも近い場合でさえ，学生は矛盾する見解を示すことがある．この場合，対応する項目に対する反応の"信頼性の欠如"はテストの中に存在するのではなく，学生の中に存在するのである．大部分の学生が一貫したメンタルモデルをすでに形成している話題だけに偏った調査にしないために，この種の"信頼できない"結果を示す質問を排除しないよう，注意しなければならない．

内容理解度に関する調査

　この節の残りの部分では，力学について最もよく用いられている調査の中から3種類について，詳しく議論する．それは力学概念調査（Force Concept Inventory：FCI），力と運動に関する概念調査（Force and Motion Conceptual Evaluation：FMCE）および力学基本テスト（Mechanics Baseline Test：MBT）の三つである．

力学概念調査 FCI

　現在われわれの手元にある調査の中で，最も注意深く研究され，最も広く使われているのは，アリゾナ州立大学のディビッド・ヘステネス（David Hestenes）と彼の共同研究者によって開発された，力学概念調査（FCI）である［Hestenes 1992a］．これは，ニュートン力学に関する学生の概念学習を調べるための，30項目からなる選択肢式の調査である．この調査は，力学における論点に焦点を絞っ

ており（いくつかの運動学に関する質問もあるが），容易に実施することができる．調査をやり終えるのに，学生は通常 15 分から 30 分程度かかる．

　概念理解度調査を作り上げるには，専門の科学者の視点から見た，物理そのものの基本的論点の理解とともに，学生に共通してみられる，彼らの経験をもとに自発的にもちこんでくる素朴概念や（概念理解の上の）混乱に関する理解が必要である．ヘステネスと彼の共同研究者たちが力学概念テストを作る際，彼らはまずニュートン力学の概念的な構成を注意深く考察した．しかし専門家の観点を理解するだけでは不十分である．テストは，学生が自らの観点から考えたときに，適切に反応するように設計されなければならない．誤答選択肢は惑わせるようなものでなければならない．すなわち，それらは，もし問題が自由記述式で提示され選択肢が与えられていない場合には，素朴概念をもつ多くの学生が答えると予想されるものでなくてはならない．

　ヘステネスと彼の共同研究者たちは，それまでの研究を踏まえたうえで，さらに，学生の本音としての答を求めて広範囲な研究を行った［Halloun 1985a］［Halloun 1985b］［Hestenes 1992a］．次に彼らは，学生に共通する素朴概念をリストにとりまとめ，学生がそのような素朴概念を心に抱えているかどうかを明らかにする問題を作ることにした．素朴概念のリストは FCI の論文［Hestenes 1992］にあげられている．素朴概念の多くは，運動の問題を解くときにプリミティブな推論をもとに形成されるファセット，すなわち，特定な局面にのみ通用する法則，と直接的に関係するものである（第 2 章参照）．

　そのうえで，ヘステネスと彼の共同研究者たちは，FCI を作成する際に，現実に近い状況設定と，物理の専門的な表現ではない，日常的な話し言葉を選んだ．それは，問題の文脈を，物理の授業の中で用いられるような言い方よりも，学生のそれぞれがもっている自然界がどうなっているかについての解釈に沿うように設定するためである．例えば図 2.6 の上半分や図 5.1 の問題がその例である．図 5.1 における選択肢（C）は，研究に基づいた誤答選択肢の一例である．物理教育研究の文献を学んでいない物理学者は，このような選択肢を使うことをまず絶対に考えないであろう．それは，可能な誤答選択肢についての「彼らのスクリーン」に映りもしないだろう．しかし，運動のすべての変化原因を物体から働く力に見いだすことに慣れていない学生の中には，実際にこの答を選択するものがいる[8]．

FCI はおそらく, 米国において今日最も広く使われている調査である. 1992年に発表されたこの調査は, 研究大学であるかないかを問わず, 大学の物理教育関係者のコミュニティに, 教育改革に関する多大な関心を引き起こした. このテストを見て, ほとんどの大学物理教員はやさしすぎると見なしたが, 学生たちがきわめて低い成績しかとれないのを見て, ショックを受けた[9]. 微積分ベースの物理の新入生クラスの典型的な正答率は40％から50％であり, 代数ベースの物理の新入生クラスの典型的な正答率は30％から45％である. 力学の1学期終了後の微積分ベースのクラスの学生の平均正答率は約60％に, 代数ベースのクラスの学生の平均正答率は50％に上昇する. これはささやかで, 失望させられる得点上昇である.

大形トラックと小型車が正面衝突した. 衝突時には
(A) トラックは, 小型車がトラックに及ぼすよりも大きな力を小型車に及ぼす.
(B) 小型車は, トラックが小型車に及ぼすよりも大きな力をトラックに及ぼす.
(C) どちらもおたがいに力を及ぼさない. 小型車は単にトラックの進路に入り込んだために激突した.
(D) トラックは小型車に力を及ぼしたが小型車はトラックに力を及ぼしていない.
(E) トラックは, 小型車がトラックに及ぼした力と同じ大きさの力を小型車に及ぼす.

図 5.1　力学概念調査 (FCI) の質問より [Hestenes 1992a]

インディアナ大学のリチャード・ヘイク (Richard Hake) は, 大学の授業で, FCIの事前-事後テストを実施した教員たちに, その結果をどのような授業をしたかの説明とともに送ってくれるよう要請した. 彼は60クラス以上の結果を集めた [Hake 1998]. 彼の集めた結果を図5.2に示すが, この図は興味深い一様性

---

[8] 高校で物理を勉強してきた大学生が (C) を選択する可能性はより少ない. 彼らは, 「能動要素 (運動する物体は力を内在する)」というプリミティブや「量が大きいと結果も大きい」といったプリミティブに基づくファセットを用いて (A) を選択することが多い.
[9] 第1章のマズールの話と比較してほしい. マズールは, 私と同様に, より以前のバージョンのヘステネスのテスト [Halloun 1985a] の影響を受けた.

を示している．FCI におけるクラスでの正答率の伸び（事後テストのクラス平均－事前テストのクラス平均）を事前テストの正答率に対してプロットしてみると，同種の授業形態のクラスのデータは（100,0）の点を通る同一の直線上におおむねのっている．伝統的な授業のクラスは水平軸に最も近い直線上にあり，改善が限定的であることを示している．二つの破線に挟まれた領域は「能動参加型(active engagement)」と自己申告されたクラスについてのデータである．ヘイクは，最も急勾配の直線付近に位置するクラスは，能動参加型の授業環境のもとで，物理教育研究に基づくテキストを使用していたと報告をしてきたと主張している．このことは（100,0）の点からデータポイントに引いた直線の負の傾き，すなわち

$$g = \frac{事後テストのクラス平均 - 事前テストのクラス平均}{100 - 事前テストのクラス平均}$$

が，授業の有効性の指標になりうることを示唆している．ここでクラス平均はパーセントで表されている．

　これが意味することは，指標 g の値が等しい二つのクラスは，<u>得点上昇の，その可能な最大上昇幅に対する比</u>——すなわちある種の教育効率（教育効果）——が等しいことを示している．ヘイクが示したこの結果は，以下で（規格化された）ゲインとよぶこの有効性指標 g が，既得学力が異なるグループ間での教育の成功度を比較する一つの方法になり得ることを示唆している．すなわち，例えば入学時の平均得点が 75％の難関大学のクラスと，35％の入試のない大学のクラスについての比較である．この推論は，物理教育研究のコミュニティでは広く受け入れられている[10]．

---

[10] この問題についての詳細で予備的な調査報告がアメリカ物理教員協会（AAPT）の大会で何回か報告されているが，決定的な論文はまだ発表されていない．

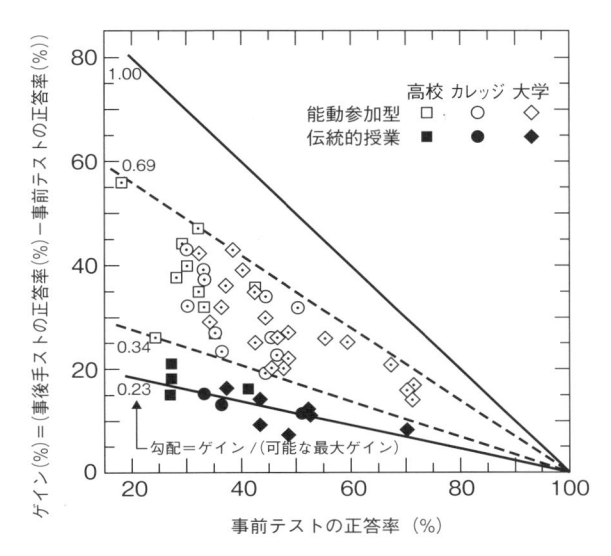

図 5.2 高校，カレッジ，大学の物理クラスで，異なった授業方法を採用した場合の，FCI の事前テストと事後テストのクラス平均の分布［Hake 1998］

　ヘイクのアプローチは，第一印象では価値あるものだが，いくつかの疑問も残っている．データを提供した人々は，彼らの授業の特徴を公正かつ正確に報告していたのだろうか？　よい結果を得た教員がデータを提出し，芳しくない結果を得た教員はデータを提出しないという形の選択が行われはしなかったか？　ジェフ・ソウルと私は入学難易度などが異なる多様な大学 7 校の 35 のクラスについて調査を行った［Redish 1997］［Saul 1997］．そこでは四つの異なるカリキュラムが実施されていた．すなわち，伝統的なカリキュラム，（「チュートリアル」あるいは「協同による問題演習」という改善方式を週あたり約 1 時間分だけ導入して）能動参加型に部分的に改善された二つのカリキュラム，および抜本的に改革された高度に能動参加型カリキュラム（「ワークショップ物理」）の開発初期での実施である[11]．われわれは，すべてのクラスで FCI の事前-事後調査を実施しその授業を直接観察した．FCI の実施結果は図 5.3 にまとめられている．
　これらの結果は，ヘイクの観察結果の正しさを裏づけており，g が全体的な（理

---

[11] これらの手法の詳細については第 8 章と 9 章を参照せよ．

解度)向上を測定する妥当な指標であることを支持している．この図の観察から，いくつかの興味深い推測が生まれる．

1. 伝統的な（あまりインタラクティブ（相互作用型）でない，講義に基づいた）環境では，講義者が何をするかが，クラスの概念獲得に大きな影響を与える可能性がある．

伝統的な授業に対応するピークはとても幅が広い．メリーランド大学で，ほぼ同じような環境にあると見なせるクラスを最も多数観察したが，ゲイン g のとくに大きいクラスは，講義中に学生を能動的に参加させる努力をしている，ベスト・ティーチャー賞をもらうような教授たちによって教えられていた．一方，最もゲインが低かったクラスは，定性的もしくは概念的な学習にはあまり興味を示さず，難しい問題の解法に焦点を合わせた教授たちによって教えられていた．（メリーランド大学における，より詳しい，平滑化されていない結果は図8.3を見よ．）

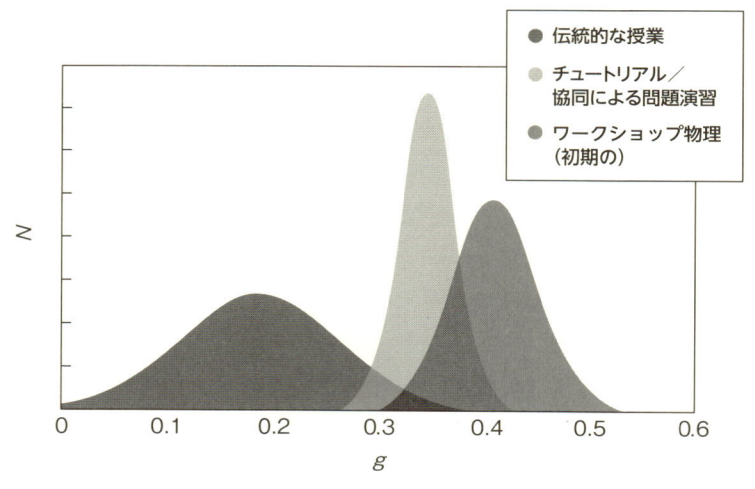

図 **5.3** 3種類のクラスにおける FCI ゲインの分布：伝統的な授業，(チュートリアル／協同による問題演習をとり入れて) ある程度能動参加型に改善された授業，および高度に能動参加型にされた授業（初期のワークショップ物理の導入）．ヒストグラムはグループごとにガウス分布にフィットさせ，その後正規化（規格化）されている [Saul 1997]．

2. ある程度能動参加型に改善されたクラス（週1時間だけ，少人数グループ学習に編成替えされた授業）では，FCI のゲインに関係する概念学習のほとんどは，この授業で獲得されていた．

このことは，ピークが狭く，それが，伝統的な講義についての分布のなかの優秀教員によって成し遂げられた結果よりも上位に位置していることから示唆される．

3．全面的な能動参加型授業では，実施の初期で方式として十分完成されていない開発段階においてさえも，明確によりよい FCI のゲインを得ることができる．

このことはワークショップ物理のクラスについての研究結果から示唆される．この論点に関するより詳細な議論（および方式を開発した機関におけるより完成度が高い形のワークショップ物理についての結果）に関しては，第9章を見よ．

FCI は，物理教員のコミュニティに，学生の学習に関する大きな意識向上をもたらしたが，限界もまた存在する．その限界には，機械採点方式の調査であることに起因するものに加えて，調査対象の論点を理解するために必要な予備知識である運動学の項目が欠けていることである．より広範囲にわたる調査として，力と運動の概念評価問題 FMCE がある．

力と運動に関する概念調査 FMCE

力と運動の概念調査 FMCE はロン・ソーントン（Ron Thornton）とデイビッド・ソコロフ（David Sokoloff）によって開発された［Thornton 1998］．この調査は，FCI によって強調された力学分野とともに，運動学を学ぶ際に学生が遭遇する困難，とくに言葉とグラフの間の表現の変換に伴う困難についても扱っている．この調査は FCI よりも長く，（ほとんどの）FCI の素直な選択肢問題よりもいくぶん困難な，47 の多選択肢・複数回答式の問題からできている．その結果，学生が FMCE の回答を完了するにはより長時間――30分から1時間かかる．

FMCE の問題の例を図 5.4 に示す．この問題は表面的にはひどくやさしいように見えるが，速度と加速度の概念の区別がしっかりと識別できるようになり，グラフへの対応づけスキル[12]をしっかりと発達させるまでは，正答を選ぶのにたいへんな困難を感じるものである（私がこの調査を実施するときには，グラフ（A）

---

[12]「グラフへの対応づけスキル」という言葉で私は，物理的な状況をいくつかの異なるグラフ表現に対応させる能力を意味している．

と（D）とを入れ替える．それは，等速度に対応するものとして，直線的に増加するグラフを選択する方向に何人の学生が誘いこまれるかをよりはっきりと探るためである）．

FMCEは，図5.4に示すように，ある特別な状況に関連づけられた複数の問題群の集合として構成されている．このため，学生を一つの問題群についてある特定の思考モードに固定する傾向があり，そのトピックについての学生の混乱の様相がどのような広がりをもっているかについての明確な描像が得られにくくなる可能性もある［Bao 1999］．

FMCEにおけるいくつかの項目の中には，学生の思考の枠を組み立てるためのものや，テストをまじめに受けない学生をチェックするもの（例えば項目33）を含んでいる．すべての学生はこれらの項目には正答することが期待されている．というのは，これらの項目は学生の多くがもっているファセットが正答に導く設問だからである．

ソーントンと彼の共同研究者たちは，FMCEの結果とFCIの結果の相関に関する広範囲な研究を行っている［Thornton 2003］．彼らは両者にきわめて強い相関（相関係数R=0.8）を認めているが，FMCEは低得点層にとっては厳しい調査となっている．FCIにおいては得点率25％以下の学生はほとんどいないが，FMCEにおいては得点率がほぼ0％の学生までいる．事前と事後のFCI対FMCEの分布図は図5.5に示されている（円の面積は，その点に対応する人数に比例している）．

問40～問43は，水平な線（距離軸の正部分）に沿って，左右に動くことができるおもちゃの車に関するものである．右向きを正とする．（このおもちゃの車はばねやモーターなどが何もついていない簡単なものだが車輪は軽く自由に回るものとする．）

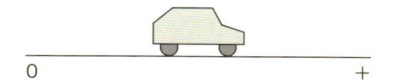

以下の各問について，下のAからGの選択肢から正しい速度－時間グラフを選びなさい．一つの選択肢を2度以上選んでもよいし，1度も選ばなく

てもよい．もし正しいものがないと思ったら，Jを選びなさい．

問 40　車が一定の速度で右向き（原点から遠ざかる向き）に動いていることを示す速度グラフはどれか？

問 41　車が進む向きを逆に変えることを示す速度グラフはどれか？

問 42　車が一定の速度で左向き（原点に近づく向き）に動いていることを示す速度グラフはどれか？

問 43　車が一定の割合で速さを増加していることを示す速度グラフはどれか？

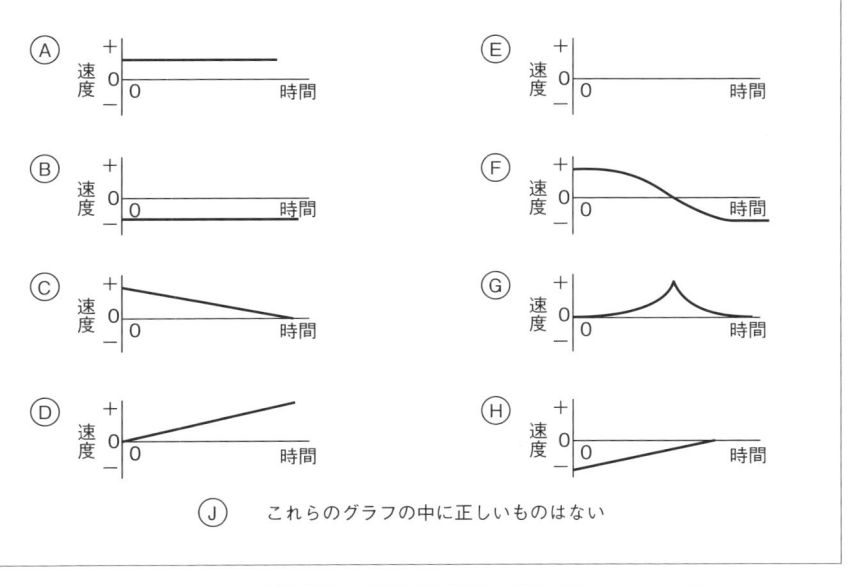

Ⓙ　これらのグラフの中に正しいものはない

図 5.4　FMCE の多選択肢・複数回答問題の項目［Thornton 1998］

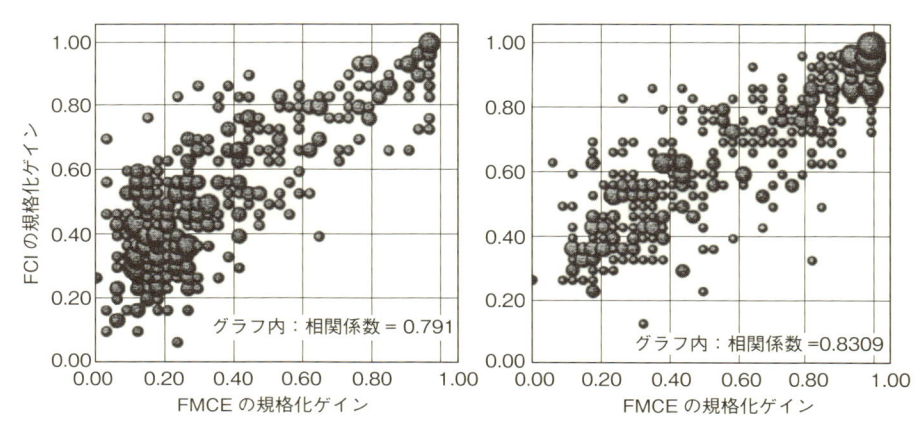

図 **5.5** FMCE 対 FCI の得点分布図：左が事前で右が事後．マークの大きさはその得点を取った学生の数を表す [Thornton 2003]．

力学基本テスト MBT

　FCI と FMCE はともに基本的概念理解および表現の変換（翻訳）に焦点を当てている．大学レベルにおける物理授業の目標には，通常，概念理解を問題解決に適用することが含まれている．ヘステネスと彼の共同研究者たちは，この両者を関係づける能力を測定するため，力学基本テスト（MBT）を作成した [Hestenes 1992b]．MBT の得点は FCI よりも低くなる傾向を示した．この調査は物理入門の授業用に設計されているが，デイビッド・ヘステネスが私に話してくれたことによれば，この調査を物理学専攻の大学院 1 年の古典力学クラスで実施したところ，成績とよい相関があったという．MBT の問題例を図 5.6 に示す．この問題で，学生はエネルギー保存がかかわっていることを認識しなければならない．それができない学生は，いろいろなファセットやその他の連想を活性化してしまう傾向にある．

学習姿勢に関する調査

　学習のプロセスと科学的な考え方の両方に関する授業の「隠れたカリキュラム」

10. 公園で女の子が滑り台を選んでいる．滑り降りたとき，最もスピードが出る滑り台を選びたいが，下に図示された滑り台の中のどれを選ぶとよいか．滑り台はなめらかで摩擦がないとする．

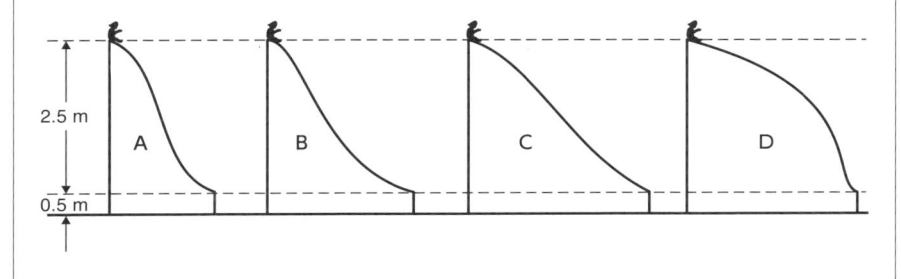

(A) A　(B) B　(C) C　(D) D
(E) 滑り台の形には関係ない．どれも同じスピードが出るから．

図 5.6　MBT の問題　[Hestenes 1992b]

について，学生たちに何らかの進歩があるかどうかを知りたければ，学生の学習への取り組み姿勢の状態を測定する方法を考え出さなければならない[13]．学習姿勢調査は，とりあえずの有効な情報が得られる一つの方法である．以下では，次の三つの学習姿勢に関する調査方法を議論する．すなわち，Maryland Physics Expectations Survey（MPEX），The Views about Science Survey（VASS）と Epistemological Beliefs Assessment for Physics Science Survey（EBAPS）である．

学習姿勢調査を使用する際には，その限界と注意点を知っておく必要がある．まず，学習への姿勢は，例えばたいていの思考過程のように，複雑で文脈依存性があるということである．しかも，それらは，知識内容についての指標よりもさらに幅広く揺らぐ可能性がある．クラスに出席してくる学生の学習への姿勢は，昨夜は勉強せずにパーティーに参加したことから，別の授業の教授が難しくて時間のかかる宿題を出していたかどうかというようなあらゆることがらに影響されて，日々変化する可能性がある．つぎに，学生が自分自身の学習姿勢がどのよう

---

[13] 隠れたカリキュラムについてのより詳しい議論は 3 章にある．

な状態にあるかを理解するには限界があるということである．学習姿勢調査は，学生が自分は何を考えていると考えているか，を測ることしかできない．学生が本当はどのように考えているかを知るには，彼らの実際の行動を観察しなければならない．

MPEX

われわれは，隠されたカリキュラムの観点から，学生たちにどんな変化が起きているのかを測定するために，メリーランド物理期待観調査（MPEX）を1990年代半ばに作成した [Redish 1998]．この調査は，科学の本質や科学的知識への信頼に関する彼らの哲学や信念というような学生の学習への姿勢一般についてではなく，彼らの「期待観」に焦点が当てられている．ここでいう期待観（expectations）が意味するものは，学生に「この授業で成功するためには，自分は何をしなければならないと予期するか」と自分自身に問いかけさせて得られる答である．私はこの目標が狭い範囲のものであることを強調しておく．すなわち「私の科学の授業すべて」や「学業全体」ではなくて「この授業」においてである．

MPEX は，「強く同意する」から「まったく同意しない」まで5段階で答える34の質問項目から成り立っている[14]．この MPEX は，各質問項目をどのように解釈し，なぜその回答を選んだのかということを学生から聞き出すために約100時間に及ぶインタビューを実施して，各質問の妥当性を検証している．さらに，回答のパリティ（同意する（A）／しない（D）のどちらが望ましいか）については，物理教育のエキスパートたちに MPEX を提示し，各質問項目に対して学生にどんな答を望んでいるかを聞き出すことによって検証している [Redish 1998]．望ましいとされるパリティの回答は<u>好ましい</u>回答として，望ましくないパリティの回答は<u>好ましくない</u>回答としてラベルをつけられる．

MPEX が注目する期待観を，表5.1の項目で説明する．好ましい回答（「同意する」はA,「同意しない」はD）は各質問項目の最後に示されている．ここに掲げた項目は，学生に，物理と日常経験との関係を二つの方向のそれぞれについ

---

[14] 教育の世界では，そのようなランクづけはリッカート尺度とよばれている．

表 5.1　MPEX の「現実性」クラスターの質問項目

＃10：物理法則は私が経験する現実世界とはほとんど関係ない．(D)
＃18：物理を理解するため，個人的な経験を思い出し，そのときの学習トピックと関連づけることがときどきある．(A)
＃22：物理は現実世界と関係しており，この関係性について考えることが役に立つこともある．しかしそれは，私がこのコースでどうしてもしなければならないということはめったにない．(D)
＃25：物理を学ぶことは，自分の日常生活の出来事を理解するうえで役立つ．(A)

て評価することを求めている．一つは物理授業から教室外の経験へ，もう一つは教室外の経験から物理授業へ，の向きである．さらに，どちらの向きも，好ましい回答が肯定的な場合と否定的な場合の二つの聞き方がなされている．より一般的な，「物理は現実世界で起こることと関係がある」という質問はほとんど全員が同意したので省略した．

MPEX の結果

われわれは MPEX の結果を，同意（A）／不同意（D）プロットによって分析した．（図 5.7 参照）このプロットでは「同意する」と「強く同意する」を同じ A（同意する）にまとめ，「同意しない」と「まったく同意しない」を同じ D（同意しない）にまとめた．そのため，結果は同意する，どちらともいえない，同意しない，の 3 段階である．分類をまとめたのは，ある学生の「強く同意する」と他の学生の「同意する」とを比較したり，一人の学生の中で「強く同意する」から「同意する」への変化の意味をくみとることは難しいであろうが，一方「同意する」と「同意しない」の差ははっきりしているし，一方から他方への変化は重要な意味をもつからである．好ましくない反応は横軸に，好ましい反応は縦軸にプロットされている．A＋D と N（「どちらともいえない」）の合計は 100％になるので，一つのクラスを表す点は，横軸（好ましくないの軸），縦軸（好ましいの軸），そしてどちらでもないが 0％（好ましい＋好ましくない＝100）に対応する直線，とで囲まれた三角形の中に存在する．専門家の反応は，三角形の縦軸よりの角に十字でプロットされている．

事前と事後の得点は，クラスターごとに A–D グラフ上にプロットすることが

できる．クラスターごとの事前・事後の得点を矢印で結ぶと便利である．三つの大規模な州立大学について，それぞれの総合データを図 5.7 に示す（[Redish 1998] のデータ）．

MPEX は，事前・事後調査として，合衆国の数千の学生に配布・回収された．その結果には驚くほどの整合性が見られた．

1. カレッジと大学の微積学ベース物理コースの学生は，受講開始時点で，平均して約 65％の MPEX 項目について好ましい回答を選ぶ．
2. 大規模講義クラスの 1 セメスター終了後，好ましい回答の割合は約 1.5 σ（標準偏差の 1.5 倍）減少する．この現象は，能動参加型学習を取り入れて，FCI のような調査で概念理解に明確な向上がみとめられたクラスにもあてはまる．

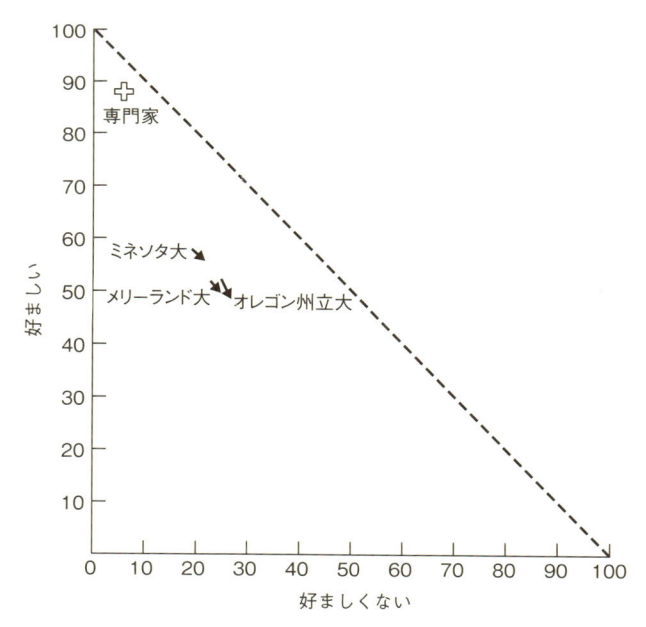

図 5.7　三つの大規模大学での微積分学ベースの 1 セメスター物理コースで，その最初と最後で実施した MPEX 結果の同意する／同意しない (A/D) のプロット図．どのクラスでも，伝統的な講義形式の授業に加えて，1 週間に 1 時間，少人数クラスに別れての能動参加型学習を行った．それぞれの点は 500 人程度の学生に対応する [Redish 1998]．

MPEX の分析

　MPEX の 34 の質問項目のうちの 21 項目は，第 3 章で述べられた三つのハマー変数のそれぞれに対応するクラスターとそれ以外の二つからなる，合計五つのクラスターに分類される．この五つの MPEX クラスターは表 5.2 に示されている．

　ただし，複数のクラスターに所属する質問項目もある．MPEX の変数は，相互に独立とは解釈できないからである．メリーランド大学での工学系入門物理の第一学期における MPEX の結果をクラスターごとに分けたものを図 5.8 に示す．この結果は 7 人の教員からの平均を取ったものであり，全部で 445 人（事前事後で一致するデータ）の結果を表している．概念クラスターで少しの向上があった以外は，他のすべてのクラスターで有意な低下があることがわかる．ただし，MPEX 項目の中にはどのクラスターにも含まれないものもある．

　「努力クラスター」（項目 3, 6, 7, 24 および 31）は，学生がクラスの中で実際には何をしているのかを教員が理解する手助けとして加えられている．例えば次のような項目である．

　#1：私は教科書を詳しく読み，そこにある多くの例題をやってみる．(A)
　#31：私は，宿題や試験問題の間違いを見直して，内容をより深く理解するための手がかりにする．(A)

　これらの項目に対する学生の回答は興味深いが，それらを全体の事前-事後分析には用いないことを推奨する．学生にはクラスが始まる前はこのようなことをしたいと思う強い傾向があるが，彼らは，クラスが終わってみると実際にはできなかったといっている．これらの項目を含めると，全体の結果を悪い方へ歪めるバイアスとなる．

　MPEX の項目 1, 5, 9, 11, 28, 30, 32, 33, 34 はクラスターに分類されていない．これらの項目は学生の（学習に対する姿勢の）高度化に大きく関係していることが学生へのインタビュー調査によりわかっているが，クラスターとはうまく対応していない．さらに，MPEX は技術者志望の学生に向けた微積分ベースの物理クラスのために設計されているので，これらの項目のうちのいくつかは他のタイプのクラスでは望ましい目標とはなりにくいであろう．

　次の二つの項目はとくに議論の的となりがちである．

表 5.2　MPEX 変数と個々の項目のクラスターへの分類

	好ましい姿勢	好ましくない姿勢	MPEX 項目
独立性	自らの理解を自分自身の意志で構築しようとする．	権威（教師や教科書）から与えられるものを無批判に受け入れる．	8, 13, 14, 17, 27
整合性	物理学は，自然を理解するための，たがいに関連づけられた，整合性のある体系として理解されなければならない，と信じている．	物理学は，たがいに無関係な事実やばらばらの事実の断片として扱えばよい，と信じている．	12, 15, 16, 21, 29
概念	背後に横たわっている考え方や概念を理解することが大切だと考えている．	解釈や意味を理解することなしに，公式の暗記や使い方に集中する．	4, 14, 19, 23, 26, 27
現実性	物理で学んだ考えは，現実の文脈のさまざまなことがらに関連し，かつ役立つと信じる	物理で学んだ考えは，教室の外におけるさまざまな経験とは無関係であると信じる	10, 18, 22, 25
数学との関連	数学は，物理現象を表現するのに便利であると考える	物理と数学は相互にあまり関係がなく独立であると考える．	2, 8, 15, 16, 17, 20

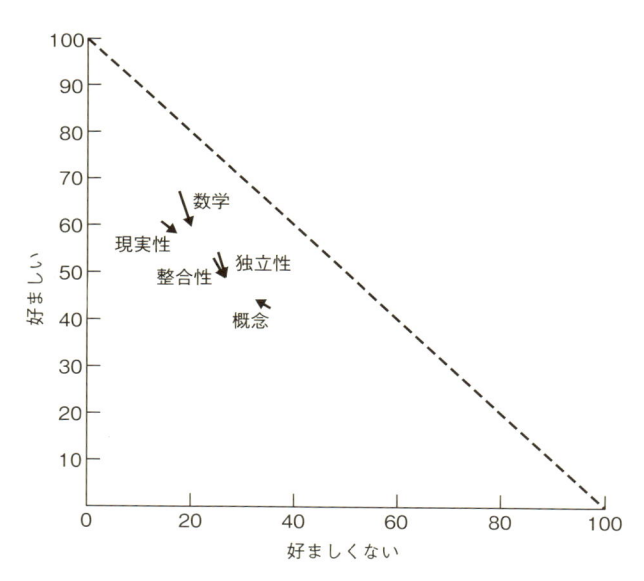

図 5.8　メリーランド大学の工学系物理の最初の学期における MPEX 各クラスターの事前–事後における変化（[Redish 1998] のデータより）

＃1：このコースにおける基本的な考え方を理解するために必要なことは，教科書を読み，ほとんどの問題を解き，そして／または，授業に集中することである．(D)

＃34：物理を学ぶには，授業および／または教科書から得られた知識を，しっかりと考え直し，再構築し，再編成することが必要である．(A)

サグレドはこれらに対して不満である．彼はいう，「＃1については，ここに書いてあるように学生がしてくれれば僕は満足だ．なんで君は，学生が不同意の方を選んでほしいと思っているんだい？ ＃34に関しては，僕のところの優秀な学生の中にはそんなことをする必要がない連中がいるよ．なぜ彼らが同意しなくてはならないんだ？」サグレド，君は正しいよ．これらの項目を調査項目に入れた上で，結果の分析では除外するとよいのではないだろうか．われわれは，インタビュー調査結果から，物理を深く学習している最も優秀な学生たちはこれらの項目にここに示した形の好ましい反応をすることがわかっているから，これらを入れている．たしかに，入門コースではこのような高度に知的なレベルまでは不必要かもしれない．だが，物理を深く理解するためには，このような姿勢が必要であるということを学生が理解できるようになってほしいと願うので，私はこれらの項目を残しておきたいと考えている．

MPEX結果の向上に向けて

事前・事後調査を実施したほとんどのコースでMPEX得点が下がったという事実には落胆させられるが，それは予想できなかったことではない．隠れたカリキュラムが隠されたままなら，学生がこのカリキュラムのさまざまな要素を学ばないのは，驚くべきことではない．もし，これらの要素について学生に向上してほしいのであれば，これらについての構造をよりあらわに提示して，彼らの学習を支援すべきである．

最近になって，直感力育成，物理の整合性および自分の物理的な考え方についての自己認識について明示的に指導することに焦点を合わせた授業によって，MPEXのすべてのカテゴリーで顕著な向上が見られた例が報告された［Elby 2001］．その結果は図5.9に示されている．

私は，自分の受けもっている多人数の講義クラスで，講義と宿題の両方におい

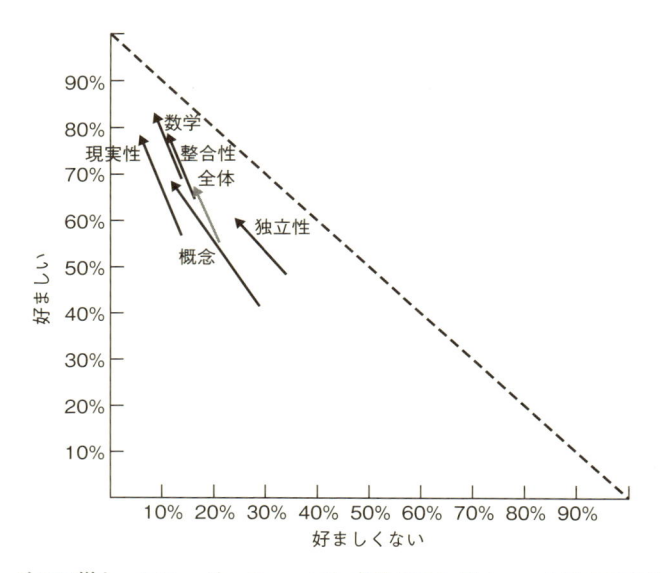

図 5.9 バージニア州トーマス・ジェファーソン高校のアンディ・エルビイの物理コースにおける MPEX 事前-事後調査の A/D プロット図．それぞれのクラスターにおいて，事前は矢印の始点で，事後は矢印の終点で示され，クラスターの名前は矢印の脇に示されている．全体の結果は灰色の矢印で示されている［Elby 2001］．

て，思考の過程の重要性をはっきりと示すことにより MPEX の結果を向上させることができた．1995 年に MPEX を開発してすぐ，自分の微積分ベースの授業で，物理と現実世界との関連性（reality link）を強調するために概算問題を出したり，思考の過程について話したり，講義の中で方程式の解釈を強調するなどの方法で，大きな向上をもたらすために努力を傾注した．結果は失望させられるものであった．「現実との関連性」の項目はそれでも悪化し，全体の結果も低下してしまった．熟考と努力の末，講義の中にこのような要素に学生の注意を向かせるための活動を導入し（第 8 章の，相互作用型演示実験講義に関する議論を参照），毎週の宿題を現実世界の状況に関連した問題を取り入れて拡充した．私は，用いる方程式の数を減らし，そのうえで残った少数の概念指向の方程式の導出およびその複合的な応用を強調した．（2000 年における代数ベースのクラスの）結果は，私が実現できた初めての MPEX の向上であった [15]．四つの興味深い項目の結果を表 5.3

---

[15] このクラスは，達成した FCI/FMCE 規格化ゲインも，同様に，いままでで最大値であった．

表5.3 ワシントン大学チュートリアルを使った微積分ベースのコースと，さらに明示的な自己分析手法を使った代数ベースのコースにおけるMPEXの4項目の事前-事後調査結果（F, U, Nは好ましい，好ましくない，どちらでもないを表す.）

			微積コース (1995)			代数コース (2000)		
			F	U	N	F	U	N
#4	"物理の問題を解く"ということは，問題に現象や方程式を当てはめ，答を得るために数値を代入することである.	事前	60%	21%	19%	66%	30%	4%
		事後	77%	13%	10%	91%	9%	0%
#13	このコースにおける私の成績はまず第1に，その問題にどれだけ慣れているかによって決まる．洞察力や創造性はあまり関係がない.	事前	54%	24%	22%	57%	40%	3%
		事後	49%	23%	28%	79%	19%	2%
#14	物理を学ぶということは，教室および／または教科書で与えられる法則，原理および式で明確に位置づけられている知識を獲得するということである.	事前	39%	28%	33%	36%	53%	11%
		事後	37%	24%	39%	64%	34%	2%
(#19)	物理の問題を解く上でもっとも重要なことは，どの式を使ったらよいかを見つけ出すことである.	事前	43%	32%	25%	45%	45%	10%
		事後	46%	26%	28%	72%	26%	2%

に示す．

MPEXは，隠れたカリキュラムの目標にとって有害である可能性のあるクラスを発見するための「炭鉱のカナリヤ」としての役割をもっている．最初の学期終了後，ほとんどの物理クラスで得点が悪化してしまうという事実は重要である．強力で注意深く考え抜かれた努力によってMPEXの結果の向上が得られるという事実は，適切に用いれば，MPEXの利用は教育上有益であるということを示唆している．

VASS

科学への姿勢を測定する二つ目の調査はイブラハム・ハロウン（Ibraham Halloun）およびデイビッド・ヘステネスによって開発された［Halloun 1996］．この「科学に対する見解の調査（VASS）」には，物理，化学，生物，数学のそれぞれに対応する四つの種類がある．物理の調査は30項目からなる．それぞれの

項目には二つの回答選択肢があり，図 5.10 に示すように各項目に 8 段階で答えるようになっている（選択肢 8 は滅多に選ばれない）．この調査には，私が期待観とよぶものを探る項目に加えて，科学に対する認識論的な観点での姿勢を調査する項目が含まれている．サンプル項目が図 5.11 に示されている．

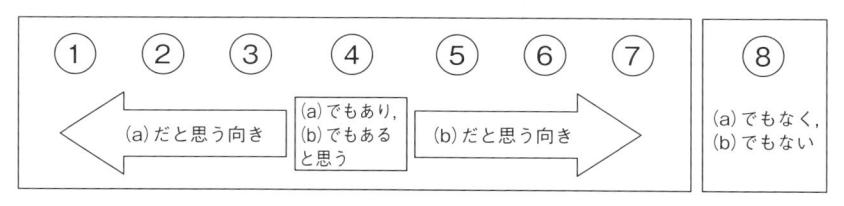

図 **5.10** VASS の 8 段階の回答 ［Halloun 1996］

VASS は，学生の特徴を六つの側面——すなわち三つの科学的な側面，および三つの認識論的な側面——について，調査することを目的として作られた．

VASS の科学的側面

1．科学的知識の構造：科学とは，直接知覚される事実の単なる集合ではなく，細心の注意を払ってなされた研究によって明らかにされた自然界の仕組についての，整合性のある知識の集合である（MPEX の「整合性」クラスターに相当）．

2．科学の方法論：科学の方法は，（個々の事象ごとに）特異的であるとか，状況に依存するものではなく，系統的かつ一般的なものである．問題解決のための数学的なモデリングは，がむしゃらに計算するための数式を選ぶということ以上の意味をもっている（MPEX における「数学との関連」クラスターを拡張）．

3．科学的成果のおおよその妥当性：科学的知識は，正確で，絶対的で，最終的であるというよりも，近似的で，仮説的で，反証可能性をもつものである（MPEX にはない）．

VASS の認識論的な側面

4．学習可能性：科学は，少数の才能のある人たちだけでなく，誰でも，そのために努力する意志があれば，学習可能なものである．学習の達成は，教師や教科書の影響よりも，本人の努力により多く依存する．

5. 省察的思考：科学を正しく理解するためには，ただ単に事実を集めるよりも原理について集中的に考え，物事をいろいろな角度から眺め，自分自身の考えを分析し洗練したりする必要がある．
6. 人との関係：科学はすべての人々の日常生活と関連がある．科学は科学者だけの関心事ではない（部分的に MPEX の「現実性」クラスターに関連する）．

　VASS では，物理の教員や教授に記入してもらった回答をもとに，回答の好ましい方向を定めた．教員たちによる回答は，ほとんどの項目において片側に強く偏在していた．

物理法則は：
(a) 自然界のものごとの性質として備わっているものであり，人間がどのように考えるかとは無関係である．
(b) 自然界に関する物理学者の知識を体系づけるために，彼らによって作り上げられたものである．

図 5.11　VASS の質問項目の例［Halloun 1996］

　教員の回答と一致する回答を「専門家の見方」とよび，その反対の回答は「一般人の見方」とよぶ．ハロウンとヘステネスは，回答が専門家の回答とどの程度一致しているかによって，学生を四つのカテゴリーに分けた．（表 5.4 を見よ）

　ハロウンとヘステネスは，39 校の高校生 1500 人以上に，最初の授業で VASS を実施した（39 校のうち，30 校は能動参加型というよりはむしろ伝統的な授業を行っていた）．調査の結果，10% が専門家タイプ，25% が専門家にかなり近いタイプ，35% がやや専門家的タイプ，30% が一般人タイプに分類されることがわかった．大学の入門物理履修生に対する調査でも同様な結果が得られた．高校生では，図 5.12 に示すごとく，VASS の傾向と FCI の成績との間には強い相関がある．

表 5.4　VASS の回答によるクラス分け [Halloun 1996]

プロフィール	30 項目のうち一致項目数
専門家（Expert）	専門家の見方と 19 項目以上一致
専門家にかなり近い（High Transitional）	専門家の見方と 15-18 項目で一致
やや専門家的（Low Transitional）	専門家の見方と 11-14 項目で一致し，一般人の見方と同等またはそれ以下の数で一致
一般人（Folk）	専門家の見方と 11-14 項目で一致するが，一般人の見方とそれ以上の項目で一致するか，もしくは専門家の見方と 10 項目以下でしか一致しない

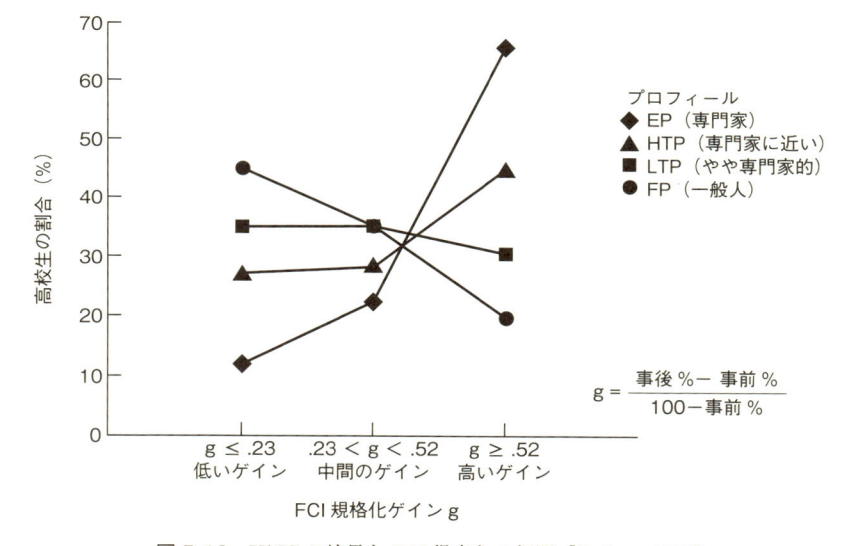

図 5.12　VASS の結果と FCI 得点との相関 [Halloun 1996]

$$g = \frac{事後\% - 事前\%}{100 - 事前\%}$$

EBAPS

　MPEX と VASS には，学生たちがいかに機能しているかではなく，学生たちが自分はどう考えていると考えているかを検知しているにすぎないという問題点がある．さらに，多くの質問項目は，「教師が望む答」がかなりはっきりしていて，学生は，たとえそう思ってはいなくても教師が望む答を選んでしまうという問題点がある．物理科学に対する認識論的な信念に関する調査（EBAPS）において，

エルビイ，フレデリクセン，およびホワイトは，リッカート尺度や多肢選択，「ディベート」項目などのさまざまな形式をとり混ぜたものを提示することにより，こういった問題を克服しようとしている．EBAPSの多くの項目は，学生たちがどう考えるかよりも，どう行動するかをたずねるような文脈依存型の質問を用いている．そのなかでディベート項目はとくに興味深い．以下はその一例である．

#26
　ジャスティン：私はテストにむけて科学的概念を学習するとき，それが納得できるように自分の言葉でおき換えてみます．
　デイブ：自分自身の言葉でおき換えたって，学習の助けになんかならないよ．教科書は科学を本当によくわかっている人が書いたんだ．君は教科書が提示する形で学習すべきだ．
　(a) 私はジャスティンの考えにまったく同意する．
　(b) 私はジャスティンの考えに近いが，デイブの意見にも少し同意する．
　(c) 私はジャスティンにもデイブにもほぼ同じくらい同意する（同意しない）．
　(d) 私はデイブの考えに近いが，ジャスティンの意見にも少し同意する．
　(e) 私はデイブの考えにまったく同意する．

EBAPSは17題の5段階の「同意する-同意しない」を問う項目，6題の選択肢項目，7題のディベート項目の合計30題で構成されている．EBAPSの結果は以下に示すような五つの観点に沿って分析される．

　観点1＝知識の構成
　観点2＝学習の性格
　観点3＝現実生活への適用可能性
　観点4＝知識の発展性
　観点5＝学習能力の要因

第6章　教育指導への示唆：
　　　　いくつかの効果的な教授法

> 理論的には，
> 理論と実践の間に違いはない．
> しかし実践的には，違いがある．
> ジャン L．A．バンデスネップシュート
> [Fripp 2000] における引用

　前章までに述べてきた，学びの一般的な特性や，学生に身につけさせようとしている一般的なスキルについての知見は，効果的な教育環境を構築するための重大な示唆を含んでいる．サグレドはかつて私にいった．「わかった．君は人がいかに学習するかについて多くのことを説明してくれたし，物理の個別の内容について学生が遭遇する具体的な困難についての事例を多数見せてくれた．それでは，来学期の私の物理のクラスを教える最良の方法を聞かせてくれ．」

　サグレドよ，残念だが，ことはそれほど単純ではないのだ．第一に，私が2章で指摘したように，すべての学生に対して効果を発揮する単一のアプローチなどはないということだ．個人個人の違いとそのクラスを構成する集団の特徴の両方を考慮しなければならないのだ．第二に，過去20年の間に物理の学習の理解において大きな進歩があったことは確かだが，それにも関わらず，私たちは教授法についての処方箋を書けるレベルからは程遠い．私たちにできるのは，何が有効かを考えるためのいくつかの指針と枠組を与えることだけだ．第三に，教師（または学科）が行う教育に関する決定は，彼らがある特定の授業科目で達成したい特定の目標に非常に強く左右される．伝統的に，これらの目標は，深いところにある構造よりも，表面的な要因に支配されてきた．——学生の学習や理解について配慮するよりも，対象としている集団の長期的な必要性に，おそらくは，合致するであろう特定の内容が選ばれてきた．ここまでに述べてきた教育研究を踏ま

えれば，私たちのコミュニティの議論を，さまざまな学生たちがある特定の物理の授業から何を学びうるかという議論に発展させることができる．このような議論は近年になって始まったばかりで，しかもこのような文脈によってしか，具体的で最適化されたカリキュラムは開発できない．私たちの目標は，よい教え方を，ほんの一握りの教員だけがなしうる「技」から，多くの教員が学べる「科学」に変えることであるが，その実現にはまだ遠く及ばない．

　大学レベルの物理の伝統的なアプローチは，学生との相互作用に乏しい講義と，章末問題についての演習と，料理レシピ本をたどるような実験室活動からなっている．強力な数学力や実験技術をもっている積極的で自主性に富んだ学習者は，この環境でも（ほとんどどんな教育環境でも）成長していくが，そのような学生はほんの一部にすぎない．実は，いまの若い人たちには，「ある年代の」物理学者と彼らの教師たちが共通してもっている，機器を自らの手で取り扱う（hands-on）経験がほとんどないため，このタイプの学生は減少しているように思われる．現在の積極的で自主性に富む学習者は，鉱石ラジオを組み立てたり，親の車のエンジンを解体修理したり，またはユークリッドの「原論」に感激したりするよりも，自分のコンピュータ・ゲームを創るようなことをしてきた可能性が高い．

　現在では，私たちは，学生がどこで，なぜ，困難に陥るか知っているだけでなく，物理教育者のコミュニティとして，特定の目標を達成するうえでの効果が証明された多くの学習環境を開発している．物理スイートは，このような環境を数多く組み合わせ，統合している．この章では，注意深い研究に連携して開発されてきた，物理スイートの構成要素と，それらの要素と組み合わせて十分に機能する他の教材の両方を含んだ，革新的なカリキュラム要素について概観する．

　しかし，特定のカリキュラムについて議論する前に，「研究に基づくカリキュラム」という表現で私が何を意味しているかについて簡単に議論し，これらのカリキュラム開発が対象として想定している集団について記述し，開発に際して目指した特定の目標のいくつかについて検討しておきたい．この前置きのあと，物理スイートのカリキュラム教材と，別途開発された物理スイートに適合する2，3の教材を一覧する．その後に続く三つの章で，これらの教材について詳しく議論する．

研究に基づくカリキュラム

　ここ数年にわたって米国で開発されてきたカリキュラムのほとんどは，少なくとも部分的には，2章で記述したモデルに類似した学生の思考と学習のモデル[1]に基づいており，私が「研究-再開発の車輪（research-redesign wheel）」とよぶカリキュラム開発のサイクルモデルを使って発展してきた．このサイクル過程では，図6.1に模式的に示したように，学生の理解についての研究によって，現在の教育の問題点が明らかにされる．その研究結果を新しいカリキュラムと授業法の設計に反映させることによって，指導方法の改善につなげることができる．さらなる研究と評価が，その指導方法の有効性についての情報をもたらし，そこから，まだ残っている問題点が明らかになる．この過程をつぎつぎとくり返すことによって，らせんを登るように継続していく教育改善がもたらされる．

　研究場面で観察したことを理解するためには，何に注目すべきかを見極め，そして見いだしたことの解釈を可能にするための，研究対象であるシステムについてのモデルないし理論が必要である．一方，実践を通じた観察結果は，理論的なモデルをより精巧なものにしたり修正したりすることを私たちに迫ることがある．そこで，私は車輪に車軸を描き加える――それは，車輪の回転の中心点の役割をする，認識と学習のモデルである．

　このモデルが内包している研究と評価の要素は，個々の教員が単に自分の担当範囲の要望を満たすために行う教育改善ではふつうは得られないような，カリキュラムの累積的な改善につながる．メリーランド大学で教授をつとめてきたこの30年間に，非常に知的で，教育の職務に打ちこみ，実験室での学生の学習の不十分さを気にかけていた私の同僚たちが，教員養成コースから工学系コース，さらには物理専攻の学生集団のために，実験課題を修正したり，再設計するのを見てきた．おのおのの教員は，効果がないと気づいたものは変更し，改善であると自分が考えることを実施する．しかし，変更の目的が共有されておらず，変更の効果が文書として記録されず，そして，教育指導の文化では，何がよい教育な

---

[1] 思考と学習のモデルへの依存性があまり明瞭ではないケースもある．

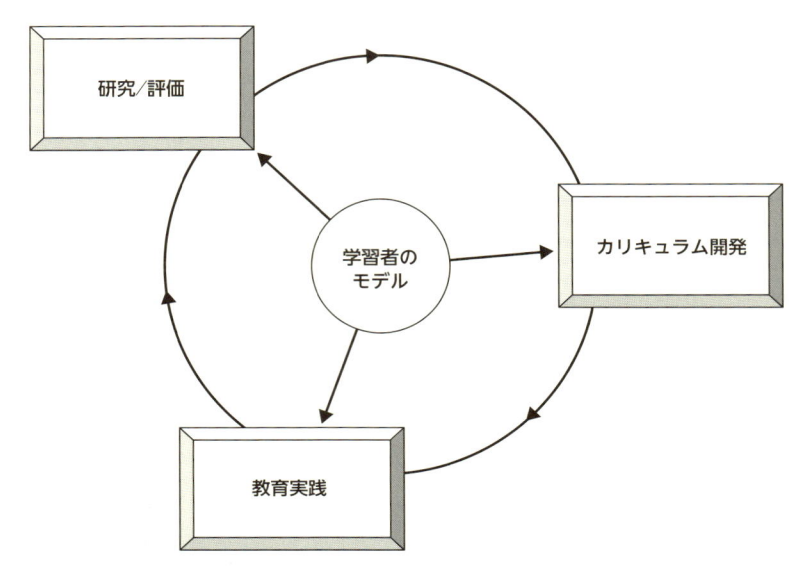

図 6.1 研究-再開発の車輪—カリキュラム改革における研究の役割

のかという個々の教員の見方に任せる傾向があるため，次の教員はそれまでの変更を元に戻して，新たな変更を行うのが通例である．カリキュラムは累積的な改善ではなく，酔っ払いのようなフラつき歩き（酔歩）をすることになる[2]．教育改善のサイクルへ研究・評価の要素を追加することと，学生と学習過程に関する私たちの理論的な理解の成果を導入することによって，個々の教員が単独で開発するものよりも格段に効果的なカリキュラムを生み出すことが可能になる．

さまざまな教室のモデル

米国における物理教育のほとんどは，次の 2 種類の環境のうちのどちらかで行われている．伝統的な教員中心の構造と，学習者が能動的に関わる学生中心の構造である．

---

[2] 長期的にはある程度向上することが期待できるだろうが，その向上は経過時間の平方根に比例する大きさでしかない！

伝統的な教員中心の環境

　クラス規模が大きい（学生数 $N > 50$）場合には，すべての学生が顔を合わせる授業が，ふつう，1週あたり3時間ある．週に2ないし3時間の実験が授業に付随して実施されることがしばしばあるが，内容は講義とは連携していない．（例えば大学院生のティーチング・アシスタント（TA）などの）十分な数のスタッフがいれば，週に1ないし2時間の演習が実施されることもある——それはクラスを少人数（< 30）のグループに分けて行われる．この入門物理コースの伝統的なモデルには，いくつかの特色がある．米国で実施されている事例には，以下のような共通の特徴がある．

- 授業の内容項目を重視している．
- もし実験があっても，それは2〜3時間であり，料理のレシピ本的な性格をもっている．つまり，学生は，あらかじめ指定されたステップを踏んで実験を進めることで，授業で教えられたり本で読んだことが真実であることを実証する．
- 授業中には，教員は能動的だが，学生たちは（少なくとも講義中は，そしてときには演習の間も）受動的である．
- 教員は学生たちが，授業以外のところで，教科書を読んだり，問題を解いたりなどして，自分自身で，能動的な学習活動を行うことを期待している．しかし，学生のこれらの活動を支援するためのフィードバックやガイダンスは，ほんのわずかしか，もしくはまったく，行われない．

　ほとんどの学生にとって，コースの焦点は講義である．この特質は，教室の構造の中に明確に見られる．典型的な講義室が図6.2に示されている．すべての学生が講師——すべての注意の焦点——の方を向いている．教員には，自分だけが話しをして，学生が質問したりコメントしたりするのを歓迎しない（あるいは抑制さえする）傾向がある．

能動参加型の学生中心の環境

　能動参加型の授業は，いくぶん異なった特徴をもつ．

180　第6章　教育指導への示唆：いくつかの効果的な教授法

図 **6.2**　典型的な講義室．講師がきわめて優れている場合にも，活動の焦点は学生ではなく，講師におかれがちである．（ジム・ゲーツ（Jim Gates）が評判の高い彼の弦理論についての公開授業で講演している．）

- このようなコースは「学生中心」である．授業で学生が実際に何をするかがこのコースの焦点にある．
- このモデルにおける実験は「誘導発見（guided discovery）」型である．つまり，学生は現象を観察するように誘導され，観察を通じて基本的な考え方を自ら形成する．
- このコースでは推論（理由づけ）の仕方についての明示的なトレーニングが行われることもある．
- 学生は授業中，知的に能動的であることが期待されている．

　能動参加型の授業は，——伝統的な講義と組み合わせた小クラスでの演習または実験として——大規模コースの一部として行われることもある．小クラスは，例えば，図 6.3 のような構造をもつ．学生の注意は彼ら自身の作業と，グループ内の他の学生とのやりとりに焦点が当てられている．「ファシリテータ（facilitator）[3]」は学生が作業している間，教室を歩き回り，学生の進捗状況をチェックし，誘導

的な質問をする．ファシリテータの数は1人またはそれ以上で，教員，大学院生のアシスタント，学部学生でそのコースをすでに履修しているもの，あるいは，教育経験を得たいと考えているボランティアなどがつとめることがある．

図 6.3　能動参加型授業での教室配置［Steinberg 2001］

　私はこのような教室配置を能動参加型教室とよぶことにしている．もちろん，部屋の構造は，その部屋で何が起こるかを保証するものではない．教員はこのような教室の中で，きわめて効果的な発見型実験の授業を行うことができるが，頭を使わない料理レシピ本的な実験授業をしてしまうことも容易にありうる．しかし，部屋の構造はそこでできることに制約を与える．教員は大きな講堂では実施がきわめて難しいタイプの授業を，このような教室であれば実現できる．

　能動参加型教室の具体的なタイプの一つが，「ワークショップ」または「スタジオ」の教室である．この環境では，講義と実験そして演習が一つの教室の中で組み合わせて行われる．ワークショップ授業では，授業時間のほとんどは，学生がなんらかの実験機器を用いて能動的に物理を探究する活動にあてられる．実験機器としては，質の高いデータ収集を可能にして，コンピュータによるモデリングのツールを提供するために，コンピュータもしばしば用いられる．教師から学生への講義に使われるのは時間のほんの一部である．ワークショップ教室の一例は，ディキンソン・カレッジ（Dickinson College）でプリシラ・ロウズ（Priscilla

---

[3]（訳注）　ファシリテータは思考や議論を妥当な方向に導くための整理を行うアシスタント．

Laws）と彼女の協力者たちがワークショップ物理のために開発した興味深いレイアウトである（図6.4参照）．学生たちは，パソコンが2台設置されたテーブルで，パソコン1台あたり2人の学生が共同で作業する．テーブルは隣接するペアが容易に協力し合えるような形状をしている．部屋は，中心にグループ間のやりとりができるスペースを空けてセットアップされており，そこでデモ実験をしたり，教師が立ってそれぞれのコンピュータ画面に何が映っているかを簡単に見渡せるようになっている．この配置は，教員が，困難に遭遇している学生や課題に取り組んでいない学生を識別するのにおおいに役立つ．教室の一隅には，スクリーンと黒板を備えたテーブルがあり，教員が問題の解法の見本を見せたり，式の導出を示したり，シミュレーションやビデオを表示するのに用いられる．ワークショップ物理のために開発された教材は物理スイートの一部であり，9章で詳しく議論する．

図 **6.4** 典型的なワークショップないしスタジオ教室のレイアウト（ディキンソン・カレッジのケリイ・ブラウン提供）

そのほかのワークショップ型の授業の教室設備としては，スタジオ物理のためにレンセラー工科大学で開発されたものや，スケールアップ（SCALE-UP）プロジェクトのためにノースカロライナ州立大学で開発されたものなどがある．スケールアップ・プロジェクトは，物理スイートの教材の採用とその適合の事例研究として 10 章で議論する．

　能動参加型という特長だけでは，学生の学習において顕著な向上をもたらすには十分ではないことを示す根拠がある［Cummings 1999］．伝統的な教材を能動参加型の学習環境で用いても，伝統的な学習環境に比べて優れた概念理解が必ずしも得られないのだ．学生が自分の経験やそれまでに教わったことから授業にもちこんでくる知識や信念に対して，明確に注意を向けることが必要と思われる．

対象とする学生集団：微積分ベースの入門物理

　これを執筆している時点では，研究に基づくカリキュラム開発は，入門的な微積分ベースの（"大学"レベル）物理コース向けと，小学校教員志望者が受講するコース向けのものが最も進んでいる．物理スイートは主として前者を対象としている（ただし，「探究による物理」と「物理の探求」は明確に後者を対象としている）．

微積分ベースの入門物理を受講する学生の特徴

　微積分ベース（大学レベル）と代数ベース（カレッジ[4]レベル）の入門物理コースは，たいていの物理学科が現在最も広範に提供している一般教育としての物理授業[5]である．現在のところ，開発されたほとんどのカリキュラム用教材は微積分をベースとするコースを念頭において創られてきた．このコースの学生たちは，他の学生たちと異なる多くの特徴をもっている．

---

[4]（訳注）　米国での大学（university）とカレッジ（college）の呼び分けは必ずしも明確でないが，前者は大学院学位も授与する大学，後者は大学院がない，あるいは短大などの，教育・訓練志向の大学を指すことが多い．
[5]　将来拡大する可能性のある興味深い反例がいくつかある．その一例は，バージニア大学における科学系以外の学生を対象としたルウ・ブルームフィールド（Lou Bloomfield）の「物の仕組（How Things Work）」という同名の教科書［Bloomfield 2001］を使った講義である．本書の執筆段階では，この授業を受けた学生の学習と理解の結果についての研究報告はまだ出ていない．

- 彼らはたいてい数学ではある程度高度の知識をもっている.
- ほぼ全員が高校で物理を履修しており,よい成績をおさめてきた.
- ほぼ全員が物理は彼らのキャリアにとって重要であると考えている.
- 彼らはほとんどの場合,科学者か技術者を目指している.

隠れたカリキュラムと問題解決

　自分のコースについて議論するとき,われわれは,通常,そのコースを学習内容で特定する.しかし,もし学生がそのコースで習得するのがそのような学習内容だけだとすると,彼らがそれを使いこなす能力は限定的なものにとどまる可能性が高い.彼らは,専門用語を身につけ,いくつかの公式を以前に見たことがあると認識し,おそらく代数のスキルはいくぶん向上することになるだろう.しかし,それだけでは,競合する他の科目が多数ある工学系のカリキュラムの現在の状況で,物理コースの履修生を確保し続けるのに十分な説得力はないし,学生に渡し伝えるべき強力で価値のあるスキルや学習姿勢の表面をなでることにさえならない.学生が物理コースの履修を通じて（たいていは暗黙のうちに）身につけてほしいとわれわれが期待しているそのようなスキルや姿勢を,私は「隠れたカリキュラム」とよんでいる.私たちは3章で,隠れたカリキュラムについての議論を始めた.ここでは,着実な問題解決スキルを育成するうえで重要と思われる要素のいくつかについて,これ以前の数章で展開してきた学生の学習についての理解に基づいて,詳しく説明しよう.

　問題解決に関する研究から,熟達者は,どの物理を使うべきかを,関係する概念の十分な理解をもとにして決めることが明らかにされている.それに対して初心者は,あてはまる公式を探す.熟達者は,どの物理原理に最も関わりが深いかによって問題を分類する.エネルギーで解析するか,力で解析するかというように.初心者はそれらを外見上の構造や表面的な連想（例えば,それは斜面の問題だなど）で分類し,過去に解いたことのある特定の問題の中から斜面が出てくるものを思い出す［Chi 1981］.私たちは,物理の熟達者が用いている問題解決の要素を学生たちに学んでほしいと切に願っている.

- 問題に対してどの物理が有用かを見つける能力

- 複雑な問題を分解し，解くスキル
- 解いた結果を評価し，それが納得できるものであるかどうかを判断する能力

　これらすべての目標を達成するために，学生はその問題が「何を問うている」のかを理解できる必要がある．このようなメンタルモデルを育成するために概念——物理で用いられる専門用語や記号の物理的意味——の理解が不可欠である（必要であるが，ただしそれだけでは十分ではない）．1章で記述したように，手順の決まった（アルゴリズム的な）問題の解決でよい成績を挙げることは基本的な概念の十分な理解とあまり相関がないことが示されている［Mazur 1997］［McDermott 1999］．この観察結果は，2および3章で記述した認知構造とよく整合する．

能動参加型で学生中心のカリキュラム例

　教室の構造的（および時間的[6]）構成は，学生に何が起こるかを支配する制御因子のほんの一部にすぎない．そのほかに認知的な構成があり，それはカリキュラム教材と，教員がそれをどう用いるかによって決定される．物理スイートを構成するカリキュラムと，私が選んで追加したそのほかのカリキュラムは整合しており，この本の前半で議論した教育原理に基づいていて，学生たちに「（学習のために）しなければならないことを実際にさせる」ことを目指している．それらのほとんどは，学生の概念理解およびそれらの概念を複雑な問題解決に適用する能力を向上させるという目標に焦点を当てている．

　開発された教育指導のモデルは，伝統的な授業構造の一つまたはそれ以上の要素を能動参加型の活動におき換えている．「講義ベース」のモデルは，伝統的な講義方式をその中に学生との相互作用を明確に取りこむ形に修正している．「実験ベース」のモデルは，伝統的な実験を，発見型の実験におき換えている．「演習ベース」のモデルは，教師が1時間にわたって模範解答を説明して問題解決の手本を示す伝統的な演習を，学生がグループで協同して，ワークシートに誘導さ

---

[6]（訳注）　授業内容の時間的な配列．

れて推論や問題解決に取り組む構造に置き換えている．そこでは，定性的な誘導発見型の実験を行うこともある．最後に，いくつかのモデルは伝統的な構造を超越しており，一つのクラスで講義，実験そして演習の要素を兼ね備えた（たいていは誘導発見型の実験が大部分を占める）環境を形成している．私はこれを「ワークショップモデル」とよぶ．

以下に掲げるのは，次の数章で私が議論するモデルである．物理スイートの一部として系統的に整備されてきた教材は太字で表してある．

講義ベースのモデル（第7章）
 ・伝統的な講義
 ・ピア・インストラクションとコンセプテスト（Peer Instruction/Concep Tests）
 ・相互作用型演示実験講義（**Interactive Lecture Demonstrations**）
 ・ジャスト・イン・タイム教授法（Just-in Time Teaching）

演習ベースのモデル（第8章）
 ・伝統的な演習
 ・入門物理におけるチュートリアル（**Tutorials in Introductory Physics**）
 ・ABPチュートリアル（**ABP Tutorials**）
 ・協同による問題演習（Cooperative Problem Solving）

実験ベースのモデル（第8章）
 ・伝統的な学生実験
 ・リアルタイム物理[7]（**RealTime Physics**）

ワークショップモデル（第9章）
 ・探究による物理（**Physics by Inquiry**）
 ・ワークショップ物理（**Workshop Physics**）
 ・物理の探求（**Explorations in Physics**）（この本では議論しない）

---

[7] リアルタイム物理と理念の点では似ているが少し低めのレベルの実験カリキュラムである科学的思考のツール（*Tools for Scientific Thinking*）も物理スイートの一部であるが，この本では議論しない．

次の3章では，各々のモデルの議論は四角の枠に囲まれた要約から始めることにする．おのおのの要約では以下の要素について簡潔に記述してある．

- その指導法が実行される**学習環境**（講義，実験，演習，またはワークショップ）
- その指導法を実行するために必要な**スタッフ**
- その指導法の，開発およびテストが対象とした**学生のタイプ**と，適切に拡張すれば適用しうる**学生のタイプ**
- その指導法を実施するためにコンピュータは必要か，必要ならば何台か
- 必要と思われる**その他の機器**
- その指導法を準備し，実施するために投入すべき**時間**
- 利用可能な**教材とサポート**

教授法自体の記述の中で，私は簡潔に方法を議論し，具体的な例をいくつか検討し，もしその方法の有効性に関するデータがあれば，サンプルデータをいくつか示す．もし，その方法について私自身の経験があれば，それを議論する．

第7章　講義を基本とする方法

> ある天文学者が講義室で講義してたいへんな喝采を浴びているのを
> 座って聞いていた私は
> なぜかわからないが急に疲れを感じて気分が悪くなり
> 立ち上がると滑るように部屋の外にさまよい出て
> 神秘的な湿った夜の空気に浸り，ときどき
> 完全な静けさの中で星々を見上げたものだ．
> ──ウォルト・ホイットマン

　米国における入門物理の大部分の授業は，伝統的な講義形式で行われている．（物理教育）研究の結果（例えば［Thornton 1990］）から，講義形式による授業は，たとえ優れた講義者が行ったとしても，学んでいる物理を学生に理解させることにあまり成功していないことが明らかになった．たしかにすばらしい授業は学生にやる気を起こさせるが，第3章で述べたように，講義者の多くは，引き出したその意欲を着実な学習に転換する手立てを知らない．

　多数の学生が受講する伝統的な授業であっても，講義中に学生をもっと積極的に学習に関わらせるためにできることがいくつかある．ただし，残念ながら，サグレドと私が講義中に試みたいくつかの「定石的な」方法は，あまり効果がないようだった．それらは，例えば，本気で答えを求めていない形式的な質問をすることや，教員が話したことについてよく考えてみるように求めること，演示実験の前に結果を（ただし，それを事前に発表させることはせずに）予測させること，彼らに自分のノートに計算させたり解かせたりすること，あるいはたくさんの演示実験をすること等であった．もっと計画的，組織的な工夫が必要と思われる．例えば，彼らから明らかな応答を引き出し，それを集めて，その内容について注目させることなどである．

この章では，伝統的な講義における私の経験を紹介し，その経験に基づいて教育環境の改善に役立つと思われるいくつかの詳細なヒントを提供する．そのうえで，私は，学生とのよく練られたやりとりがあり，学生の学習に劇的な改善をもたらすことが明らかにされている三つの授業モデルについて述べる．それらは，ピア・インストラクション（仲間どうしの教え合い），相互作用型演示実験講義，そしてジャスト・イン・タイム教授法である．

伝統的な講義

> 学習環境：講義
> スタッフ：講師1名（受講生20～600名）
> 学生のタイプ：代数もしくは微積分ベースの入門物理の学生
> コンピュータ：不要
> その他の機器：伝統的な演示実験機器
> 投入すべき時間：1学期あたり10～20時間，1講義あたりの準備に1～2時間

伝統的な講義は学生を奮起させ，意欲をもたせる機会を提供するが，教員は自分が説明し黒板に書くことのすべてを学生がただちに理解し学習することができると思いこんではいけない．長年にわたって講義から学び取ることを経験したので，私は自分自身を「講義から学ぶことにたけた者」と考えている．私は大学と大学院の講義にはいつも出席し，きちんとノートをとり，勉強してきた．私は，最初は核物理学の，そしていまは物理教育の研究者として，多くのセミナーや学会の講演に毎年参加し，それらを楽しみ，そこから学んでいると感じている．

しかし，私は，学生にとってはそれがどのような経験なのか気づいてはっとすることがときたまある．私は，ノーベル賞受賞者C・N・（フランク）ヤンがメリーランド大学で数年前に行ったモノポール（磁気単極子）をテーマにしたコロキウム講演を，いまでも鮮明に思い出す．このテーマは私が大学院にいるときに少し

調べたことがあり，ある程度関心をもっていたが，専門レベルでは追究したことのなかったテーマであった．私は（いくらかさびついてはいたが）必要な予備知識をすべてもっており，その問題点もよく知っていた．ヤンは，明解で簡潔でそして本質を突いた美しい講義を行った．私はとても楽しく耳を傾け，モノポールに関する問題点は何であり，それらがどのように解決されたかをついに理解したと感じた．講義が終わっての帰り道で，私の友人で同僚の1人が歩いてくるのに出会った．「おお，サグレド」と私はいった．「君は素晴らしい講演を聞き逃したね！」

「ほお，何を君は学んだかね」と彼はたずねた．

私は立ち止まり，考えて，私がその講義でたったいま聞いて見てきたことを思い出そうとした．私が思い出すことができたのは，講義の明解さと理解しやすさについての情緒的な感覚だけで，具体的内容についてはまったく思い出せなかった．私は「フランク・ヤンはモノポールをよくわかっている」ということしか答えられなかった．

かつて私は，数名の大学院生のティーチング・アシスタントを（彼らが関わっていない）講義が終わるころに講義室の出口に待機させて，授業を終って帰ろうとする学生をつかまえて，彼らに「レディッシュ先生は，今日は何について話したのか？」とたずねさせた．立ち止まって答えてくれた学生たちのほとんど全員が，講義に関しての全体的なテーマ以上には何も思い出すことができなかった．

これは基本的には理解できる状況だろう．もし私がヤンの講演中にきちんとノートをとっていたならば，私はそれらを読み返して，新しい情報を私の既存のスキーマに組み入れることができたはずである（実は私はその代わりに「理解するために注意深く聞こう」と考え，ノートはとらなかった）．残念なことに，私の学生の多くはきちんと講義ノートをとらない．ノートをとる学生でも，その多くは学習に役立つものとしてノートを利用する方法を知らない．ノートを利用する方法を知っている学生でも，その多くは，他の授業，社会的な活動，あるいは仕事などにたくさんの時間をとられていて，その作業に必要な時間をとることができない．「学生の大半は，講義できちんとしたノートをとり，それを使って学習している」という想定は，実際にはまったく間違った想定だといえる．

伝統的な講義をより相互作用的に行うこと

　伝統的な講義に代わるアプローチは，より相互作用的な方法で講義を行うことである．伝統的な講義の枠組の中でも，学生の授業中の知的な取り組みを増やすために教員が用いることができるよい工夫が多くある[1]．いくつかはよくわかっていることで，新任教員研修で教えられ，学期終了時の学生アンケートでも調査され，同僚による評価でも注目されていることである．例えば次のようなものである．

- はっきりと適切なペースで話すこと．
- 見やすい字でうまくレイアウトをして，黒板に書くこと．
- 書き写してほしいと思うものをすべて写すのに十分な時間を学生に与えること．

　講義をする人は，上に記したような留意点について自分の講義にどのような欠陥があるか気づいていないことが多い．内容をどのように説明するかということよりも内容そのものに関心があるからである．自分の講義を録画して見直したり，後ろに気の合った同僚を座らせてプレゼンテーションを観察してもらったりすることで，これらの問題を避けることができる．

　学生に興味と集中力を持続させるためにできることのいくつかは，下記のようなものである．

- 筋道を立てること．
- 講義内容をいくつかのまとまりに切り分けること．
- ノートをとるようにうながすこと．
- 上手な話し方を身につけること．
- 本気の質問をすること．
- 討論では，解答の正しさと同じくらいそこにいたる議論の過程を評価すること．
- 学生に解答の選択肢を与えて選ばせること．
- 学生の一人一人と人間的な交流をはかること．

---

[1] これらの多くの，そしてさらにそれ以上の工夫が，ドナルド・ブライの有用な本 "What's use of Lectures?" [Bligh 1998] で議論されている．

筋道を立てること

　以前私は，自分自身がもっと学習する必要があると考えたテーマについて，物理学専攻の大学院クラスでサグレドが行う講義を聞いた．その講義は啓発的だったし，私が知りたかったことを学ぶことはできた．ただし，講義の方法には感心できないところがあった．彼は，冒頭で詳細な数式展開について45分間にわたって説明したが，それをなぜ行うのかという動機づけや，この数式展開がなぜ興味深く有用であるかについての議論はしなかった．最後の5分で，彼は，話の細部と講義の主題との対応をつけながら，自分のしてきた話の全体を上手に要約した．なぜ彼がこのようなやり方で講義を展開したのかと私がたずねたとき，彼は「おちをバラしたくなかったからさ」といった．サグレド，私は，物理学の講義を一人芝居のコメディーにたとえるのは間違っていると思う．学生は，意味がわからない数学的な結果を手当たり次第に丸覚えしようとすることに慣らされているように見えるが，私はそれが彼らの注意と興味をひきつける最良の方法ではないと思う．

　誰の場合でも思考と学習は連想的に行われるので，新しい教材を学生が既に知っている事柄に結び付けることによって最もよい結果が期待できる[2]．私はいつも講義の筋道を提示することから始めるように心がけている．それは講義の要点が何で，どこに到達しようとしているかを学生に前もって知らせるためである．講義の前にいつも私は黒板の左上の角にこれから行うとしていることのアウトラインを書いておく．話そうとすることについて学生がある程度予想できるようにするためである．

講義内容をまとまりに切り分けること

　多くの学生がいる大教室で講義するときに留意すべきもう一つのことは，作業記憶が限られているために生じる困難である．学生が数多くの難しい概念を長時間記憶し，教員がすべてをつなげてきれいにパッケージするように，最後にそれらを自分でまとめ上げることは期待できない．

　私は，自分の講義の内容を，黒板の左上部で始まり，使用する黒板のスペース

---

[2] 第2章における数列に関する例を思い出そう．

の中に納められるような大きさのまとまったまとまりに切り分けるようにしている．その一つのまとまりについての講義が終わると，そのまま次に進まずに，講義を止める．そして，教室の後ろの方へ歩いて行き，学生がノートを取り終えるまで待ち，これまでの議論全体をくり返して，学生たちが筋道を理解してその部分の説明全体を一望できるようにする．このように，ひとまとまりの説明のあとの要約をきちんと行うことは，学生が既有の知識構造に新しい内容を統合する方法を見つけるのに役立つ．

<u>ノートを取るようにうながすこと</u>

あらかじめ作成したOHPシートを使用するような，スピードアップの手法は，通常は逆効果であり，とりわけ学生にノートをとることを期待しているのであればなおさらである．書き写す側は何が書かれているかを読んで解釈しなければならないので，板書したことを書き写すには板書すること以上に時間がかかる．あえて板書することによって，教員は学生が何を受けとめるかをある程度意識することができる．たとえ示した内容を学生が書き写すことを期待していなかったとしても，その内容を学生が読んで理解するのに必要な時間は教員が考えるよりはるかに多い．なぜならば，教員はその内容に非常に精通しているが，学生はそうではないのだから．

前もってつくった講義ノートを渡すことは，少しは理解の助けになるかもしれない．だが，そのノートを作成するのは（学生ではなく）教員なので，作成する過程のメリットを受けるのも教員であって学生ではない．もう少し効果のある方法[3]は，単に要点だけが書かれていて，学生が授業中に起こることを記入できるような空白がある「骨組」ノートを与えることである．これは，学生がまとまったノートを作成する上で有用であろうし，講義についていくのに役立つこともあるだろう．私はこのアイデアを適用して，個々の講義について同様の「骨組み」構造を持ったパワーポイント・プレゼンテーションをつくってきた．これはウェブ上に掲載されるので学生は，自分が望めばこの骨格ノートをあらかじめプリント・アウトして講義用資料として持参することができる．説明の進行が早くなり

---

[3] 私はこのやり方をケース-ウェスタン・リザーブ大学のロバート・ブラウンから学んだ．

すぎないように，式の導出や問題の解法は板書することにしているが，図やグラフはコンピュータで作成する方がきれいにできる．

<u>上手な話し方を身につけること</u>
　多人数のクラスで学生を教材に取り組ませる最も簡単な方法は，個人やグループでの，入念に設計された活動を行わせることである．章の後半で説明する物理教育研究に基づいた授業教材は，その例である．あらかじめ用意した教材を使わない場合でも，以下に示す方法を使えば学生を多少はひきつけられるようになる：

・学生に"向かって"話すこと　話すときは学生に顔を向けること．黒板に何かを書かなければならない場合には，学生に背中を向けた状態で「黒板に向かって話す」ことはしない．書き終わってから，学生の方を向いてきちんと話したり説明したりすること．

・適切な声の口調を使うこと　声を遠くまで届かせることを学ぶこと．部屋のどこでもあなたの声を十分に聞き取ることができるかどうか，教室で友人に確認してもらうとよい．もし聞こえない場合は，マイクを使用すること．声のテストをする時は自然に大きな声をはっきり出すのだが，講義中は話している内容に没頭して，それを忘れることはよくあるということに注意しよう！　何か重要なことがあると予告したうえで，少し声を落としてその重要な情報を提示することもしばしば有効である．学生はあなたが言っていることを聞こうとして思いのほか静まるものである．

・枠から踏み出すこと　教室では，通路を歩いて，教室の中央や後ろからも話したりするとよい．こうすると学生たちは体の向きを変えることになる．向きを変えることによって，彼らは注意力が元に戻る（少なくとも瞬間的には）．（そして，そうすることで新聞を読んでいる学生の脇に立ち，じっと見下ろすこともできる．）これは，さらに学生が教員との間においている架空の「ガラスの窓」を壊し，あなたを「テレビ画面上のコメンテータ」から一人の人間に変えることにも役立つ．つまり，礼儀や気づかいを必要と感じない相手から，それらを必要とする相手へと．

・アイ・コンタクトを取ること　講義中に学生と目を合わせると，学生にとって，

あなたはテレビや映画の中の人物から，目の前の話し相手に変わるのである．それがたとえほんの一瞬であったり，しゃべっているのがほとんど（あるいは全部）あなたであったとしてもそうである．ただし，特定の学生だけに目を向けないように注意すること．そうしてしまうと，学生が怯えるかもしれない．数秒おきに学生から学生へと視線を切り替えること．

<u>本気の質問をすること</u>
　学生を積極的に参加させる優れた方法は，彼らによく考えて回答させるような質問をすることである．これはとても効果的でありうるが，実行するのは思ったよりも困難だ．ほとんどの教員の質問は，意図的ではないとしても，実際には形式的なものである．つまり，学生に答えさせることを意図したような質問になっていない．教員は，テレビのニュース・キャスターと同じくらい「沈黙の時間」に不安を覚えることが多い．つまり，与えた質問に学生が答えるのを待っている間の2～3秒の静寂が永遠のように思えることだろう．最も簡単な解決策は教員自身が答えてしまうことである．学生は教員がそうすることを知っているので，教員が我慢できなくなるのを待っているのだ．質問は講義の単なる一部でなく，学生に本当に答えさせたいのだとわからせるためには，教員は学生以上に待たなければならない．少なくとも学生が答えることを習慣とするようになるまでは．それに慣れるまで，このやり方はとても苦しいことかもしれない．大切なのは，<u>彼らが沈黙に耐えられなくなるまで待つ</u>ことであり，これには20～30秒かそれ以上は優にかかるだろう．本当に答がほしいということを示すため，ときには，質問を何度もくり返したり，無作為に当てたりする必要があるかもしれない．

　教員はまた，学生が「質問に答えることはつらい経験にはならないのだ」ということを確信するようにしなければならない．学生は，教員や仲間たちの前で愚か者に見えることをとても嫌がるので，質問に対する返答を引き出すのはとても難しいことがよくある．一人の学生の質問や答を否定したり，けなしたりすると，たった一言で教員とクラスの間の信頼感を失い，それが学期の残りの期間中ずっと続いてしまいかねない．その結果は，教員ばかりがしゃべり，学生の参加や集中力がひどく少ない授業になってしまう可能性がある．私は，この原則を強く意識しているので，次のように表現している．

レディッシュの教育のための第7戒律：どんなことがあっても，授業で学生の発言をけなしたり，クラスメートの前で学生に恥をかかせるようなことをしてはならない．

　学生に対して支援をいとわない，思いやりのある教員にとってさえ，これは必ずしも容易なことではない．私は，数年前に約20人の2年生の物理学専攻クラスにボーア・モデルについて講義したときのある出来事を思い出す．私が（明解でわかりやすいと自信をもって）方程式を嵐のように書き下ろし始めたとき，1人の学生が質問で私の手を止めさせた．「レディッシュ先生，3行目から4行目はどのように導いたのですか．」私は，その方程式を注意深く見たうえで，質問をした学生が高度の数学の素養をもっていて，しかもその学期に複素変数を扱う数学の科目を履修していることを思い出した．少しの時間をおいて，多くの辛辣で意地の悪い言葉を発するのを自制してから，私は答えた．「3行目の両辺に2を掛けるのだ．」そして，それ以上コメントすることなく先に進めた．あとでそのときの状況について考えてみると，私は速く進みすぎていて，十分な説明もなく多くの方程式を用いており，学生に議論についていくための十分な時間を与えていなかったことに気がついた．

<u>討論では，正解と同じくらい過程も評価すること</u>
　討論に積極的に参加するクラスを築くうえでもう一つ重要なことは，教員が学生に「正解」を求めているという学生の思いこみを変えることである．もし教員が求めるものがつねに正解だけであるならば，頭がよくて意欲的な少数の学生だけが教員の質問に答えることになるだろう．これは，ほとんどの学生がもっている次のような思いこみを強化させるだけになる．それは，一般に科学は，とくに物理学は，論理的思考の過程というよりも記憶すべき事実の集まりであって，真に頭脳明晰なわずかな人だけが理解できるという思いこみである（3章を参照のこと）．
　この認識論的な誤解を解くための一つの方法は，質問に最初に答えた学生の解答がたとえ正しかったとしても，別の答がないかと問いかけることである．そして独創性が重要であると強調し，必ずしも自分が信じていないことでも議論を活

発にするために言ってみてもよいのだとわからせるのである．私は，相互作用型演示実験講義の節で，この手法を用いた私の経験の例をあげる．

学生に解答の選択肢を与えて選ばせること

　教員の質問に答えようとするのがほんの少数の学生だけであっても，より多くの学生を講義に引き込む方法は他にもある．最もたやすく有効な方法の一つは投票させることである．これを実行するのは簡単だ．選択肢を並べて，クラスの学生にそれだと思うものに手をあげさせる．それでもクラスによっては，わずか数人の学生しか答えないこともある．もし投票の手法で学生たちを講義に積極的に参加させたいなら，この状況は乗り越えなければならない．そのような場合には，私は，通路を歩いて投票しなかった学生に近づき，何が難しくてなぜ判断できないのかを説明するように求めることがよくある．

　もう一つのアイデアは，学期のはじめに，5枚1組の「フラッシュカード[4]」を学生1人1人に渡しておくことである[5]．このカードは(ノートの大きさほどの)大きいものがよく，片面に「A」から「E」までの文字一つ，裏には他の選択肢(「正しい」，「誤り」，「はい」，「いいえ」，そして「たぶん」または「？」)を書いておく．カードごとに色をつけておくと役に立つ．学生に，フラッシュカードを毎回の講義に持参するように指示しておく（実際に持参してもらいたいならば，毎回の講義の中で少なくとも1回，できれば何回も使用することである）．教員が選択肢を示すときは，それぞれにA〜Eの文字かその他の標識づけをしておき，学生たちは自分が選んだ答えのカードを掲げる．教員はたやすく答の分布を見ることができる．フラッシュカードに色がついていないときには，学生に投票結果のおよその分布を教えることが重要である．色がついたカードを使用していれば，学生はカードの色の分布を見ることができる．学生に自分の他にも同じ選択肢を選んだ学生がいるということに気づかせることは重要である．それによって学生は間違っているかもしれない選択肢でも気楽に選びやすくなる．このシステムを電子式にしたものも製品化されている．学生一人一人がリモコンをもち，そのボ

---

[4]（訳注）　単語・数字・絵などをさっとに見せるドリル用のカード．
[5]　私はこのアイデアをトム・ムーア（Tom Moore）から学んだ．[Moore 1998]と[Meltzer 1996]を見よ．

タンを押すことで投票する．各自の投票結果は無線で教員のパソコンに送信され，集計結果がパソコンのプロジェクターからスクリーンに投影される[6]．

<u>学生の一人一人と人間的な交流をはかること</u>

　最後に，講義や授業を効果的に行うのに最も重要と思える要素は，教員が学生の支援者であることを示すことである．

> **レディッシュの教育のための第8戒律**：教員は学生が学ぶことに注意を払っていて，教えるべき内容はどの学生も必ずわかると信じていることを学生たちに確信させること．

　どんな授業環境であれ，このことはクラスの学生の学習態度に非常に大きな違いを生じさせる．この「学びに注意を払っていること」を示す一つの方法は，できるだけ多くの学生の名前を覚えることである．教員が授業中に質問をする学生の名前を単に覚えるだけで，残りの学生にも全員（あるいは大部分）を教員が知っているという印象を与える．私は演習の時間中に写真をとって，コピーする（これは，さらに私のティーチング・アシスタントたちが学生の名前を覚えるのにも役立つ）．そして，私は授業にそれを持参し，授業の始まる 3 ～ 5 分前に名前と顔を一致させる時間をとる．授業の後，私は質問に来た学生を全部写真に照らしてチェックする．そうすれば，無理することなく 50 ～ 100 人の学生の名前を覚えることができる．それは個々の学生に授業に参加しているという意識をもたせるだけでなく，私自身の参加意識も強めることになる．

演示実験

　伝統的な入門物理学の講義の重要な要素は講義での演示実験である．サグレドは，自分はもっとたくさんの演示実験をすべきなのかもしれないといった．「とくに学生が数学にうまくついてこられないように思えるからね．それに『百聞は

---

[6]（訳注）　リモコン式装置には PRS（personal response system）とかクリッカー（clicker）とよばれているものがある．

一見にしかず』というじゃないか」と説明した．話がそれほど簡単だったらよいと思うよ，サグレド．われわれ物理学者は演示実験をうまく行うことに夢中になりがちだ．しかし，実際のところ，物理学とは何かということを明確に伝えてくれるのは適切に設定された演示実験だけではないかね？

残念ながら，演示実験はいつも私たちが期待するほど有効だとは限らない．われわれの認知モデルはその理由として以下の二つを教えてくれる：

- 学生が演示実験を重要であると見なしてくれるとは限らない．
- 演示実験から読み取ってほしいと考えていることが，学生には読み取れない可能性がある．

サグレドは，私の行った微積分ベースの工学系クラスでの大講義のいくつかを聴講したことがある．それは，私が自分の授業の進め方を評価するのを手助けすることと，そして彼自身の授業で使えるかもしれないアイデアを検討することが目的だった．その講義の一つのある場面で，私は演示実験を行った．その装置は，すばらしい演示実験の工房で用意されたもので，大講義室のどこからでもよく見える大きなものだった．さらに，それはスムーズに作動した．実験が終わったところで数人の学生が質問をした．私は，おおむねうまくいったと感じて喜んだ．

サグレドは授業の後で私に近づいてきた．「君は，演示実験中に何が起こっていたか想像もつかないだろうね！」と彼はいった．「君がその装置を取り出したとたんに，クラスの半分以上はまったく注意を払うのを止めてしまったんだ！前方の数列の机に座っていたグループとそこここの少数の学生だけが，演示実験についていこうとしていた．多くの学生が新聞を読み出したり，あちこちで友達にしゃべりかけたりしはじめたんだ！」

私はその装置（と，前の数列の学生）に集中していたので，このことに気づいていなかった．しかしながら，これはもっともなことだ．第3章で議論したように，学生が学習に期待していることや授業での目標が，授業中に彼らが注意を払う対象の決め方に重要な影響を及ぼす．その当時は，演示実験に関する試験問題を出す習慣がなかったので，学生はそれについて試験で聞かれることはないと確信していたのだ．

そこで，私は，演示実験のやり方を変えることにした．演示実験を行う回数を減らして，1回にかける時間を増やすことにした．もっと多くの学生をひきつけ

ようとして，演示実験のどれか一つについて試験問題を一つ出すことを彼らに明言した．この状況で，私はある特筆すべきことを学んだ．それは，われわれの認知モデルに照らせば驚くべきことではなかったのだが．

学生は，円運動はその原因となる力がなくなったあとでも持続しようとすると考える傾向にあることを，物理教育の研究者は何年も前に見いだしていた[McCloskey1983]．このよくある素朴概念に対処しようとして，私は図7.1に示した演示実験を行った．直径約 0.5 m の輪の（約 60° に相当する）一部を切り取ったものをテーブル上に水平に置いた．演示実験のポイントは，輪に沿って転がしたビリヤードの球が，端に達してから先は直線的に転がっていくことを示すことだった．

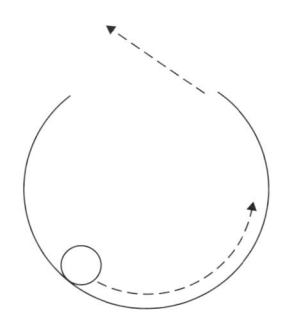

図 **7.1** 円運動についての講義での演示実験（[Arons 1990]に従った）．一部が欠けた輪が水平なテーブルに置かれ，ビリヤードの球が輪に沿って転がされる．

私は，そこで起こることに学生の注意をより強くひきつけるために，次の一連のステップで演示実験を行った．

1. 簡潔に物理（円運動およびニュートンの第二法則）を復習した．
2. 装置を示し，どんなことを行うつもりかを示した．輪に沿ってボールを転がしたが，端に達する前に止めた．
3. 学生に，何が起こると予想するかたずねた．正しく直線と予想した者もいたが，大部分は少し曲がると予想した．議論をうながしたところ，かなりの学生がこの一方あるいは他方の意見を主張した．
4. 黒板に両方の答を書いて，挙手を求めた．どちらについても支持する相当な数の学生がいて，結果は割れた（球をささえる輪がまったくないときにも，

球が円を描いて動き続けると考えた者はいなかった).

5．そのうえで演示実験を行い，球を輪の端を越えるように転がした．

そして，「ほら，まっすぐ進むのがわかっただろう」という代わりに，私はちょっとした思いつきで，学生にどう見えたかたずねた．非常に驚いたことに，ほぼ半分の学生は，ボールは彼らが予想した曲がった経路をたどったと主張したのだ！

残り半分は，それが直線のように見えると主張した．多くの小さな議論の輪が学生の間で始まった．学生の反応にいくらか戸惑いながら，私はあたりを見まわして1本のメートル尺を見つけた．「もう少し注意深く観察して，どちらなのかはっきりさせることができるかどうかやってみよう．いまから，このメートル尺を置いてみる．置き方は，球の経路が直線だとすればたどるだろう方向，つまり球が離れる点での円の接線の方向 に平行にして，そこから約3センチメートル離す．球がまっすぐ進むのならば，それは定規から等しい距離を保つだろうし，それが曲がるならば，進むにつれて定規から離れていくだろう．」そうして，私が改めて実験をしたところ，経路は定規と平行のままだったから，明らかに直線だった．まさにこのときこそが，私がクラスの半分に期待していた「あっ」と息をのむ反応が得られた瞬間だった．

いまでは私は「何を彼らが必要としているか」を知っているから，これからは，はじめから定規を利用して演示実験をすることもできる．しかし，私はそうするのは間違いであると感じている．予測と議論，自分の意見をはっきりさせてその正当性を主張すること，何が起こっていたかを見誤ったことについて気づいたときの驚き——これらのすべては，学生たちをひきつけ，学習活動に注意を向けさせることに役立つ．比較できるたしかなデータはないが，私たちが行った演示実験は，はじめから「きちんと行った」場合よりも，ずっとよく記憶に残るだろうと思っている(このような比較実験は試みに値すると思うが)．学期の中間試験で，私は力学概念調査（FCI）の中から関連した問題を出したが，学生の80％以上は正しい解答をした．これは伝統的な授業による典型的な結果よりずっとよい．

ピア・インストラクションとコンセプテスト

> 学習環境：講義
> スタッフ：この授業方法を身につけた講師1名（受講生30～300名）
> 学生のタイプ：代数もしくは微積分ベースの入門物理の学生（ただし，コンセプテスト（ConcepTest）の問題の中には学習レベルが少し下の学生に対しても適したものがある）
> コンピュータ：不要．ただし，無線応答システムを備えたものがあれば小テストの結果をリアルタイムで表示できる．
> その他の機器：学生からの何らかの応答システム．これは，学生に掲げさせるカードのようにローテクなものでもよいし，無線応答端末を用いるコンピュータシステムのようなハイテクのものでもよい．
> 投入すべき時間：少ないし中程度
> 利用できる教材：「コンセプテスト」の問題の入った教科書［Mazur 1997］；http://galileo.harvard.edu

エリック・マズールは，彼の著書,「ピア・インストラクション（Peer Instruction)」［Mazur 1997］の中で，講義における学生の積極的な参加をうながすための彼の方法を解説している．彼の方法は，次の三つの要素からなっている．

1. 授業の開始以前で課されるウェブ・ベースの（事前資料）予習問題（後述のJiTTの節を見よ）
2. 講義の中で行う「コンセプテスト（ConcepTest)」と名づけた概念テスト
3. 概念を問う試験問題

講義の際に，5～7分の区切りごとに彼は講義するのを止め，その範囲の講義内容について深く考えさせる多肢選択問題（コンセプテスト）を提示する．この問題は概念を重視したもので，選択肢の中の誤答は，研究によって見いだされた，多くの学生に共通するつまずきに基づいている．学生は，自分の選んだ答に合う色のついたカードを掲げるか，または，全員の答を集計してスクリーンに表示す

る装置（例えば *Class Talk* ™または *Personal Response System* ™）を用いて，自分の席についたまま問題に答える．

それからマズールは，学生たちにその問題について2分間ほど周辺の仲間どうしで話し合うように指示する．これが終わったら，学生たちは再びその問題に答える．たいていの場合，この議論をすることで正答率はかなり改善する．もし改善されないなら，マズールはさらに追加の問題を提示する．マズールの問題の一つの例を，図7.2の上部に示した．コンセプテストの議論にさらに5〜7分かかるので，講義は10〜15分ずつのかたまりに分割される．

水中で二つのレンガをもっているとしよう．レンガAは水面のすぐ下にあり，Bはかなり深いところにある．レンガBを一定の位置に保つために必要な力は，レンガAを一定の位置に保つのに必要な力に比べて

(1) より大きい
(2) 等しい
(3) より小さい

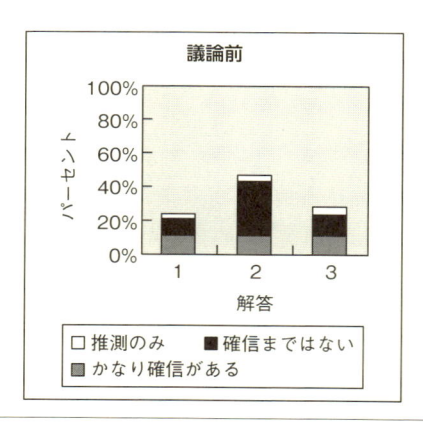

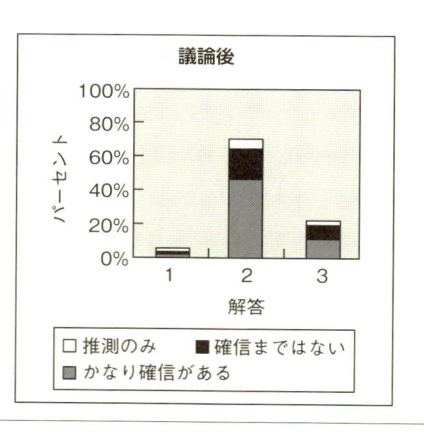

[議論前のグラフ] [議論後のグラフ]

図 7.2 コンセプテストの問題の1例と，これに対する仲間どうしの議論の前・後での答の分布（[Mazur 1997] から）

ハーバード大学でのマズールの代数ベースのクラスの学生のこの問題への反応は，図7.2の下半分に示されている．仲間たちと議論する前に学生のおよそ50％が正解していて，議論のあとにはおよそ70％が正しい答を得ていることに注目

しよう．しかも，正答していて，その答に自信をもっている学生の割合は，12%から47%まで増加している．これは，2分間という議論の時間に対してかなり大きな学習効果である．

　マズールは，このように使う問題は，最初の正解者の割合が35〜70%の間にあるように調節するのがよいと提案している．これより少ないと，正解して他の学生たちに助言できる学生が少ないことになる．またこれより多いことは，適切な誤答の選択肢を作れていないか，あるいは十分多数の学生がすでに答を知っているので議論に授業時間を費やす価値がないか，のいずれかである．

　ある学期のすべてのコンセプテストの問題で，マズールは2分の議論の後に，正解の割合がつねに増加することを見いだした．この結果をグラフにプロットしたものが，図7.3に示されている．

　なお，学生は試験に出題されることだけに集中するという原理に配慮して，マズールはすべての試験に概念に関わる問題を入れている．彼の本には，伝統的な入門物理のコースが扱うほとんどすべてのトピックスに関する予習問題，コンセプテスト，そして概念理解を問う試験問題が掲載されている．

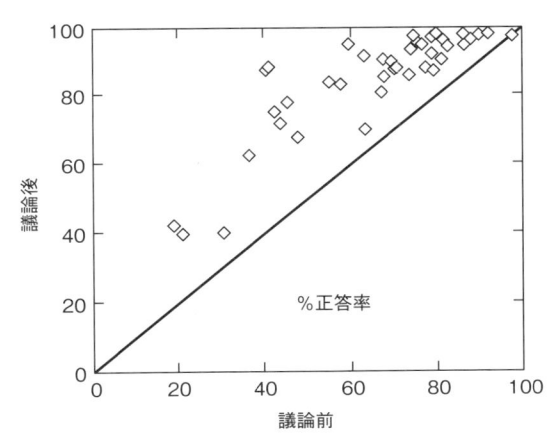

図 **7.3**　仲間どうしの議論の前後の正答率（［Mazur 1997］から）

相互作用型演示実験講義 (ILD)

> 学習環境：講義
> スタッフ：この授業方法を身につけた講師1名（受講生30〜300名）
> 学生のタイプ：代数もしくは微積分ベースの入門物理の学生（ただし，ILDによっては学習レベルが少し下の学生に対しても適したものがある）
> コンピュータ：講師用に1台必要．
> その他の機器：液晶ディスプレイまたは適当な大画面のディスプレイ．コンピュータを利用したデータ収集装置．それぞれのILDに対応する標準的な講義用演示実験装置が必要である．
> 投入すべき時間：少
> 利用できる教材：ILD 約25回分のワークシート［Sokoloff 2001］

効果的で効率的であることが証明されている授業方法の一つに，ソコロフとソーントンによる一連の相互作用型演示実験講義 (Interactive Lecture Demonstration：ILD) がある［Sokoloff 1997］［Sokoloff 2001］．この演示実験は基礎的な概念上の問題に焦点を当てていて，1学期の間に数回の講義時間枠（だいたい4回から6回）を必要とする．ほとんどの演示実験で，高品質データを素早く収集し，それを表示するために，コンピュータ利用データ収集装置を用いる．

学生を能動的に参加させるために，各学生に，授業中に記入するためのワークシートを2枚ずつ与える．1枚（予想シート）には事前の予想を，もう1枚（結果シート）には実験結果を，記入させる．予想シートは授業の終わりに提出させ，結果シートはもち帰らせる．ILDに参加して予想シートを提出することに数ポイントの点数を与えることは，出席率を高めるし，学生がどの程度の理解レベルにあるかについての情報を知るための有効な方法である[7]（ただし，予想シートは

---

[7] ソコロフは，予想シートは成績評価に使われないので最初の予想をそのまま提出するように指示されるにもかかわらず，一部の学生は自分の予想シートの記載を正解に修正すると報告している．

成績評価に使うべきではない）．

　それぞれの授業では，単純な基本的原理を説明する一連の演示実験を行う．例えば，運動学の演示では，等速度と等加速度の両方について演示実験が行われる．等加速度の場合は，ほぼ一定の加速度を得るために，扇風機付きの台車を使う（図7.4を見よ）．この演示実験では，いくつかの特定の素朴概念を取り扱っていて，それは符号についての混乱や関数と導関数との混同などである．加速度を与えるのに，重力を利用するのではなく扇風機を使うのは，二次元をもちこむことによる余計な混乱をもたらさないためである．この場合の具体的な演示実験は以下の通りである．

1. 等速度で運動センサ[8]から遠ざかる台車
2. 等速度で運動センサの方へ近づく台車
3. 一定の割合で加速しながら運動センサから遠ざかる台車
4. 一定の割合で減速しながら運動センサから遠ざかる台車（扇風機は押された向きと逆向きに力を及ぼしている）
5. 一定の割合で減速しながら運動センサへ近づく台車（扇風機は押された向きと逆向きに力を及ぼしている）
6. 減速しながら運動センサへ近づき，それから向きを反転して，加速していく台車

どの場合も，演示者は以下のステップに従って行う．

- 行う演示実験を，データを取らずにやって見せながら説明する．
- 学生に，自分自身の予想を立てて，それを予想シートに書きこむように求める（所要時間はおよそ1分）．
- 学生に，その結果について近くの人と話し合わせて，意見の一致が得られた予想を予想シートに書かせる（所要時間はおよそ2〜3分）．
- ボードにいろいろな予想を書いて，クラス討論を行う．
- 演示実験を行い，データを取り，学生に結果を自分の結果シートに書き写させる．
- なぜ得られた答が理にかなっていて，他の答に問題があるのかを考察する短

---

[8](訳注)　超音波を用いて，距離，速度，加速度を測定するセンサ．

いクラス討論を行う．

　私は，代数ベースの物理の授業で，この ILD のいくつかを実施してきた．最初に行ったとき，私は，くり返しが多いと感じて，演示実験のいくつかを省略する誘惑に駆られた．つまり，いったん演示実験4をやったならば，演示実験5は自明ではないかと思ったのである．実際にそうしたところ，何人かの学生が授業のあとに結果を聞きにやってきた．学生に自分の予想をたずねてみると，その答は間違っていて，一方から他方へ考えを転用することは（決して自明なことではなく）難しいことなのだとわかったのである．

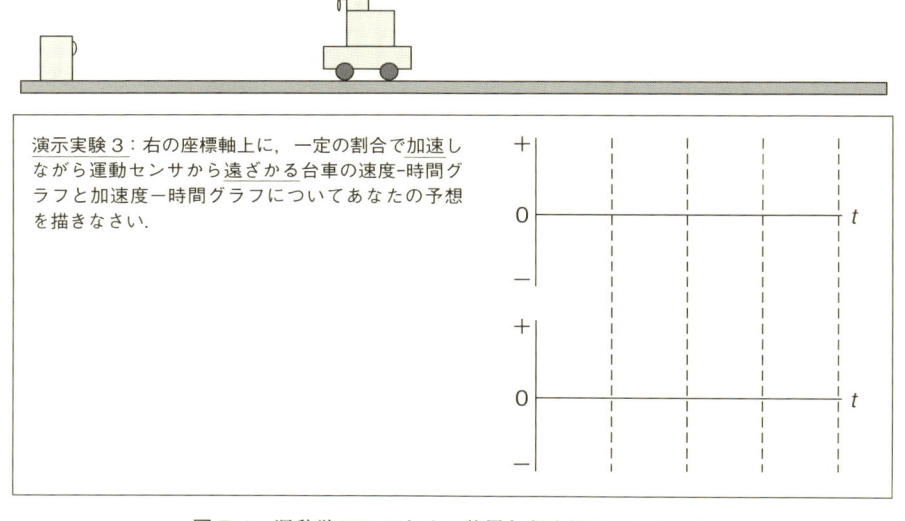

演示実験3：右の座標軸上に，一定の割合で加速しながら運動センサから遠ざかる台車の速度−時間グラフと加速度−時間グラフについてあなたの予想を描きなさい．

図7.4　運動学 ILD のための装置と記入用ワークシート

　ILD の授業がきわめて有効だと私にわかったのは，クラス討論をする段階であった．これは，授業の性格や教員と学生との関わり合いを根本的に変える絶好の機会を提供してくれる．私が第3章でやや詳しく解説したように，学生の多くは，一般に科学というものは，とりわけ物理学は，「間違いのない事実」を寄せ集めることであるという認知論的な誤概念をもっている．彼らは，科学的に推論することや意味を理解することを学ぶのは時間の浪費であると考えている．この偏った思い込みのため，大部分の学生は，正しい答であると確信していない限り，

授業で質問に答えるのを嫌う．

　ILDの授業の予想を議論する際に，私は学生に「独創的であれ」と奨励している．つまり，自分が正解かもしれないと考える答（例えば，最前列に座っていて真っ先に答える成績Aの学生の答！）だけでなく，他の人（例えば，その授業を取っていないルームメート）がもっともらしいと考えそうな答も見つけるようにうながしている．こうすることで，自分と答とが個人的に結びつけられてしまう重荷から学生を解放して，自分が本当だと考えていることを実際に口にしやすくなる（議論の口火を切るためには，もっともらしいが間違った答を教員がいってみることも，ときには必要になる）．それから，私は学生にそれぞれの答がなぜ正しいのか説明するように求める．これは，議論の性格を，正しい答を探すことから，一連の可能性のある答を考え出して評価しようとするものに変える．議論の焦点が「事実をリストアップすること」から考え方の手法を身につけることに変わるのである．

　その結果は，私の授業でとても劇的だった．非常に多くの学生が進んで質問に答える（そして質問する）ようになり，私はかつてないほど多くの学生から反応を引き出すことができた（165人のクラスで，およそ40〜50人の学生がその後の議論に進んで参加した）．

　ソーントンとソコロフは，ILDの授業による学生の概念理解の改善度の評価を，力学について力と運動に関する概念調査（FMCE）を用いて行った．彼らの報告した結果は素晴らしいもので，タフツ大学とオレゴン大学での授業での学生は，正答率が開始時点での20%未満から70〜90%にまで向上した．ただし，この結果はこの手法を最初に開発した機関におけるものであり，演示実験は，その開発者や彼らが直接訓練した同僚たちが行った．

　開発されたILDを利用した実践者は実施にあたっての若干の難点を報告している．私の同僚の一人はILDを実施したが，FCIを用いた評価では，伝統的な演示実験に比較して改善が得られなかったと報告している[9]［Johnston 2001］．この手法についての私自身の経験から，効果的に実施するのは，見かけほどには

---

[9] この事例では，教員はきわめて活動的で学生を楽しませていた．彼は，学生に能動的に参加させて問題を考えさせるよりも，受身的に講義を聞かせ演示実験を眺めさせるモードだったのではないかと私は考えている．

簡単ではないことがわかった．伝統的な演示実験では，学生の多くはくつろいで楽しませてもらうことを期待するか，まったく無関心になるかのどちらかである．ILD は，そのようなモードから学生を抜け出させ，頭をはたらかせて能動的に課題に取り組むモードに引き入れることが重要である．これはたやすいことではなく，講義の受身的な聴講と教員主体の演示実験に慣れているクラスでは，とりわけ難しい．ILD 実施についての包括的な分析は，現在進行中である［Wittmann 2001］．

ジャスト・イン・タイム教授法

> 学習環境：講義
> スタッフ：この授業方法を身につけた講師1名（受講生30～300名）
> 学生のタイプ：代数もしくは微積分ベースの入門物理の学生
> コンピュータ：講師用に1台必要．学生はウェブにアクセスできる必要がある．
> その他の機器：なし
> 投入すべき時間：中程度ないし多
> 利用できる教材：問題つきの教科書［Novak 1999］；http://www.jitt.org

　ジャスト・イン・タイム教授法または略して JiTT 法とよばれる方法は，インディアナ大学およびパーデュー大学インディアナポリス校のグレガー・ノヴァクとアンディ・ガブリン，米空軍士官学校のエヴリン・パターソンによって開発された．このグループは，デヴィッドソン・カレッジのウルフガング・クリスチャンと協力して，ウェブ上で利用可能なシミュレーションを制作した．

　JiTT 法は，このグループの本「ジャスト・イン・タイム教授法：アクティブ・ラーニングとウェブ技術の融合」［Novak 1999］で解説されている．その方法は，改良された講義，グループ討論による問題解法とウェブ技術を統合した相乗的なカリキュラム・モデルである．これらは適度に自立しているので，全体として用いることも，次の二つの章に書かれた他の新しい方法と組み合わせて用いることもできる．

JiTT法の学生の学びの目標には，第2章と第3章で扱ったいくつかの項目がある．
- 概念的な理解を改善する．
- 問題解法のスキルを改善する．
- 批判的思考の能力を高める．
- チームワークとコミュニケーション・スキルを構築する．
- 教室での学習を現実世界での経験と結びつけることを学ぶ．

これらの目標を達成するために，JiTTは次の二つの重要な認知的な原理に焦点を合わせる．それは，教えることと学ぶことの間のギャップの両サイドに一つずつある．
- 学生は，授業に知的に積極的に取り組むならば，より効果的に学ぶことができる．
- 教員は，学生が何を考えていて，何を知っているかについて理解しているならば，より効果的に教えることができる．

ウェブ技術を用いてこれらの原理を適用し，学習過程での役割についての学生の思いこみを変え，学生と教員の間でフィードバック・ループを形成した．このフィードバックは，毎回の授業の前にウェブ上の宿題「ウォームアップ」を課することによって行われる．この過程の構成要素は，以下のとおりである．

1. 毎回の講義の前に，具体的で注意深く選ばれたウォームアップ問題がウェブを通じて提供される．その問題は，授業中ではまだ取り上げられておらず，講義と授業での討論や活動で扱われる予定のものである（これらの問題の詳細な特徴は以下で議論する）．
2. 学生は資料をよく読んで，注意深く問題を考察して，最良の解答をすることを求められている．学生は，解答の正しさではなく努力に対して成績をつけられる．学生の解答期限は，授業の2〜3時間前である．
3. 教員は講義の前に学生の解答を見て，さまざまな異なる解答についてその頻度を調べ，授業中の討論や活動の一部として取り入れる解答例を選んでOHPシート（または投影用電子ファイル）に入れこむ．
4. 授業での討論と活動は，ウォームアップ問題とそれに対する学生の解答を中心に構築される．

5．一つのテーマの終わりには，パズルとして知られている，ひっかかりやすい問題がウェブ上に提示され，学生に解答が求められる．

　学生にとって，前もって問題について考え，自分自身の解答がクラス討論の中に反映され，さらに自分たちが学習することによってひっかかりやすい問題にも正答できるようになることを知ることで，学生の授業の関わり方が大幅に向上すると著書たちは報告している．教員にとっては，学生が難しいと思っていることをはっきりさせることは，通常用いられている他の方法に比べて非常に多くのフィードバックを提供してくれる．このフィードバックは，教員が学生の理解度を過大評価することを防ぎ，授業での討論をよりよい方向に導くのを手助けしてくれる．

　JiTT の実践の成否は，以下の項目に依存している．

1. ウェブ上で問題を提供し，使いやすい形で学生の回答を集めて表示するための仕組．WebAssign™，CAPA，Beyond Question のようないくつかのウェブ環境，または BlackBoard や WebCT のようなコース管理システムをこのために使用することができる．

2. 物理学の問題の核心に到達するように，注意深く設計された一連のウォームアップ問題とパズル．この JiTT の本には，力学，熱力学，電磁気学そして光学のテーマに関する 29 の三択のウォームアップ課題と 23 のパズルがある．多くの JiTT の追加教材が，JiTT を採用している教員によって開発されており，JiTT のウェブサイトを通して利用できる．

3. 学生が難しいと思っていることについての十分な知識をもち，教室での討論をリードするための強力なスキルをもつ教員．これは簡単には実現できないものであって，それは私がこの方法の投入すべき時間を「中程度ないし多」と評価した理由である．

　サグレドよ，第 6 章のはじめで私はあなたに，ある特定の物理学の分野について教えるための「最良の方法」というようなものを提示することはできないといった．しかし，この JiTT 法であれば学生が難しいと思っていることについて具体的に知ることができ，あなたが学んできたものを活用することを可能にしてくれる．

多数の学生を能動的に参加させ，適切な物理内容を含み，学生に難しいと思っていることを自分で解決させるようなやり方で，大人数の講義での討論を成り立たせることは，相当な技術を必要とする．このJiTTの本には，効果的な技術を示すようなさまざまな具体例についての討論が記述されている．

授業の構成の全体が，ウォームアップ問題とパズル問題への学生の反応に依存しているので，これらの質問の選択が重要になる．このJiTTの本は，ウォームアップ問題が以下のような特徴をもつべきだとしている．

- 一連の明確な学習目的によって動機づけられていること．
- 学生に専門用語を示すこと．
- 学生個人の現実世界の経験に結びついていること．
- 一般的な素朴誤概念をあぶり出すものであること．
- 拡張可能であること．

ウォームアップ課題は，一般には，論文式問題，見積もり問題，そして多肢選択問題という三つの部分からなる．一例が，図7.5に示されている．いくつかの問題は曖昧に記述されているという興味深い事実に注目してほしい．教員はすべての前提条件が完全に明確であるような問題を書こうとする傾向がある．しかし，ここでは，回転木馬が，モーターで駆動されるテーマパークの大型の機械なのか，それとも子供たちの遊び場にある小さな動力のない回転盤なのかは，あえて記述されていない．さらに，あなたがその状況を心に想定したとしても，最初の論述式問題については，唯一に決まるような正解はない．あなたがどのように降りるかによるのである．このことは，討論を始めるためのよい機会を提供する．

第2の部分は，第4章で論じられたような実際的な見積もり問題である．十分な情報は与えられておらず（飛行機は離陸するときにどれくらいの速さで動いているか？），そして個人的な経験に基づく情報を用いなければならない（地球が1回転するのにどれくらいかかるか？）．計算途中に必要になる量（地球の回転速度）を個人的なデータから計算して導かないとならないのだから，これも取り組みがいがある問題である．

私なら，学生が考えつくさまざまな答の組み合わせをすべて選択できる多選択肢-複数回答問題（第4章を見よ）にしたと思うが，多肢選択問題も決して簡単ではない．角運動量保存とエネルギー保存が議論されているので，ここでの自然

な誤答は（a）と（c）の両方を選ぶことである．この選択は，この形式では提供されていない．このウォームアップ問題に関する討論は，授業では，回転している椅子の上でダンベルをもった学生の古典的な演示実験に結びつけられる．

典型的なパズル問題の一例が，図 7.6 に示されている．ノヴァクたちは，この問題を解こうと試みる学生の大部分が代数計算で行き詰まると報告している．それから，学生はこの問題を討論することに 1 時間をまるまる費やすが，それがこれまでの授業で学んできたことのすべてをしっかりと復習し，議論しながら問題解決のスキルを構築していくよい機会となる．

論文式問題：あなたが回っている回転木馬の端に立っていると想像しよう．端に対して垂直に，あなたは踏み出して降りる．このことは回転木馬の回転速度に影響を及ぼすか？

次に反対のことを考えてみよう．あなたは回っている回転木馬の脇で地面に立っていて，台の上に足を踏み入れる．このことは回転木馬の回転速度に影響を及ぼすか？ この場合は，前とどう異なるのか？

見積もり問題：地球の質量はおよそ 6×10^{24} kg で，その半径はおよそ 6×10^{6} m である．あなたが赤道に沿って滑走路を敷設し，100 万機の 10000 ポンドの飛行機を一列に並べて，すべてを同時に飛び立たせたとしよう．地球の回転速度への影響を見積もれ．

多肢選択問題：空中で回転しているスポーツ選手は，彼の
- (a) 角運動量
- (b) 慣性モーメント
- (c) 回転の運動エネルギー
- (d) 上記のすべて

を変えられない．

図 7.5 JiTT ウォームアップ課題の一例．授業で議論される前に，これらはウェブ上で配信され，学生が解答する．

> 一方の手で，バスケットボールを胸の高さにもて．もう一方の手で，バスケットボールより5 cmほど上に野球ボールをもて．それらを硬い床へ同時に落とせ．バスケットボールははね返って，上の野球ボールと衝突する．野球ボールはどれくらい速くはね返るか？バスケットボールは野球ボールより3〜4倍重いと仮定せよ．
>
> この結果にあなたは驚くに違いない．ただし，家の中でこれをやってはいけない！

図7.6 JiTTパズルの一例

この例は，JiTT問題と伝統的な宿題問題との違いをよく示している．JiTT問題の目的は，学生の問題解決のスキルを評価することではない．もしそうなら，大部分の学生が答えることができる問題を提示したいと思うだろう．JiTT問題を作成する際には，大部分の学生にとって，それについて時間を使う気にならなくなるほど難しくはないが，完全には解答できない程度に難しいような問題をめざす．問題の主要な目的は，講義で学生が能動的に参加する効果的な討論なのである．

JiTTグループでも，より標準的なタイプのウェブ宿題とシミュレーションに基づく問題を取り入れている．この教材には，Physlet環境[10]におけるシミュレーションを作成するための簡単な解説と，既存のシミュレーションが使える一連の問題が記述されている．

JiTTアプローチはさまざまな講義ベースの授業で使うことができるし，演習や実験でのその他の授業手法と容易に組み合わせることができる．

---

[10] Physletは，ウェブ上で提供できる単純なシミュレーションの作成を可能にするJavaとJavaScriptを用いた一連のプログラミングツールである［Christian 2001］．

第8章　演習と学生実験を基礎とした方法

> 今日の物理学の学生実験に対する
> 最も深刻な批判は,
> それがしばしば指示書に盲目的に従っていくだけのものに堕していて,
> その結果,単なる機器操作以外の価値がまったくないというものである.
> 装置をうまく操作し,調整することは重要だが,
> 一般物理コースの第一の目的は,
> 原理の理解であって,操作スキルの獲得ではないことは,
> いくら強調しても強調しすぎることはない.
> ——ロバート・A・ミリカン [Millikan, 1903]

　演習と学生実験は,伝統的な授業構成に含まれるものだが,能動参加型授業にそのまま活用できそうな二つの要素である.教室の構造面の環境は,グループ学習や,学習活動への集中や,(学生・生徒間の)相互作用がしやすくなるように配置し直せばよい(図6.3を見よ).残念なことに,そのような改善の機会を利用して認知科学的な効果を高めるための環境整備をすることはあまりない.(従来型の)演習では,教室の可動式のいすは,大講義室の場合と同様に配列され(図10.3を見よ),発言全体の95%は演習の教員が発するものである.学生実験では,学生が一つの机に2人1組で2組座ることが多いが,学生があまり考えることをしないでも実験を手早く終えられるような「料理本」形式で実験が用意されていると,会話はほとんどなく,自分で理解し納得するための努力はほとんどされないことになりかねない.

　本章で,私は6種類の学習環境を議論する.そのうち,四つは演習(recitation)

の時間のためのもので，二つは学生実験の時間のためのものである．

- 伝統的な演習
- 「チュートリアル」——演習授業を，誘導型のグループ活動を通じた概念形成学習によっておき換えた，ワシントン大学物理教育グループによって開発された教材
- 「ABP チュートリアル」——ワシントン大学物理教育グループによって開発された枠組を用いつつ，さらにコンピュータを利用したデータ収集および解析 (computer-assisted data acquisition and analysis, CADAA) とビデオ技術を活用する教材
- 「協同による問題演習 (Cooperative Problem Solving, CPS)」——グループ学習の中で複雑な問題解決スキルを学べるように指導する，ミネソタ大学において開発された学習環境[1]
- 伝統的な学生実験
- 「リアルタイム物理」—— CADAA の活用を強調した概念形成のための学生実験

上記の二つのチュートリアル教材と「リアルタイム物理」は，「物理スイート」の一部である．「CPS」教材は，物理スイートの他の教材と非常によく適合し，それらとたやすく統合できる．

---

[1] CPS プロジェクトでは，個々の実験課題がある問題の文脈の中に置かれ，問題演習と関連づけられているような実験カリキュラムも開発されている．ここではこの実験について詳細に議論しない．情報をさらに入手したい場合は [Heller 1996] と同グループのウェブサイト http://www.physics.umn.edu/groups/physed を見よ．

伝統的な演習

> 学習環境：演習
> スタッフ：20〜30名規模の授業で，1クラスあたり1名の指導員ないしアシスタント
> 学生のタイプ：入門物理の学生
> コンピュータ：不要
> 他の器具：不要
> 投入すべき時間：少

　伝統的な演習では，20〜30名の学生からなる1時間のクラスを1名の指導員が担当する．大規模な研究大学では，指導員はたいてい大学院生である．この授業は多くの場合宿題と組み合わされている．すなわち学生は宿題として出された問題について質問をし，ティーチング・アシスタント（TA）が，問題の正答例を黒板に板書する．どの問題についても学生からの質問が出ないときは，TAが自分で問題を選び，その正答例を書いていく場合もある．学生を確実に出席させるために，短い（10分から15分程度の）クイズとよばれる小テストが課される場合もある．メリーランド大学では，数十年間この体制が一般的に行われてきた．ときには，時間的制約とTAの人数の限界のために，宿題を採点することは省略され，宿題の中から小テストの問題がランダムに選ばれた．これは，宿題を提出させなくても，学生に宿題をすべてさせるためである．演習は一方通行の講義になってしまい，学生はほぼ完全に受身になる．

　10年ほど前に私が最初に微積分ベースの物理授業を教えたとき，私はサグレドにアドバイスを求めた．「問題を解かせることはとても重要だよ」と彼は答えた．「だから学生が演習に定期的に出席するように，TAに小テストをさせなければいけないよ．」私はこの忠告に潜んでいる暗黙の想定に興味をそそられた．それは，学生の学習にとって問題を解くという活動は重要だが，学生は強制されて初めてそのことに気づくということである．

私はこのことを自分で確かめてみることにした．私は演習の時間に学生に告げた．演習でTAは試験に出るようなタイプの問題を解いていく．諸君は出席を義務づけられないが，出席することは試験でよい成績を取るのに役立つだろう．結果は，サグレドが予言した通り，惨憺たるものだった．演習への出席率は急落した．学期の半ばごろに，TAの1人に彼の担当の演習の出席状態はどうかたずねると，彼はいった．「先週はすごくよかったです．実際，（30名のクラスで）8名が出てきました．」折にふれて私は演習の教室の外に立って，何が起こっているかに耳をすましてみた．どうやら，グループの中によくできる2,3名の学生がいて，宿題をやってきていて，本質的な質問をし，授業にしっかりとついて来ているようであった．それから別の3, 4名の学生がいて，彼らは何もいわないが，いわれたことをすべて書き留めている．この学生たちは「パターン合わせ型の学習者」ではないかと，私は推測している．すなわち物理を理解したり，その意味を納得したりすることが必要だとは考えず，たくさんの問題を暗記し，それを試験で再現することでやっていけると思っている者である．この印象は，オフィスアワーにこれらの学生とやりとりすることによって強められた．

次に私がその授業を担当したとき，学生が演習を無意味と思っているのであれば，おそらく彼らが正しいのだろうと考えることにした．演習をやめて，グループ学習を通して概念を形成するためのチュートリアル［Tutorials 1998］[2]を採用した．私は学生に告げた．チュートリアルでは基本概念について学んでいく．出席は義務ではないが，試験でよい成績をとるのに役立つであろう．興味深いことに，前と同じような指示をしたにもかかわらず，出席結果は劇的に変わった．クラスの学生のほとんど（80～95%）が毎回出席したとTAは報告した[3]．この背景にどんな学生心理があるのか私は完全には理解できていないが，私が真っ先に思いついたのはこのチュートリアル授業の社会的な性格が，学生の授業に対する考え方を変えたのではないかということである．学生は受講生仲間と議論をやりとりするので，この活動はもはや個人的なものではなくなり，彼らにはそこにい

---

[2] 私は，大文字のTで始まる「チュートリアル（Tutorial）」という言葉を，ワシントン大学型の授業を，学生が（おそらく授業の間一歩一歩）個別に指導されるより伝統的な「チュートリアル（tutorial）」と区別するために用いる．この「大文字のTで始まるチューリアル」はより複雑な活動である．

[3] 早朝（午前8時）の授業はときとして例外になる．

なければならない責任が生じているのではないだろうか．別の言い方をすると，チュートリアルは，欠席するとパートナーに大きな迷惑をかけるためにできるだけ欠席しない学生実験に似ているのだろう．伝統的な演習は講義に似ていて，欠席していても誰も気にしない．

伝統的な演習授業へのより相互作用型のアプローチ

　もしチュートリアルのような研究に基づいた演習への代替策を実施する気がなくても（あるいはそのための資金や機器がなくても），20名から30名程度の小規模クラスであれば，教材への取り組みを強めるための多くの手法を活用することができる．小規模クラスの環境であれば，このような取り組みの機会が非常に多くある．例えば，以下のような方法がある．

- 本気の質問をすること——学習内容に直接関わり，学生が答えることを期待している質問は，本気で答を求めていない形式的な問いかけや，1人の学生だけが興味をもつような質問よりも，はるかに学生をひきつける．
- 議論を導いていくこと——学生の質問に教師が答えてしまわずに，学生が議論をすることで，その質問に答えられるようになるのを見守る．必要ならばときどき手助けをせよ．
- 問題に協同で取り組ませる——宿題として出題していない，基本的概念を理解していないとわからないような問題は，魅力がありかつ学生をひきつける可能性がある（単なる代数的操作だけで解ける問題はそうではない）．各グループから1人ずつ黒板に解答を書かせて，授業で討論をすることがとても重要である．第4章で議論した，文脈に基づく推論問題の中には，この場面で効果的なものがある．
- 扱う問題数を減らし，より深く考察する——もしたくさんの問題を急いで行わせると，学生は理解よりもパターン合わせが必要だという見方を強めてしまう．中程度の難しさの問題を1題取り上げ，学生の理解が混同している部分を明るみに出すような議論を十分に行いながら進むには20分から30分かかるだろう．

　これらのアプローチは，やさしいように聞こえるが実はそうではない．どのアプローチも，学生がいま実際にどこにいるのか（つまり，正しいものも間違っているものも含めてどんな知識を学生が授業の時点でもっているか，そして正しい

知識構造を形成するために用いることができる素材として，何を学生がもっているか）について教師がより深く理解していればいるほど，よりよい成功が得られる．決定的な要素はコミュニケーションである．

　　レディッシュの教育のための第9戒律：可能な限り学生の言葉に耳を傾けなさい．自分の考えを説明する機会を与え，話すことに細心の注意を払いなさい．

ティーチング・アシスタントがよりよい演習を実施できるように支援する

　複数のTAを使う教員に対するいくつかの追加のアドバイスがある．

- TAが物理の内容を理解していることを確かめること――教師は，大学院生が入門物理に精通していると見なす傾向がある．しかし，次のことを意識するべきである．彼らは新米のTAで，入門物理を学んだのは4～5年も前のことかもしれない．その後に彼らが学んだこと（ラグランジアン，量子物理，ジャクソンの電磁気学の教科書の問題など）の中には，入門物理の授業でしばしば遭遇する概念的に微妙な問題の手助けになるようなものは少ない．
- TAと教員が必ず同じページに取り組んでいることを確かめる――もし概念的な問題を強調し，理解をうながそうとしているならば，教員がしようとしていることをTAが知っていて，その内容を理解していることを確かめよ．問題を解く際，学生に特定の方法を使わせたければ，その方法の使用を勧めていることをTAが心得ているようにすべきである．
- 採点とその方法の細部に配慮する――最も起こりやすい学生とのトラブルは，それぞれのTAが違う方法で採点することである．気軽に宿題を採点し，努力に対して加点するTAは，ささいな数学的な誤りについて減点するTAよりずっと高い点を与えることになりかねない．これは公平な採点という面で問題を引き起こし，学生に大きな怒りと憤りを生む可能性がある．

　これらの指針は私の経験にもとづいたものである．学生が20～30名のクラスでは，特別なカリキュラムを採用しなくても，効果的な参加型の学習環境を作り出せるはずである．しかし，このような状況で効果的な学習を行う際，どの要素が決定的なのかを理解するにはさらなる注意深い研究が必要である．

他のさまざまな学習環境に関する研究によれば，当該の学習内容についての研究により明らかにされた学生が遭遇する困難を教員が意識している場合であっても，研究にもとづく教材を用いることで授業の効果に大きな違いが生じる可能性がある[4]．次の二つの節で，演習をより効果的な学習環境へと変えることを可能にする三つの方法を紹介する．

「入門物理におけるチュートリアル」

学習環境：演習
スタッフ：学生15名につき1名の研修を受けたファシリテータ
学生のタイプ：入門物理の学生（微積分ベースの授業に対してはすべての教材が適している．一部は代数ベースの授業にも適している）
コンピュータ：非常に限定的な利用
他の機器：3名か4名の学生からなるグループごとにブッチャー・ペーパー[5]またはホワイトボードとマーカー，場合によってはちょっとした実験装置（例えば，電池，導線，電球など）
投入すべき時間：中程度から多（週に1〜2時間のスタッフの研修が必要である）
利用可能な教材：チュートリアル・ワークシートと宿題の手引き書

微積分を基礎とする入門物理に対するカリキュラム改革のうち，最も注意深く研究されたものは，おそらくリリアン・C・マクダーモット，ピーター・シェイファーおよびワシントン大学物理教育グループによって開発された「入門物理におけるチュートリアル」である．同グループの大学院生たちによる数多くの博士論文は，微積分ベースの物理学の個々の分野に関する学生のさまざまな困難を広く研究し，「研究と再開発のサイクル」を経ることによって，グループ学習授業

---

[4] [Cummings 1999] を見よ．
[5] 図画工作用紙などとして用いられる厚手の紙．肉屋（ブッチャー）などで肉や魚を包むのに用いられているので，この名前がある．白く漂白され，耐水性，耐油性に優れ，安価である．

を設計している（図6.1を見よ）．この膨大な量の文献は本書の付録の「参考文献」にかかげてある．出版された教材は運動学から物理光学にいたる広範囲の分野をカバーしている［Tutorials 1998］．さらなる教材の開発と改訂が継続して行われている．

　チュートリアルは，伝統的な演習を，研究に基づいて注意深く設計されたワークシートを用いるグループ学習活動でおき換えたものである．ワークシートは，概念形成と定性的な推論を強調するものであり，認知的葛藤と（すでに獲得している理解からの）橋渡しを活用する．また，研修を受けたファシリテータの支援により，学生はワークシートを用いて学習過程での理解の混乱を解決する．この方法は，伝統的な講義構造の枠内で，しかも費用対効果の高い形で，学生の基本的な物理概念の理解の向上を支援できる［Shaffer 1992］［McDermott 1994］．

　チュートリアルの学生は3名か4名のグループで活動し，1人あたり学生12〜15名を見て回るファシリテータがつく．ファシリテータは，学生の学習の進み具合を点検し，半ソクラテス的対話[6]の形で導いていく質問をすることによって，学生が難しさを感じていることについて自ら考えぬくことを支援する（図8.5を見よ）．教室の構造（図6.3）は，講義の場合とは異なる，チュートリアルで想定される学生のふるまいに焦点を合わせている．この授業やその他の探究にもとづく授業では，学生の焦点は（机の上の）作業とグループ内の他の学生たちとの相互作用とにある．

「チュートリアル」の構成

　チュートリアルは以下のような構成要素をもっている．
1. 10分間の採点を行わない「事前テスト」が（通常は講義中に）週1度行われる．このテストは次週のチュートリアルで扱われる主題についての定性的で概念的な問をたずねる．そして，学生に何らかの（通常は直観に反するような）論点について考えさせる．
2. これに関わるTAと教員は，毎週1〜2時間の研修ミーティングを行う．こ

---

[6] 「ソクラテス的」対話と「半ソクラテス的」対話との違いについてさらに学ぶには，ボブ・モースの楽しい小文「ソクラテス夫人の古典的方法」を見よ［Morse 1994］．

の研修ミーティングで，TAは自分たちで事前テストを解いたうえで，学生の提出した事前テストを検討する（しかし採点はしない）．彼らは学生がどこで困難に遭遇しているかを議論し，チュートリアル課題に学生の立場で取り組み，そこで扱われている（しばしば微妙な）物理の考え方を確認する．

3．学生は1時間（50分）の授業に出席する．学生は3名か4名のグループで活動し，ワークシートの問に答えることにより基本的概念についての定性的推論を形成する訓練を行う．

4．学生は，自分の推論を説明することを求められる，短い定性的な宿題を与えられる．これは，学生にチュートリアルで扱われた考えを思い出させ，さらに発展させることをうながす．これは，毎週の宿題の一部で，たいていの場合テキストから出題された問題を含む．

5．毎回の試験でチュートリアルの教材を強調する問題が出題される（レディシュの教育のための第6戒律を見よ！）．

「チュートリアル」は重要だが微妙なポイントに焦点を合わせることが多い

ワシントン大学では，「研究-再開発のサイクル」を用いて長年をかけてチュートリアルのワークシートが開発されてきた．ワシントン大学の物理教育研究グループは，カリキュラム開発にとって理想的な状況を備えている．すなわち，多数の大学院生とポスドクからなる大規模な研究グループであり，長年にわたって継続的に研究開発のための資金援助を獲得しており，毎学期，したがって年に4回開講される微積分ベースの物理コースを，チュートリアルを用いて教えられる教育環境である．その結果，ワシントン大学のチュートリアルは高度に洗練され非常に注意深く考え抜かれ，検証されている．明らかに修正すべき点をいくつか見つけたと思う人もいるかもしれないが，軽々しく変更しないことをお勧めする．

われわれが最初にメリーランド大学でチュートリアルを導入したとき，サグレドは，われわれがチュートリアルを試験的に行っていた小クラスの一つで講義を担当していた．彼は，図8.1に示した加速度ベクトルの活動を，円周上の運動に変えることを提案した．「だって」と彼はコメントした．「円運動は楕円運動よりはるかに簡単だよ，だから学生はそちらの方が理解しやすいはずだ．」

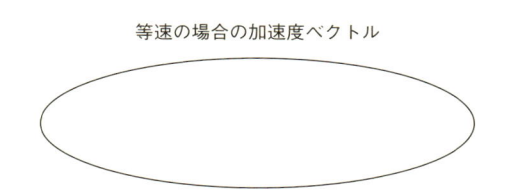

等速の場合の加速度ベクトル

（楕円軌道の図）

第1部における物体は等速で上図の軌道上を回っているとする．

- 軌道上の相互に比較的近い2点における速度ベクトルを描きなさい（ベクトルは大きく描きなさい）．
- この2点をCおよびDと名づけなさい．
- 別の場所に，速度ベクトル v_C と v_D を写しとりなさい．
- これらのベクトルから，速度ベクトルの変化 Δv を求めなさい．

(i) v_C の先端と Δv の尾がなす角は90°に比べてどうなるか？（この場合の「比べて」というのは，「90°より小さいか，大きいか，あるいは等しいか」という意味である．）

　　点Dをしだいに点Cにより近いところにとっていくと，上の角度はどうなるか？　どのようにそれがわかるかを説明せよ．

　　点Dをしだいに点Cにより近いところにとっていくと，Δv の大きさはどうなるか？

(ii) 点Cにおける加速度はどのようにわかるか？

図 8.1 ワシントン大学のチュートリアルの活動の例 ［Tutorials 1998］

サグレドのコメントはこの活動の要点を見落としている．ライフとアレン［Reif 1992］は，学生がしばしば加速度ベクトルの概念をまったく内化（internalize）していないことを明らかにしている．学生は，基本的概念を理解しようと努力せずに，問題が解けるようになるための公式を暗記しようとする．加速度の場合，学生は，二つの近接した時刻の速度ベクトルに注目し，どのようにそれらが変化したかを見るという過程を通じて，加速度ベクトルについて考えることを学ぶ必要がある．ワシントン大学のチュートリアルの活動は，学生が教科書に書かれている何かとパターン合わせをすることができない程度に十分に一般的（円でも楕

円でもなく）でありながら，学生が加速度の概念を構築する過程に関心を集中することを余儀なくするには十分に特殊（等速で運動しながら方向を変える，そして後には速さも変化する）であるように注意深く設計されている．サグレドの善意の助言は，この注意深く設計された学習活動の意義を完全に損なうだろう．

「チュートリアル」の事前テストと宿題の解答を公開すべきか？

　ワシントン大学のチュートリアルは第2章で議論した認知的葛藤の方法に依拠していることが多い．この方法では，研究によって明らかになった，多くの学生が遭遇する困難に気づかせるような状況が設定されている．ファシリテータは，そこから，予想された困難に遭遇している学生が自分自身で考えを発展させることを支援する．マクダーモットはこの過程を「（矛盾を）引き出し（elicit）/ 直面させ（confront）/ 解決させる（resolve）」といい表している［McDermott 1991］．事前テストはしばしば，一見単純に見えるが，（大半の学生とまでいえないとしても）多くの学生が間違えるような問を提起する．授業中に事前テストの問題を取り上げてそれについて解説しないように，またその解答も公開しないように注意しなければならない．事前テストの要点は，学生にその問題について考えさせることにある．そのうえで学生はこれらの論点にチュートリアルの活動の中で直面する．彼らに答を与えると，学習活動をショートさせてしまう．

　サグレドはこのこと（答合わせをしないで放っておくこと）が気になり，チュートリアルを始めて数週間たった時点で，自分の講義に出ている学生に事前テストの答を公表してほしくないのかとたずねた．その反応は気乗りしないものであった．学生の1人が率直に答えた．「ええまあ，翌週の『チュートリアル』で私たちはその答について考えるので，そこでわかります．」

　チュートリアルの宿題の解答に関しては，話はまた別だろう．チュートリアルの宿題は，事後の学習を補強するための，チュートリアルの内容のかなり直接的な発展であることが想定されている．私のクラスのうちのいくつかでは，とくに大半のグループがチュートリアルを完了することができた場合には，これは問題ではないようである．チュートリアルが完了できないことがしばしばあったクラス（例えば，私の代数ベースのクラス）では，学生はチュートリアルの宿題を難しいと感じた．私の大学院生のTAの中にチュートリアルの宿題の解答を間違え

るものがいることを見つけて以来，私は（学生に）解答を与えることにした．

「チュートリアル」の実施には何が必要か？

　ワシントン大学のチュートリアルの焦点は，基本的概念の習得と実施費用を低く抑えることにある．簡単に手に入る器具（電池と電球，磁石，コンパスなど）を必要とすることもあるが，図 8.1 に示した例のように大半は紙と鉛筆でできる．しかし，活動の一部は，よく設計された，刺激的な小実験を含んでいる（例えば，図 8.2 を見よ）．必要となる最大の投資は，誰かがこの方法に習熟し，ファシリテータに対する研修を実施しなければならないことと，誰かが授業の進行を管理しなければならないことである[7]．

　チュートリアル・シートと宿題シートは学生が購入できる [Tutorials 1998]．事前テスト，試験問題の見本と装置リストは，教員用手引書とともに入手可能である．

「チュートリアル」は著しい学習の向上を生む

　チュートリアルはワシントン大学グループおよびその他の人々によって広範に研究され，検証されてきた．過去 10 年間のワシントン大学物理教育研究グループの論文の多くは，個々のチュートリアルの開発に伴う研究である．

　われわれはメリーランド大学の工学系物理の第 1 学期について，FCI を事前テスト-事後テストとして用いて，チュートリアルの（開発校以外での）二次的実施を検証した [Redish 1997]．講義者による違いを知るためにソウルおよびスタインバーグと私は，14 名の教授の担当する 16 の異なる小クラス講義に対して FCI を実施した．このうちの七つは，伝統的な演習形式を用い，九つはチュートリアルを用いた．チュートリアルを使うクラスはランダムに選ばれた．2 名の教授は 2 回実施したが，1 回はチュートリアルを用いて，もう 1 回は用いないで行った．ゲイン g [8]は，伝統的演習を用いたクラスでは平均 0.20 で，チュートリアルクラスでは平均 0.34 であった．チュートリアルを用いない授業と用いた授業の

---

[7] メリーランド大学では，600 名の学生のためのチュートリアルを実施するのに必要なコストは，この授業を組織し管理するのに必要な TA の費用の半額程度であることがわかった．
[8] ゲイン g の定義については，第 5 章の議論を参照すること．

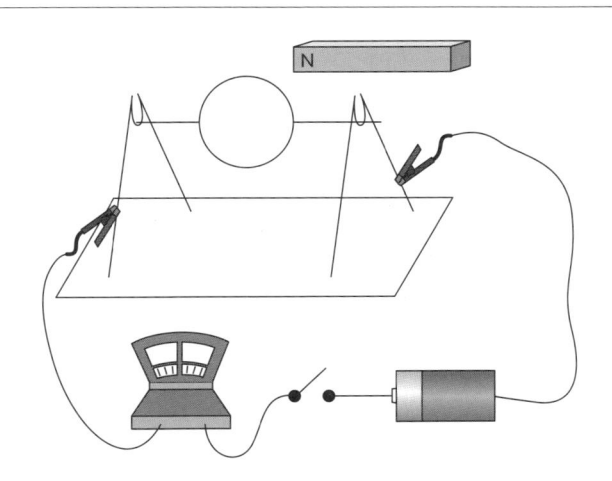

「入門物理におけるチュートリアル」 229

コイルにつながった導線を調べて，エナメル線の被覆のどの部分がはがされているか調べなさい．

- コイルがどちら向きのときに電池による電流が流れるか？
- スイッチを閉じて手でコイルを完全に1回転させる間の電流計の針の振れを観察して，自分の答を確かめなさい．
- 磁石の一方の極をコイルに近づけたままにしなさい．スイッチを閉じなさい．もしコイルが回転しなかったら，磁石の位置を調整するか，コイルをゆっくりと回して，回転し始めるようにしなさい．

クラスで議論した考えを用いて，エナメル線コイルの運動を説明しなさい（以下のページの問は，このモーターの動作の理解を深めるのに役立つかもしれない）．

図 **8.2** 簡単な実験を含むワシントン大学チュートリアルの活動の例［Tutorials 1998］

両方を教えた教員は，いずれもチュートリアルを用いた授業の方が，成績が 0.15 よかった（この教員たちの1名はチュートリアルを用いた授業を先に教え，もう1名は演習をともなう授業を先に教えた）．この結果の度数分布は図 8.3 に示されている．チュートリアルを用いた小クラスのすべてが，演習を用いた小クラスのすべてよりも高いゲインを達成している（ベスト・ティーチャー賞を授与された

ことがある教授によるあるクラスが，その後チュートリアルなしで0.34の向上を達成した．これは，われわれのチュートリアルを用いる授業の中での最も低い成績向上より高いが，チュートリアルに基づく大半のクラスよりも低い）．

演習を「チュートリアル」に替えても問題解答力を損なわない

　メリーランド大学における博士論文で，ジェフ・ソウルとメル・サベラは，問題を解く力という面からわれわれのチュートリアルと演習を比較する研究を行った．伝統的な試験問題については，大半のケースにおいて，この二つのグループの間にほとんど，ないしまったく，違いがなかった．

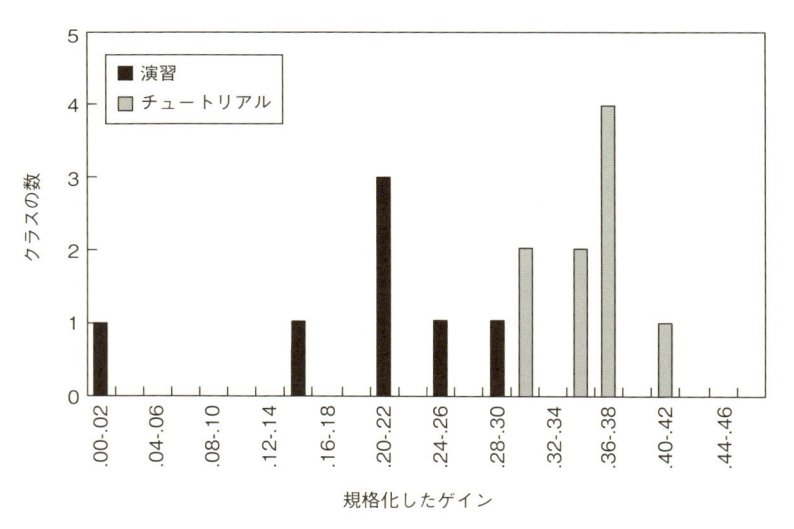

図 **8.3**　メリーランド大学の工学系物理の伝統的な演習（濃いグラフ）と，チュートリアル（明るいグラフ）の授業を受けた学生が得たゲイン g の分布

　いくつかの問題については，チュートリアルを受けた学生の方が，演習を受けた学生よりも劇的にできがよかった．興味深いケースとして，チュートリアルでは当該の問題に似た例を具体的には扱っていなかったのに，チュートリアルが機能性に優れたメンタルモデルの形成を支援したのではないかと思われるものがあった．そのような問題の一例を図8.4に示し，メリーランド大学における結果を表8.1に示す［Ambrose 1998］．この問題はみかけよりもひねってある．方程

式を暗記する学生は，本に載っている順に方程式を暗記しがちだが，そこでは明線の位置の公式がつねに最初に与えられている．しかし，この問題は暗線の位置を聞いている．演習を受けた学生のかなりの部分が，単に明線の公式をもち出して，正解の2分の1となる答を出した．

チュートリアルクラスでは顕著に多数の学生が，答を導くのに実際に経路長の議論を用いて推論した．これは彼らが，基本的なメンタルモデルに依拠して正しい結果を構築できることを示している．われわれが用いているチュートリアルはこの問題自体を具体的に取り扱っているわけではなく，経路長と干渉におけるその役割についての概念の形成に焦点を当てているので，このような結果を得たことに私は強く印象づけられた．

$\lambda = 500$ nm の光が，距離 $d = 30$ μm だけ離れた2本の細いスリットへ入射している．干渉縞がスリットから距離 L 離れたスクリーン上に見られた．最初の暗線は中央の最大値から 1.5 cm の位置にあった．L を求めなさい．

図 **8.4** チュートリアルの学生の方が，演習の学生よりも著しくよい成績を示した問題［Ambrose 1998］

表 **8.1** 演習クラスとチュートリアルクラスに与えられた問題の結果

	例	演習 ($N = 165$)	チュートリアル ($N = 117$)
$L = 1.8$ m （正解）	$\Delta D = d \sin \theta = \lambda/2$ $\sin \theta = y/L$	16%	60%
$L = 0.9$ m	$y = m\lambda L/d$	40%	9%
その他	$L = 5.0 \times 10^{-7}$ m	44%	31%

学生は「チュートリアル」に慣れる必要がある

チュートリアルを授業に導入する際には，学生の取り組み姿勢に困難が生じる可能性があることを意識しなければならない．第3章で議論したように，学生は，その授業ではどんな種類の知識を学ぶかということ，そしてそれを得るために何をしなければならないかについて，「期待観」をもって物理の授業を受ける．工学系志望の学生（とくに高校で上級物理（AP）を履修した者たち）は，物理の

授業では方程式と数値を得る方法を学ぶ，という強い期待観をもっている可能性がある．「概念」という考えや，物理において何かの「意味を理解する」という考え方さえ，彼らにとってなじみがないものかもしれない．こうした学生は最初のうちチュートリアルの背景にある考えに非常に敵対的でありうる．成績がよい学生の中には，（予想する際には数々の間違いをするにもかかわらず）チュートリアルはわかりきったものだと考える者もいる．その他にも，協同的な枠組よりも競争的な枠組で活動することに慣れていて，自分の答を「間抜けな連中に説明しなければならない」ことを好まない学生もいる（「間抜け」とされた学生の 1 人が的を射た探究的な質問をして，「最優秀学生」を自認している自信過剰の学生の重大な思い違いを訂正した授業のあとでさえ，私はこうしたコメントを聞いた）．教師と学生の双方が，チュートリアルを授業の通常の一部として受け入れるようになると，チュートリアルはその授業の最も価値のある部分の一つと評価される傾向がある．

　入門物理授業の学生の多くにとって，概念の学習と定性的な推論はなじみのないものなので，チュートリアルの導入は注意深く行われなければならない．私の場合は，チュートリアルのアプローチを自分の講義の中に完全に統合し，定性的推論を問題演習に結びつけたとき，最も成功を収めた．最小限必要なのは試験問題の中に「チュートリアルからの問題」を含めることである．すべての問でチュートリアル的な考えと問題演習とが組み合わされている試験は，学生に概念と定性的思考の価値を理解させるうえでさらに効果的である．

「ABP チュートリアル」

> 学習環境：演習
> スタッフ：学生 15 名につき 1 名の研修を受けたファシリテータ
> 学生のタイプ：微積分ベースの入門物理の学生（演習教材の多くは代数ベースのクラスにも適している）．
> コンピュータ：3 名か 4 名につき 1 台
> 他の装置：3 名か 4 名の学生からなるグループごとにブッチャー・ペーパーまたはホワイトボードとマーカー，場合によって若干の実験装置（例えば，電池，導線，電球など），コンピュータを利用するデータ収集装置，*Videopoint* と *EM Field* を含むさまざまなプログラムとシミュレーション
> 投入すべき時間：中程度から多（週に 1 時間から 2 時間のスタッフの研修が必要である）
> 利用可能な教材：チュートリアル・ワークシート，事前テストと宿題のセット [ABPTutorials]．これらの教材とその利用のための指示はつぎのウェブサイトから入手できる．http://www.physics.umd.edu/perg/

ワシントン大学物理教育グループのチュートリアルは，広い範囲のトピックをカバーしているが，それは定性的推論と概念形成という課題に強く焦点を当てている．加えて，同グループは，チュートリアルを可能な限り実践しやすいものにするという選択をし，（非常に廉価な少数の装置を用いるが）装置にはほとんど頼らない．さらに，同グループのチュートリアルは，コースの他の部分（講義，学生実験，宿題）で概念形成がそれほど支援されていなくても，学生が基本的概念の形成に，十分成功するように設計されている．そのような状況で生じる一つの問題点は，学生が定性的な問題と定量的な問題に取り組む際に，それぞれについて独立にスキーマを発達させてしまい，（チュートリアルの節で議論したように）定量的な問題を解くうえで，定性的な考えをまれにしか援用しようとしないことである [Kanim 1999] [Sabella 1999]．

「ABPチュートリアル」は数学および先進テクノロジーを志向している

メリーランド大学物理教育研究グループは,「活動を基盤とする物理(Activity-Based Physics, ABP)」プロジェクトの一環として,ワシントン大学のチュートリアルとは異なる1組の想定に基づいたチュートリアルの一連の教材を開発した[Steinberg 1997].

1. 概念に関する学習がコース全体(講義,宿題,学生実験)にわたって組みこまれており,チュートリアルだけが概念発達のための唯一の機会ではない.
2. 定量的な問題を解くことは,その授業にとって重要な目標である.
3. チュートリアルでは適切なコンピュータ・ツールの使用が可能である.

これらの想定の下では,チュートリアル授業の構造をいくらか変えることが可能である.すなわち,授業は,概念的表現と数学的表現を関係づけ,定性的なものから定量的なものへつなげることに,より重点を置くことができる.この授業では,コンピュータを用いてデータを収集し,ビデオを表示し,シミュレーションを表示する.例えば,図8.5は,ファシリテータ(立っている人)が,運動センサとパスコサイエンティフィック社製のレールに置かれた扇風機付きの台車を用いてニュートンの第二法則を学んでいる学生グループと話しているところである.

授業教材の一部は新しいものだが,その他の部分は「リアルタイム物理」学生実験と「ワークショップ物理」活動の中からチュートリアルの枠組向けに改変されたものである.その例には,以下のものがある.

- パスコサイエンティフィック社の2台の台車に載せた二つの力センサを用いてニュートンの第3法則を発見する.
- 運動センサの前を歩くことで速度の概念を探究する.
- 力センサからつるしたばねにおもりをつけて運動センサとともに組み合わせ,振動のふるまいを探究する.

新しい授業にはつぎのようなトピックがある.

- ソフトウェア *EM Field* を用いて,電場と電位の概念をその数学的表現と結びつける[Trowbridge 1995].
- ばねを伝わるパルスのビデオとビデオ解析プログラム *Videopoint*™ とを用いて,波の伝播の関数的表現の理解を構築する[Luetzelschwab 1997].

図 **8.5** ニュートンの法則についてのコンピュータを用いた相互作用型のチュートリアル．学生たちは，彼らの探究の話し合いの論点を明確にするためにソクラテス的対話の質問をするファシリテータ（立っている）と議論している．

- スピーカーの前で振動するろうそくの炎のビデオとビデオ解析プログラム *Videopoint* ™を用いて，音波振動の性質と波長の意味の理解を構築する（図 8.6 を見よ）．

概念学習は数学の利用と結びつけることができる

　音波の例は，メディアを効果的に使うことによって，概念に関する学習をどのように数学的概念に結びつけることができるか示す興味深い例である．

　伝統的なやり方で音の分野を学ぶ学生は，波のピーク（またはパルス）を，媒質の変位というよりも，媒質中へ押しこまれる濃密な物体であるかのように見なす描像をしばしば構築する［Wittmann 2000］．ウィットマンはこれらの二つのメンタルモデルを，粒子パルスモデル（PP）と（科学者の）共同体のコンセンサスモデル（CC）といい表している．ある学生が PP モデルを用いているかどうかを知る手がかりは，その学生が，音の各パルスが浮遊しているほこり粒子を通過するときにその粒子に「ぶつかり」，それを前に押すと仮定するかどうかである．

アレックス：［ほこり粒子は］波に押され，音波に押されて，スピーカーから遠

ざかる向きに動く．つまり，音波が空気中を広がるということは空気が実際動いているということだから，ほこり粒子もスピーカーから広がっていく空気といっしょに動くはず．

質問者：わかった．つまり空気は遠ざかっている．

アレックス：空気はそのほこり粒子をいっしょに運ぶはず．

質問者：［空気は］どうやってそのほこり粒子をいっしょに運びながら動くのかな？

アレックス：その粒子を押しているはずだ．つまり，それ以外にどうやって動かせる？［典型的な正弦曲線を描いて］この図を見ると，もしその（ほこり）粒子がここにあって，波のこの最初の圧縮された部分がそれにぶつかると，それは［このほこり粒子を］を動かしていっしょに運ぶだろう．…

質問者：すると各圧縮波が粒子を前に蹴る効果をもつわけだ？

アレックス：その通り[9]．

　ウィットマンは博士論文で，工学系物理の大半の学生は，たいていの場合，PPモデルを用いるが，いくつかの状況下ではCCモデルを用いることを見いだした．この問題に取り組むために開発されたABPチュートリアルは，スピーカーの前の炎のビデオを用いる（図8.6.を見よ）．

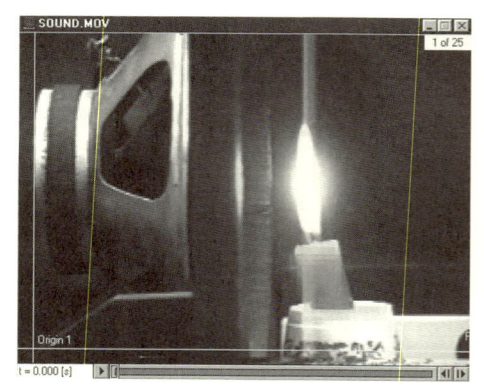

図 **8.6**　「ABPチュートリアル」で用いられるビデオの1フレーム．スピーカーによって出された低周波の音波（10 Hz）がろうそくの炎を前後に振動させる．学生は *Videopoint* ™ を用いてこの振動の振動数を測定する．

---

[9]　［Wittmann 2001a］から引用された会話．

「ABPチュートリアル」　237

認知的葛藤の方法を用いて，授業では，学生にスピーカーのスイッチを入れたときの炎のふるまいを予想させる．その後，学生は炎が前後に動く様子を追跡し，炎の先端の振動のグラフを描く．さらにその後，学生は，相対的な位相と波長の概念を理解するために，間隔をおいて一列に並べられた炎を音波が通過していくときに何が起こるかを検討する．

音の出ていないスピーカーの前にほこり粒子がある（図を見よ）．スピーカーのスイッチが入り，一定の（低い）振動数の音が出ている．（下に並んでいる）選択肢(a)〜(f)のうち，どの選択肢ないし選択肢の組み合わせがスピーカーのスイッチが入った後のほこりの粒子の運動を描写しているか？　正しいと思われるものすべての記号に丸をつけて，説明しなさい．

選択肢：
(a) ほこり粒子は上下に動く．
(b) ほこり粒子はスピーカーから離れる方向に押されて動く．
(c) ほこり粒子はスピーカーに近づく向きと離れる向きに動く．
(d) ほこり粒子はまったく動かない．
(e) ほこり粒子は円軌道にそって動く．
(f) この答の中に正しいものはない．

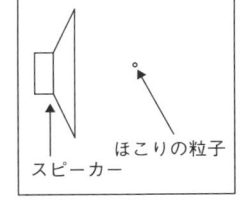

図 8.7　学生が音をイメージするのに用いるメンタルモデルを調べるための多選択肢・複数回答問題

表 8.2　伝統的講義の前後と追加的な修正版チュートリアル授業後の学生の音波問題の成績

用いられたメンタルモデル ＼ テストをした時期	すべての授業の前(%)	講義後(%)	講義とチュートリアルの後(%)
CC（縦波的な振動）	9	26	45
上と異なるタイプの振動	23	22	18
PP（線形に，あるいは正弦的に押しやる）	50	39	11
その他	7	12	6
無回答	11	2	21

この授業への学生の反応を調べるために用いられた試験問題は図8.7に示されており，伝統的授業とチュートリアル授業についての結果は表8.2に示されている．データ数は同じである（学生数 $N = 137$ 名）．すべての授業後に行った事後テスト群に無回答が多いのは，この問題の事前テストを完了しなかった学生が多数いたためである．この結果はチュートリアルが伝統的授業に対して著しい改善をもたらすことを示している[10]．

協同による問題演習

学習環境：演習の時間
スタッフ：20名から30名のクラスであれば学生数の多少にかかわらずこの方法の研修を受けた教員ないしアシスタント1名．より大きなクラスではもう1名ファシリテータが加わると支援になるだろう．
学生のタイプ：微積分を基礎とする入門物理の学生（問題の多くは代数を基礎とするクラスでも使える）．
コンピュータ：不要
他の装置：不要
投入すべき時間：中程度から多
利用可能な教材：学生向けの問題マニュアルと教員用のガイド．グループのウェブサイトから入手できる．http://www.physics.umn.edu/physed/Res

過去10年間ほどにわたって，ミネソタ大学のパットおよびケン・ヘラーとその協力者たちは，グループ学習的に問題解決に取り組む「協同による問題演習（Cooperative Problem Solving, CPS）」の環境を開発してきた．そこでは演習で学生が協同していままで見たことがないような問題に取り組むのである［Heller

---

[10] メリーランド大学の開発環境は，ワシントン大学ほど理想的なものでない．そこでは，これらのチュートリアル開発は，ワシントン大学におけるだいたい8回から10回程度の実施に比べて，2回から4回程度の開発サイクルしか経ていない．その結果，メリーランド大学版のチュートリアルはワシントン大学版ほど洗練されておらず，また効果的にもなっていない．

1992]．彼らの仕事はジョンソンらとその協力者たちによる，グループ学習の効果についての一般的研究に基づいている［Johnson 1993］．

「協同による問題演習（CPS）」は文脈に富んだ問題に依拠している

ミネソタ・グループが開発した問題は，文脈に富んだ問題（context-rich problems）である．すなわち，現実的な場面に即したもので，不完全なデータしか与えられていない場合もあり，さらに，学生は，問題の一部を自分たち自身で提起しなければならないこともある（図8.8を見よ）．こうした問題は，どの学生にとっても自分だけで解くには難しすぎるが，さまざまな能力の学生が混ざっているグループが協同で取り組めば，15分から20分程度で解くことができる程度の難易度を意図している．各グループはさまざまな能力の学生を含むように組まれ，グループ内のそれぞれの学生には特定の役割が（交代しながら）振り当てられることもある．

ミネソタ・グループの文脈に富んだ問題には，適切な思考をうながすようないくつもの一般的な特徴がある．これらの特徴により，問題解決の初心者にとっては個人で取り組むのが難しく，議論することをうながすことになる．これらの特徴には以下のようなものが含まれる．

1．数値を入力すれば答が得られるような公式を用いる解き方は使いにくい．
2．当てはまる解答パターンを見つけて答を得るのは難しい．
3．はじめに問題の状況を分析しなければ，問題を解くのは難しい．
4．図を描いて重要な量を図中に明示しないと，問題が何を意図しているのかが理解しにくい．
5．「斜面」「静止状態からの出発」「放物運動」などのような物理の言葉は可能な限り使用を避けている．
6．基本的概念を用いた論理的分析が強調されている．

これらの問題は注意深い思考を必要とするように書かれている．
・問題は，その中での主要人物として学生自身が出てくるような短い物語になっている．すなわち，各問題文は，個人的な代名詞「あなた」を用いる．
・問題文は，「あなた」に計算させるための，実際にありそうな動機や理由を与えている．

第8章 演習と学生実験を基礎とした方法

> あなたの友人のギタリストは，あなたが今学期に物理を受講していることを知って，ある問題を解決するのを手伝ってほしいと頼んだ．友人の説明では，演奏の前に調律するとき，かれのギブソン「レスポール」の低いEの弦（640Hz）がしばしば切れてしまう．新しい弦を買う費用が，手に負えなくなってきているので，友人はこの窮地を脱したいと切に願っている．友人によれば，彼がいま使っているE弦は銅製で，直径は0.063インチである．あなたは，友人のギターのネックの長さを考慮してちょっとした計算をしてみて，E弦上の波の速さは1900フィート毎秒であると概算した．あなたは，図書館で弦楽器について調べて，2%以上大きなひずみにさらされるとたいていの楽器の弦は切れることを発見した．あなたは友人にどのように問題を解決することを提案するか？

図 **8.8** ミネソタ大学のCPS法で使われる文脈に富んだ問題の例 [Heller 1999][11]

- 問題中の対象物は現実的なもの（あるいは想像可能なもの）で，どう理想化するかは明示される．
- 問題には絵や図がそえられていない．学生はその状況を自分の経験を用いて可視化（画像化）しなければならない．
- 問題の解答には1ステップ以上の論理的および数学的推論を必要とする．それだけで問題を解ける単独の方程式はない．

　この種の問題は考え方の枠組を変化させる．すなわち，学生は「単純に数値を公式に入れて答をはき出させ（plug-and-chug）」たり，パターン合わせでは解くことはできない．彼らは関わる物理について考え，何が関係しているか判断しなければならない．このことは学生のグループに対して，単に答を見つけるのではなく，問題の意味をつかもうとすることを強くうながすのである．
　ミネソタ・グループは，これらのより難しい問題を学生に単に与えているのではない．彼らは明確な問題解答の方略を開発し，学生が行き詰ったときにそれを

---

[11]（訳注）　ただし，この問題に記述されている弦の周波数・材質・直径は現実のギター弦とは異なる．

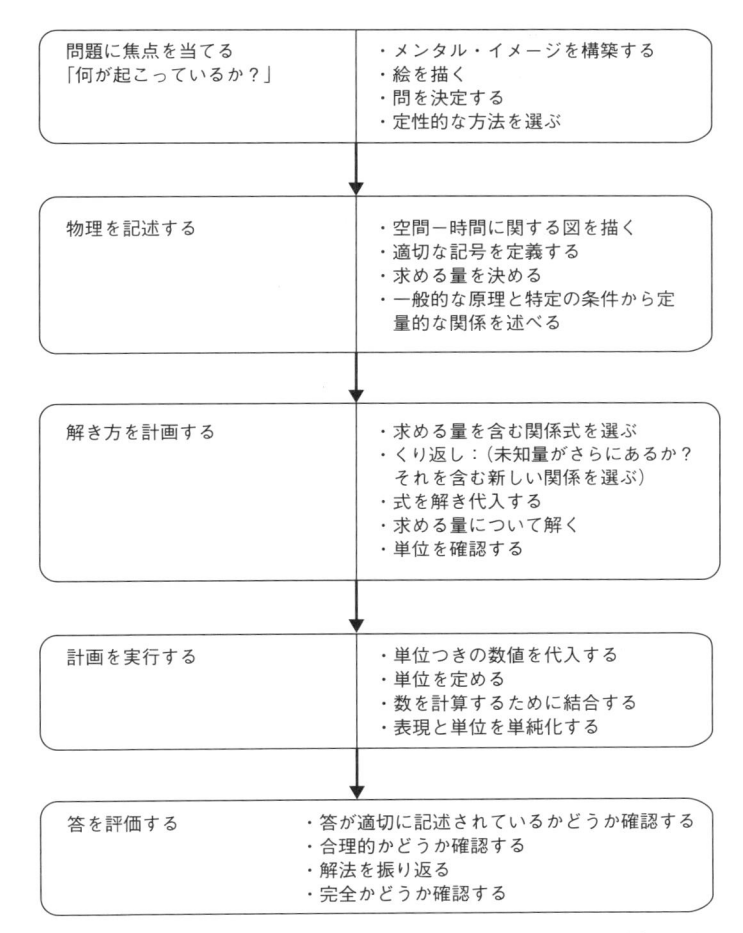

```
┌─────────────────────┐     ┌──────────────────────────────┐
│ 問題に焦点を当てる   │ →   │ ・メンタル・イメージを構築する │
│ 「何が起こっているか？」│     │ ・絵を描く                    │
│                     │     │ ・問を決定する                │
│                     │     │ ・定性的な方法を選ぶ          │
└─────────────────────┘     └──────────────────────────────┘
          ↓
┌─────────────────────┐     ┌──────────────────────────────┐
│ 物理を記述する       │ →   │ ・空間－時間に関する図を描く │
│                     │     │ ・適切な記号を定義する        │
│                     │     │ ・求める量を決める            │
│                     │     │ ・一般的な原理と特定の条件から定│
│                     │     │   量的な関係を述べる          │
└─────────────────────┘     └──────────────────────────────┘
          ↓
┌─────────────────────┐     ┌──────────────────────────────┐
│ 解き方を計画する     │ →   │ ・求める量を含む関係式を選ぶ  │
│                     │     │ ・くり返し：(未知量がさらにあるか？│
│                     │     │   それを含む新しい関係を選ぶ) │
│                     │     │ ・式を解き代入する            │
│                     │     │ ・求める量について解く        │
│                     │     │ ・単位を確認する              │
└─────────────────────┘     └──────────────────────────────┘
          ↓
┌─────────────────────┐     ┌──────────────────────────────┐
│ 計画を実行する       │ →   │ ・単位つきの数値を代入する    │
│                     │     │ ・単位を定める                │
│                     │     │ ・数を計算するために結合する  │
│                     │     │ ・表現と単位を単純化する      │
└─────────────────────┘     └──────────────────────────────┘
          ↓
┌─────────────────────┐     ┌──────────────────────────────────┐
│ 答を評価する         │ →   │ ・答が適切に記述されているかどうか確認する│
│                     │     │ ・合理的かどうか確認する          │
│                     │     │ ・解法を振り返る                  │
│                     │     │ ・完全かどうか確認する            │
└─────────────────────┘     └──────────────────────────────────┘
```

図 **8.9** ミネソタ・グループによって用いられた問題解決の方法の構造（多少単純化して圧縮してある）[Heller 1999]

適用するように支援するのである．その概略は図 8.9 に示されている[12]．

このような問題を作成するのは難しいが，そのような問題が作れると，グルー

---

[12] この方略は，ポリヤの有名な小冊子「いかにして問題をとくか」[Polya 1945] にある方略を詳しくしたものである．ミネソタ・グループは，ポリヤの方略をそのまま使うのは，代数ベースのクラスの学生には難しすぎ，いくつかのより詳細な中間的ステップが必要であることを見いだした [Heller 1992]．ポリヤの方略は (1) 問題を理解する，(2) 計画を立てる，(3) 計画を実行する，そして (4) 振り返るというものである．

プの相互作用の効果は，非常に劇的である．しかし，グループでの問題解決という考え自体が，学生にとってもTAにとっても難しいかもしれない．ある年，私はこれらの問題をいくつか用意し，毎週その中の一つをTAたちにOHPシートにして手渡して，学生に講義する代わりにグループでの活動を始めることをうながした．グループ活動を経験したことがない1人のTAは，私の指示に従わないことにした．その問題をグループ課題とする代わりに，彼女は授業のはじめに小テストとして出題した．10分後，学生の大半がどうやって取り組み始めたらよいのかまったくわからないといったとき，彼女は学生に自分の講義ノートを見ることを許した．さらに5分経っても，学生たちはまだ少しも進んでいなかったので，彼女は学生に教科書を開けさせた．20分後，彼女は小テストを集め，採点した．結果は惨憺たるもので，平均の正答率は約20％だった．彼女のクラスの学生は「小テストが難しすぎる」と不満をいった．私が彼女に何をしたのかたずねると，彼女は答えた．「もし学生が協同で取り組んだら，それがだれの成果なのかわからないじゃないですか．」彼女は私が学習として意図していた活動を，評価のためのものと間違えてとらえていたのである．他の小クラスでは，多くのグループがその問題を解くことに成功した．

グループの相互作用は決定的な役割を果たす

サグレドはこのTAに同情的だった．「もし学生が協同で活動したら，最も優秀な学生の成果が現れることになるだろう．学力の乏しい学生はそれについていくだけになるだろう．」と彼らは批判した．ミネソタ・グループは，実際にはそうならないことを示した．そして，彼らはグループ内の相互作用を改善する手法を開発した．

<u>グループ活動の結果は，その中の最も優秀な学生の結果よりもよい</u>

グループの達成度をそのグループ内の最も優秀な個人の達成度と比較して評価するために，ミネソタ・グループは個人とグループの問題解決の達成度を比較した［Heller 1992］．同じ問題を同じ学生に異なる文脈で与えて結果を比較することはできないので，彼らは問題がおおよそ同じレベルの難しさであることを判定する方法を開発した．彼らは六つの特徴により問題の難しさを分類した．

1. **文脈**：（直接の経験や新聞・テレビなどを通じて）大半の学生にとってなじみのある文脈の問題は，（サイクロトロンやパルサーからのX線信号のような）なじみのない専門的文脈の問題より難しくない.
2. **てがかり**：（力や「作用・反作用」についての言及など）特定の物理への直接的な手がかりを含む問題は，その物理を推測しなければならない問題ほど難しくない.
3. **与えられた情報の適合度**：無関係な情報や（逆に）思い出したり推定したりしなければならない情報がある問題は，与えられた情報が必要な情報と完全に一致している問題より難しい.
4. **明示性**：求めるべき未知量が特定されている問題は，それを自分で考え出さなければならない問題よりやさしい.
5. **必要となる方法の数**：関連する1組の原理（例えば，運動学やエネルギー保存など）のみを必要とする問題は，そのような原理を2組以上必要とする問題ほど難しくない.
6. **記憶に対する負荷**：五つ以下の方程式を解くことを必要とする問題は，それ以上を必要とする問題よりやさしい.

彼らは，各問題について，上記の特徴のそれぞれについて難しさに応じて0か1の値を付与すると，各問の点数が学生の平均成績のよい予測材料となることを発見した．グループがよりよい解を求めるために効果的に活動しているか，あるいは単にそのグループ内の最も優秀な学生の成果を表しているのかを調べるために，彼らはグループ問題と個人問題の両方を用いて学生をテストした．

問題の難しさのレベルは上記の基準を用いて合わされた．2学期にわたる6回の試験で，グループ（学生数 $N = 179$）の平均は81だったが，グループ内で最も優秀な個人の平均は57だった．こうした結果は異なる試験と授業においても同じで，グループはそのグループ内で最も優秀な学生よりもよくできることを強く示唆している[13]．現在では，ミネソタ大学のこのグループは問題の難しさのレベルを特定するためのはるかに詳しい構造を開発している．詳しくは同グループ

---

[13] 学生は，最終試験を完了するために無制限の時間を与えられた．（時間制限のある）学期の中間試験での未完了の問題と最終試験の比較研究は，時間を考慮してもこの結論が覆されることがないことを示している [Heller 1992].

のウェブサイトを見よ．

<u>グループの相互作用を増強する手法</u>
　ミネソタ・グループは CPS におけるグループの相互作用のダイナミクスを研究してきた．そして，一連の指針を作成した．

- **役割を割り当てる**：学生はグループ活動の中で限定された役割を選ぶことで，自分の学習を限られたものにしてしまいがちである．この傾向を克服するために，ミネソタ・グループはグループ内の学生に役割を割り当てる．その役割とは，運営する者，説明する者，疑問を投げかける者，そして記録する者である．これらの役割は学期の間に順番に交代する．
- **3名のグループを作る**：2名からなるグループは，3名ないし4名からなるグループに比べて，概念的知識習得においても手続き的知識習得においても効果的ではなかった．4名のグループでは，ときどき1人の学生が（それは自分自身に自信がもてない消極的な学生か，あるいは仲間に説明するのに疲れてしまった成績のよい学生かであったが）脱落する傾向があった．
- **さまざまな能力レベルの学生からなるグループを作る**：レベルの高い，中間的，そして低い学生からなるグループは，よくできる学生だけからなるグループと同じくらいできがよかった．しばしば，学力の低い学生が発した質問によって，よくできる学生が自分の思考の誤りに気づいた．また，よくできる学生ばかりからなるグループは，問題を過度に複雑化しがちであった．
- **ジェンダー問題に気をつける**：2名の男子と1名の女子からなるグループは，その女子がそのグループで最も優秀な場合でも，男子が中心になりがちであった．
- **結論を早く出しすぎるグループを支援する**：影響力が大きいメンバーが無理にグループを引っ張る場合や，最初に出てきた答をすぐに受け入れたいという願望によって，こうしたことが起きうる．中には，自分たちの意見の相違に正面から取り組み，それを解決する代わりに，投票によって意見の不一致をすぐに解決しようとするグループもある．

　チュートリアルにおいても，上記の最後の問題が同様に起こった．いずれの場合も，ファシリテータは，学生に対して不一致を検討し直し，その解決をうながすことによって，彼らの考え方が元の軌道に戻るのを支援することができる．ミ

ネソタ・グループはグループ単位の試験がこの問題の手助けとなると示唆している.

ジェフ・ソウルは博士論文で,協同による問題解決を含む四つの異なるカリキュラム改革案を研究した［Saul 1998］.彼は,ミネソタ大学の微積分を基礎とする物理における授業実践と,オハイオ州立大学における二次的な授業実践の二つを観察した.FCI を用いた事前−事後テストの結果は,学生のニュートン力学の概念的理解において CPS がチュートリアルと同程度の改善を生むことを示した.（図 8.3 を見よ）.CPS は定性的よりむしろ定量的な問題解決に焦点を置いているので,この結果は興味深い.

残念なことに,ソウルは MPEX 調査では有意な向上がないことを見いだした[14].つまり,学生の概念的な知識（およびその知識を使う能力）が向上したように見える場合でも,概念の役割についての彼らの意識は,対応した向上を示さないようだった.

伝統的な学生実験

学習環境：学生実験
スタッフ：20 名から 30 名のクラスにつき 1 名のこの方法についての研修を
　受けた教員 ないしアシスタント
学生のタイプ：入門物理の学生
コンピュータ：使用が望ましければ,学生 2 人 1 組ごとに 1 台
他の装置：実験器具
投入すべき時間：中程度

学生実験は,伝統的な物理コースにおいて,学生が授業時間中に積極的にかかわることを期待される唯一の要素である.残念なことに,多くの場合,学生実験は「講義で教えられたことが真実であることを示す」か「よい結果を得る」ための場となっている.これらのどちらの場合においても,焦点が当てられているの

---

[14] 第 5 章における MPEX の議論を見よ.

は教科内容であって，学生がその学習活動から何を学ぶことが重要かということではない．アメリカにおいては，「料理本」式学生実験が一般的である．つまり，非常に細かく書かれた指示が与えられて，学生は考える必要がないような実験である．こうした学生実験は学生の間で不人気で，ほとんど学習効果を生み出さない傾向がある．いくつかの興味深い「誘導された発見型の学生実験」が過去数年間に開発されており，それらはより効果的と思われる．

学生実験における学習に関しては，物理教育研究の初期にいくつかの興味深い研究（例えば［Reif 1979］）があり，最近もいくつかの研究がある（例えば［Allie 1998］や［Sere 1993］）にもかかわらず，大学の物理実験において何が起こっているかに関する研究論文はほとんどない．

学生実験の目標

学生実験については多様な目標を考えることができるだろう．
- 確認——講義で提示された理論的な結果が正しいことを実証する．
- 機械を取り扱うスキル——学生が装置を上手に取り扱えるようにさせる．
- 装置についての経験——学生を測定器具に慣れさせる．
- 誤差の理解——自分の結果を他人に納得させるための方法としての実験手法（統計，誤差解析，確度と精度の概念等）を学ばせる．
- 概念形成——学生に根本的な物理概念を理解させる．
- 経験主義——学生に科学の経験的基盤を理解させる．
- 研究の体験——学生に科学的探究や研究がどのようなものであるかという感覚を得させる．
- （科学的）態度と予想——学生に科学的思考における自立した思索と整合性の重要性を理解させる．

これは強力で人を怖気づけさせるようなリストである．大半の学生実験は，最初はかなり限定された現実的な目標をもっている．——例えば，工学部の必修要件を満たすとか，医学課程進学資格を得るといった目標である．導入されるとき，大半の学生実験では，最初の二つないし三つの目標を達成しようと試みられるにすぎない．ときには，誤差の理解が目標として明示されるが，私の経験では，伝統的な学生実験の大半で成功していない．学生は形式的に行うが，本質を理解

することは滅多にない．この問題に関する広範な研究が切に求められている．

伝統的学生実験では，多くの場合，われわれの期待は実現していない

伝統的な学生実験についての私の研究グループの観察によれば，以下の一点は明らかである．そこで行われる対話は，極度に視野の狭いものだということである [Lippmann 2002]．われわれのビデオ記録によれば，学生は手引きを読んで，何をしろとそこに指示されているかを理解することに，時間の大半を費やしている．学生は，その実験の要点は何かという全体像を得るために総合的にとらえる試みをほとんどあるいはまったくしない．ほとんどすべての議論は，どのように装置を組み立て，動かし，そしてそこから情報を得るかという具体的な問に集中している．その測定の目的，どのようにそれが用いられるか，そこから引き出されるべき物理法則，あるいはその測定の限界などについての議論は，ほとんどあるいはまったくない．学生は，その実験の「紙の上の」目標，すなわち実験レポートを作成できるように数値を得ることを達成することにのみとらわれ，学習上の目標は完全に見失われる．

もちろん，学生が実験では「数値を得て」，後に授業時間外に「それについて考える」のだろうと期待することはできるかもしれない．その可能性は否定できないが，私は，それは実現しそうにない希望ではないかと疑っている．学生は実験について深く考えるスキルをもっていることは滅多にない．深く考えるには，教員の援助と指導が必要であり，もしこの活動が授業外で行われたら（あるいは必要とされる重要な教授方法を身につけていない教員のもとで行われたら），その支援を受けることができない．

伝統的学生実験へのより相互作用型のアプローチ

私の同僚とTAの一部は，伝統的実験の中で，学生により知的に関与させるようなさまざまな工夫を試行的に行ってきた．このケーススタディの事例から，私は以下のようないくつかの暫定的な指針を引き出した．私は，この数年のうちに，教育研究がこうした推測に論拠を与えることを心から願っている．

・討論を通して，学生実験を一つの「クラス」にする：実験室では学生はしばし

ば自分の実験パートナーとしか会話しない．クラスの他の学生と，結果や問題が共有されることはほとんどない．授業の最初と最後にクラス全体での討論を行えば，学生の関わり方を強めうるだろう．

- **実験の手引きを廃止する**：ステップ・バイ・ステップの手順を与えれば，大半の学生が学生実験を完了できるかもしれないが，それによって重要な学習目標が掘り崩されてしまう．ミラーズヴィル大学のパット・クーニイは，単に課題をボードに書いて，学生たちに自分が何をすべきかを案出させるというやり方で成功を収めた．
- **授業のはじめに実験計画について議論する**：大半の学生は，学生実験のさまざまな広範な目標を，測定の細部と関連づけることを自主的にはしない．測定を始める前にこうした問題について学生に考えさせることはおそらくよい考えである．アリゾナ大学のボブ・チェンバースは，2週間の学生実験で，最初の週に学生に実験の計画を立てさせ，つぎの週にそれを実行させて，よい結果を得た．
- **何をしているか，なぜしているかを，学生にときどきたずねる**：学生は一つの活動の細部で方向を見失い，間違った方向へ逸れてしまうことが非常に多い．学生に全体を展望するような質問（「いま何をしているのか？　それから何がわかるか？　おかしくなっているものがあるとしたら何だろうか？」など）が，実験の細部を実験の目的に関係づける助けとなる．
- **結果を共有する**：学生実験の構成を工夫して実験の最後に議論と結果の共有のための時間をいくらかとると，問題点を明らかにし，学生に実験誤差の意味についてよりよく考えさせることができるだろう．

伝統的な教育環境の中で，学生実験は，われわれの認知モデルと整合する自立した能動参加型の学習に，原則的には，最も適している．学生実験の環境において，どんな学習目標がどうすれば効果的に達成されるかを解明するために，はるかに多くの研究が行われる必要がある．

リアルタイム物理

> 学習環境：学生実験
> スタッフ：学生 30 名につき 1 名の研修を受けたファシリテータ
> 学生のタイプ：微積分ベースの入門物理の学生
> コンピュータ：学生 2 ないし 4 名につき 1 台
> 他の装置：アナログ-デジタル変換装置（ADC），運動センサ，力センサ，圧力・温度センサ，電流・電圧センサと回転運動センサを含む ADC 用センサ類．力学実験には摩擦の少ない台車とレールが必要である．
> 投入すべき時間：少ないし中程度
> 利用可能な教材：力学（12 実験），熱と熱力学（6 実験），電気回路（8 実験）の実験ワークシートの手引き 3 冊が出版されている［Sokoloff 1995］．電気と光学の実験書は開発中である[15]．

ソコロフ，ソーントンおよびロウズは，近年，伝統的な講義／学生実験／演習の教育環境で利用可能な，新しい力学実験シリーズ「リアルタイム物理（Real Time Physics, RTP）」を共同開発した．それは，コンピュータを用いたデータ収集と，学生の学習上の困難に関する調査研究の結果を徹底的に活用している．

「リアルタイム物理」は概念形成に認知的葛藤と先進技術を用いる

この実験室実習の主目的は，相互に関連する一連の物理概念について，学生が十分に理解できるように支援することである［Thornton 1996］．また，学生にデータ収集，表示，解析のためにコンピュータを用いることを経験させ，実験スキルを伸ばすことなどが付随的な目的である．主目的についての大規模な検証が，標準化された評価問題による調査を用いて，この方式の開発者たち自身とそれ以外の研究者の両方によって行われている．その結果は著しいゲインが達成可能であ

---

[15]（訳注） 本訳書の執筆時には手引き書が出版されている．

ることを示しているように思われる（これらの結果について本節の最後で詳細に議論する）．

　これらの実験において決定的な役割を果たすツールは，コンピュータにつながれたアナログ-デジタル変換装置（ADC）である．こうした ADC には多くのさまざまなセンサをつなぐことができ，学生は測定された変数やそこから導出できるさまざまな変数の広範な種類のグラフを得ることができる．多くの基礎的な物理概念の理解に不可欠な量を，われわれの感覚機能では，直接的に測ることができない．われわれの頭脳は，位置と，位置の変化はたやすく察知するが，視覚的なデータから速さを推測することは，学習を要するスキルと思われる．そのスキルは，道路を横断した経験がある多くの人が効果的に身につけている．他方，加速度はもう少し難しいようだ．われわれの脳は，皮膚への熱の伝わりやすさをたやすく推測するが，それを温度と区別するのは難しい．コンピュータのセンサを用いると，位置，温度，圧力，力，電流，電圧等の変数だけでなく，速度，加速度，運動エネルギーのような複雑な計算により導出される変数でさえ，実時間の[16]描画が可能である．パスコサイエンティフィック社とバーニア社によるADC が図 8.10 に示されている．

図 8.10　バーニア社とパスコサイエンティフィック社のアナログ-デジタル変換装置．どちらの装置もコンピュータの USB ポートに接続する．さまざまなセンサを装置の前面（写真に示されている側）につなぐことができる．

　著者らは，学生が物理的世界での経験の解釈を再編成することを支援するために，認知的葛藤，橋渡し，学習サイクル（探究 / 概念の導入 / 概念の適用）などの教育学的に妥当性が検証されている教授方法を，コンピュータを利用した

---

[16] ここでいう「実時間」とは，測定されている現象とそのデータの表示の間に認識可能なほどの時間遅れがないという意味である．

データ収集の能力と組み合わせた[17].

「リアルタイム物理」は先進機器の心理的較正に依拠している

　学生実験でコンピュータを使用することを私が初めてサグレドに話したとき，彼は「でも，学生は，測定がどのように行われるかを理解していなければ，測定結果の意味を本当には理解しないのではないか」と不満を述べた．サグレド，君のいう通りかもしれない．私は，運動センサを速度測定に用いている私の入門コースの学生が，その音波の発生・検出のしくみや位置のデータがどのように速度のデータに変換されるかを理解していないことはかなり確かだと思う（音が進むのにかかる時間によって距離を測定しているということは，少なくとも定性的には理解しているようである）．一方で，私は，学生に計算機を使わせるとき，自分の計算機がどうやってサイン関数を計算しているかを理解してから使うことを要求はしない．学生に，ある運動から記録タイマーでテープを作らせて，位置を測定させ，そして計算させ結果をグラフ化させるなどの間接的な作業を行わせると，それは，測定をどのように行うかを学生に理解させるには役立つかもしれない．しかし，運動そのものとグラフの作成との間の時間の遅れは，15分ないしそれ以上になるだろう．これは，学生にとって，その運動の記憶を一時的に蓄えたり，頭の中で再現して直観的なつながりをつけたりするうえには，あまりに長すぎる時間だ．

　この方法がどのように役に立つのかを示すよい例が，リアルタイム物理の最初の活動「運動入門」である．これは，最初の実験で，学生に，自分たち自身の運動の位置のグラフを作るために運動センサ（図8.11を見よ）を使わせることから始まる[18]．学生は，一連の等速度運動を行い，その位置のグラフがどのようになるかを見ることによって，装置の働き方を知る．私はこの過程を心理的較正とよぶ．彼らは，すぐに基本的な考えを理解し，音波のビームの範囲を外れたり，近づきすぎたり（運動センサはある程度離れていなければはたらかない），一歩ごとの動きで生まれるでこぼこを見つけたりして，興味深く重要な実験実施上の

---

[17] 第2章のプリミティブとファセットについての議論を参照せよ．
[18] 運動センサはその中のスピーカーからクリック音を発信し，その反響音が運動センサ内のマイクによって検知されるまでの時間を測ることで機能する．

問題点を発見していく．彼らは，それから特定の運動についての予測を言葉で表現し，測定を行い，予測と結果の間に何らかの食い違いがあればその理由を説明する．最後に，より広い可能性を知るためにさまざまな位置グラフの実験を行う．

図 **8.11** バーニア社製の運動センサ

実験はつぎに速度グラフの検討へと進む．学生はふたたび心理的較正から始める．すなわち単純な等速度運動を測定し，グラフを検討し，それを位置グラフと比較する．そして彼らはおもしろい活動に挑む．すなわち，図 8.12 に示されている，与えられた速度グラフと一致する運動をする．このグラフはたくみに選ばれている．速度 0.5 m/s で 4 秒間運動センサから遠ざかると変位は 2 m となる．もどってくるとき，速度 −0.5 m/s で 6 秒間動くと変位は −3 m となる．私はメリーランド大学でリアルタイム物理コースを実施したことはないが，「活動を基盤とする物理チュートリアル（Activity-Based Physics Tutorials）」にわれわれはこの実験を取り入れた．学生は予想の際に必要な運動を，速度（すなわち速さと向き）を用いて描写する．しかし距離について考えることは滅多にない（私はこれまでそうした学生に一度も出会ったことがない）．結果的に，学生は，運動センサからの距離が最小の点から出発し，後ろ向きに歩き始める．2 m あとずさりしたあと，3 m 前進しようとして運動センサにぶつかる．この問題を解決しようとする中で（ときにはファシリテータからの注意深い問いかけを必要とするが），彼らは速度グラフと結果として得られる変位の間の関係を効果的に探究する．その後，彼らは速度グラフが与えられたときの位置のグラフを予想することを求められる．

リアルタイム物理実験では，平均速度を探究し，与えられたコンピュータ機器を用いてグラフを直線にフィットさせる作業が続く．個々の問は，コンピュータ

この活動では，コンピュータスクリーン上に示される速度-時間グラフと一致するように動く．これは，前の探究課題で行った位置のグラフとの一致よりもずっと難しいことが多い．たいていの人が，当初は，速度グラフ通りに動くのは非常に難しい課題であると感じる．実際，速度グラフの中にはその通りに動くことが不可能なものもある！

1. 実験ファイル Velocity Match (L1A2-2) を開き，下に示された速度-時間グラフをスクリーン上に表示させなさい．

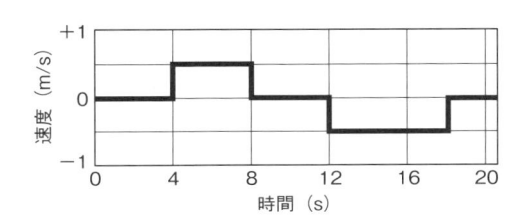

予測 2-2：自分の速度がこの速度-時間グラフの各部分に一致するにはどのように動けばよいか，言葉で表現しなさい．

2. グラフ表示を始め，そしてこのグラフをなぞるように動きなさい．何度かやってみるとよい．グループで取り組んで，どう動けばよいか動きかたの計画を立てなさい．タイミングを正しくとること．速度も正しく合わせること．全員が交代で行うこと．上の座標上にあなたのグループで最もよく一致したグラフを描きなさい．

問 2-4：どのように動いてグラフの各部分を一致させたかを述べなさい．それは予想と一致していましたか？

問 2-5：時間軸に垂直な線を生むような動きを物体がすることは可能ですか？ 説明しなさい．

問 2-6：あなたはもどってきたとき運動センサにぶつかりましたか？ ぶつかったとしたらどうしてですか？ この問題をどう解決しましたか？ 速度グラフはどこから出発すべきかを指定していますか？ 説明しなさい．

図 **8.12** リアルタイム物理実験の活動の一つ．学生は，コンピュータにつながれた運動センサを用いて，リアルタイムで速度グラフを表示させる．

が与える結果について，学生が単に結果として受け取らずに，それについて確実に考えるようにしむける．最後に，実験は，加速度を扱う第2回の実験の準備となるレール上の台車の速度の測定で終わる．

上の例はリアルタイム物理実験に共通の特徴の多くを例示している．それには以下のようなものが含まれることが多い．

1．測定装置との心理的較正
2．（自分の体を測定対象として用いる）定性的な運動感覚にかかわる実験
3．予測
4．認知的葛藤
5．表現形式の変換
6．定量的な測定
7．データの数学的なモデル化

「リアルタイム物理」実験は概念形成に有効である

心理的較正，実時間でのグラフ作成，そして運動感覚にかかわる実験は，直観力を育むのに大きな効果をもつようである．私の経験では，これらの実験を行った学生は，より伝統的な実験を行った学生に比べて，速度と加速度の物理的感覚をはるかによく身につける傾向がある．ソーントンとソコロフはそれぞれの所属大学で，リアルタイム物理実験を経験した学生に対してFMCE調査[19]の問題の一部を用いて行った評価データを報告している [Thornton 1996]．タフツ大学で，ソーントンは約100名の学生を対象に通常の学期外の微積分ベースのクラスでリアルタイム物理実験を試行した．彼の報告によれば，この時期の学生は，秋学期にすぐに物理を履習し始める学生よりも準備が不足していることが多い．この試行の結果は表8.3に示されている．ゲイン（向上率）はすばらしいものだった（表中の2行は，いずれもニュートンの第一法則と第二法則を調べるための，日常言語で記述された問題[20] [n]の質問群とグラフ問題 [g] すなわち速度グラフの質問群の結果を示している）．

---

[19] 5章のFMCEの議論を参照．
[20] これらはFMCE中のそりに関する問である．

表 8.3 さまざまな環境での FMCE のそり問題 [n] および速度グラフ問題 [g] の事前・事後テスト結果

	タフツ RTP (事前)	タフツ RTP (事後)	ゲイン	オレゴン 実験なし (事前)	オレゴン 実験なし (事後)	ゲイン	オレゴン RTP (事前)	オレゴン RTP (事後)	ゲイン
第1&第2法則 [n]	34%	92%	0.81	16%	22%	0.07	17%	82%	0.78
第1&第2法則 [g]	21%	94%	0.92	9%	15%	0.07	8%	83%	0.82

　これらの結果は強い説得力をもっている．リアルタイム物理を行った学生の達成したゲインは 0.8 以上と例外的に高い．サグレドは懐疑的である．彼は，伝統的な学生実験との直接的な「1対1」の比較は行われていないこと，そして（報告された）授業は，この授業法を開発した機関で行われたものであることを指摘する．さらに，用いられた評価テストは，授業を開発した研究者たちが自ら開発したものである．サグレドは，(学生実験が付随していないコースの学生に比べて) この実験を行うことによって学生に与えられた追加的な授業時間が大きな違いを生じているかもしれないことと，教員が「調査問題を解くことができるように教えた」のかもしれないことを気にしている．

　サグレドよ，私は第一の点はあまり気にならない．私の感覚では，伝統的な学生実験は概念学習には，ほとんど，あるいはまったく，役に立っていない．実際，伝統的コースでは最善の努力を傾けている教員でも 0.2 から 0.35 より高い成績向上率を達成することはほとんどない．0.8 ないし 0.9 というゲインはこの方法が非常に効果的であることを示唆している．

　第二の点はより気になる問題である．もちろん，ある意味でわれわれはつねに「テストの問題を解くことができるように教えている」．第5章で議論したように，よいテストはわれわれが学生に学んでほしいことを測定する．問題が起きるのは，教員が，評価テストの問いで用いられている言葉づかいを知っているために，おそらく何気なしに，学生が特定の問いを解くのに必要な物理を認識する手がかりを強調するようなことである．

　この問題に対処するために，われわれはこの授業方法がどのくらいよく他機関に「移転できる」かを検証しなければならない．リアルタイム物理および ILD

普及プロジェクト（FIPSE[21]からの助成を受けた）が，いくつかのカレッジと大学でのリアルタイム物理実験（RTP）と相互作用型演示実験講義（ILD—第7章を参照せよ）の実施を後援したことがある．FMCEを事前-事後テストとして利用したその予備的調査結果は，リアルタイム物理の力学実験のみでも伝統的な実験を用いる学校に比べて著しい改善を生むことを示している［Wittmann 2001］．リアルタイム物理の力学実験が，講義でILDを実施することで補強される場合には，結果はさらによくなる傾向がある．これらの結果は図8.13に示されている．

リアルタイム物理実験は，学生の基本的概念の理解やそうした概念について考察する際にさまざまな表現を活用する能力に著しい効果があると私は推測している．学生が誤差解析にかける時間は伝統的な学生実験に比べて少ないことが多い．しかし，私の見るところ，学生は，伝統的な実験において通常，誤差解析を「形式的に行う」だけで実際はほとんど理解していない（［Allie 1998］［Sere 1993］）．だから，これは2兎を追うのを諦めて1兎を獲るということなのかもしれない．

先のFIPSE普及プロジェクトでは，リアルタイム物理の電気実験の試行も行われた．二次的な機関におけるこれらの実験の実施1年目についての電気回路概念評価問題（ECCE）[22]での事前-事後テストによる予備的な分析では，伝統的な実験に対してリアルタイム物理実験でのゲインが高いこと，さらに講義におけるILDの実施で補強することによって一層高いゲインが得られることが示されている（図8.14を見よ）．

---

[21]（訳注） FIPSEはFund for the Improvement of Postsecondary Education（高等教育改善基金）の略．
[22]（訳注） 英語版は以下のURLから入手できる．
http://physics.dickinson.edu/~wp_web/wp_resources/wp_assessment.html

リアルタイム物理　　257

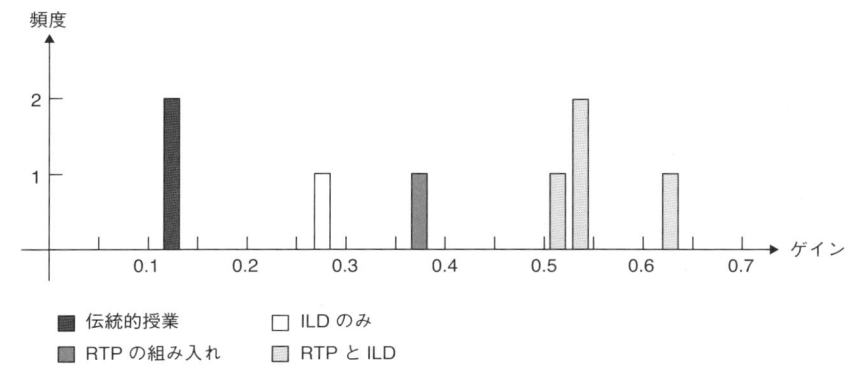

■ 伝統的授業　　□ ILD のみ
■ RTP の組み入れ　■ RTP と ILD

図 **8.13**　すべて伝統的な授業，伝統的な講義へのリアルタイム物理実験（RTP）の組み入れ，およびリアルタイム物理実験と相互作用型演示実験講義（ILD）の組み合わせを実施した，五つのカレッジと大学で得られた FMCE 調査におけるゲイン（学生数 $N = 1000$）[Wittmann 2001]

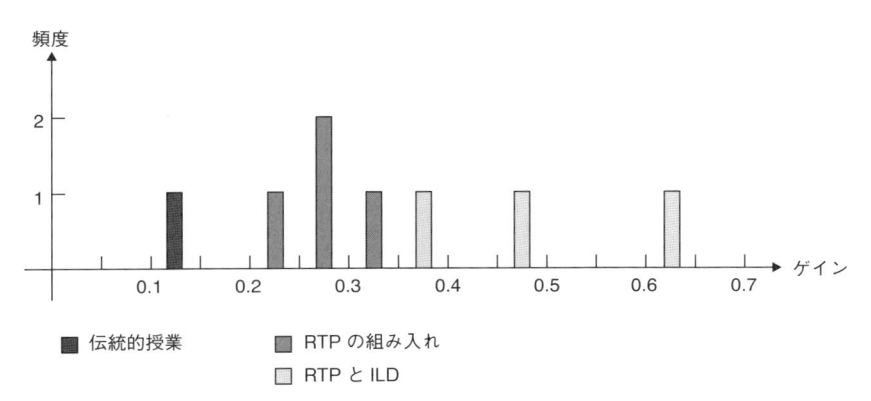

■ 伝統的授業　　■ RTP の組み入れ
■ RTP と ILD

図 **8.14**　すべて伝統的な授業，伝統的な講義へのリアルタイム物理実験（RTP）組み入れ，およびリアルタイム物理実験と相互作用型演示実験講義（ILD）の組み合わせを用いた，五つのカレッジと大学で実施された ECCE 調査におけるゲイン（学生数 $N = 1000$）[Wittmann 2001]

第9章　ワークショップ方式とスタジオ方式

> 私はヨーロッパでたびたび，そして（大学院生時代に）コロンビア大学でも
> 大規模な一般講義科目を目にしたが，
> その効果の乏しさにすっかり幻滅していた．
> そして，実験課題と小試験問題を課すことで
> 授業の流れに筋道をつけるような大学授業が，
> 少なくとも物理については，はるかによい訓練になると感じたので，
> わたしはこれらをすべて含んだ授業という着想に至り…
> 従来型の講義を廃止した．
> この一般的な授業方法は…それ以来
> 何らかの形で私が関わったすべての科目で採用された．
> ——ロバート A. ミリカン　[Millikan 1950]

　上に引用されたミリカンの言葉は，伝統的な授業についての不満が決して新しいものではないことを示している．この引用は1950年に出版されたミリカンの自叙伝からのものだが，彼の新しい方式の授業は20世紀の最初の10年間にすでに導入されていた．私自身を含めて多くの物理学者は，次のことを直感的に強く信じている．すなわち，物理学にとって実験・体験的な要素がきわめて重要であること，しかし，入門物理の学生はしばしばそこの点を見落としていることである．この見落としが起こる一因は，おそらく，伝統的な講義がしばしば，「すでに発見された真理」についての一方的な説明とそれに続く複雑な数学的な導出から成り立っていることにある．講義で示された理論的な結果の正しさを後から証明するためにおりおり行われる演示実験や学生実験は，それらを注意深く観察しても，物理学的な概念・法則の基盤やその発展過程を学生に理解させるにはほとんど役立たない．

　この見落としを正す方法には当然いくつもの可能性がある．講義を，現象の説

明から始め，一連の現象を説明するのに必要な概念を形成していくこともできる．物理システムのふるまいの中に見いだされる組織性から物理法則を組み立てることもできる．実験を発見誘導型にして，その素材を講義の前に導入することもできる．

しかし，入門物理コースの最も劇的な改編は，ミリカンの方法を導入して，「実験課題と課された小試験問題で授業の流れに筋道をつける」方法であろう．今日では，この方法は「ワークショップ」方式あるいは「スタジオ」方式とよばれる，講義があまり（またはまったく）役割を担わない形の授業方式として開発されている．そこでは，授業時間の全部が（週2回か3回の）時間枠に分けられて，おのおのの時間枠の大半で学生は実験機器を用いて学習する．

このアプローチのおそらく最初の今日的な具体化は，ワシントン大学のリリアン・マクダーモット（Lillian McDermott）と彼女の共同研究者たちが，教員養成および現職教員研修のためのコースとして25年以上にわたって開発してきた「探究[1]による物理（Physics by Inquiry, PbI）」[McDermott 1996]であろう．この授業では，講義はいっさいない．学生は注意深く誘導される実験マニュアルと簡単な機器を用いて，物理のトピックスについての考え方を組み立てていくことで学習していく．「探究による物理（PbI）」は教員を志望する学生と自然科学以外の専攻の学生に向けて設計されたものだが，その内容は深くまた豊富なので，その中の授業内容の多くが，微積分ベースの（より理工系向けの）授業を開発するうえでも参考になるアイデアを提供している．

この PbI 方式は，1980年代後半に，ディキンソン・カレッジのプリシラ・ロウズ（Priscilla Laws）によって「ワークショップ物理（Workshop Physics, WP）」という名前の微積分ベースの授業方式として取り入れられた．教員養成系科目では，問題を解くことや定量的な実験技能の習得は目標の中に含まれていなかったので，ロウズはマクダーモットの視点を拡張して，コンピュータを用いたデータ取得やビデオ画像からのデータ取り込みを含めた現代的なコンピュー

---

[1](訳注) ここでいう「探究」とは，学習者がテキストに導かれて自主的に実験をし，自主的に考えていく活動を指す．

タ・ベースの実験手法の重要部分を取り入れた（彼女と共同研究者たちはこれらの手法の多くを自ら開発した）．

ディキンソンで開発されたワークショップ物理は 25 〜 30 名のクラス規模で実施されている．ディキンソンのような小規模のリベラル・アーツ・カレッジでは微積分ベースの入門物理を履修する学生は多くないのでこのようなクラス規模が可能である[2]．工学系学部をもつ研究大学では微積分ベースの物理を履修する学生数がどの学期にも 1000 名規模に達する場合がある．ワークショップ物理と似た授業を，多数の学生がいる環境で導入する試みとして 1990 年代にレンセラー工科大学の「スタジオ物理 (Studio Physics)」[Wilson 1992][Wilson 1994] とノース・カロライナ州立大学の「スケール・アップ (SCALE-UP)」の二つが行われた．後者については，第 10 章で事例研究として取り上げる．

探究による物理

> 学習環境：ワークショップ
> スタッフ：学生 10 〜 15 人あたり 1 名の訓練を受けたファシリテータ[3]．
> 学生のタイプ：幼稚園から初中等（K-12）の教員養成課程の学生および研修中の現職教員の学生，物理をあまり学習してこなかった学生，理系以外の学生．
> コンピュータ：あまり用いない
> その他の機器：さまざまな種類の伝統的な実験機器
> 投入すべき時間：多い
> 利用可能な教材：2 冊からなる「活動ガイド」とよばれるテキスト [McDermott 1996]．ワシントン大学グループはこの授業方式に関心のある教員を支援するために夏期ワークショップを実施している[4]．

---

[2] ただし，ワークショップ物理を導入してから履修者数がかなり増えたため複数クラスの設置が必要になった．
[3] この方式のコースを 70 名の学生のクラスに対して 1 名のみの経験を積んだ教員が指導してそれなりの成功を収めたという注目すべき報告もある [Scherr 2003]．
[4] 教材の実例を示したビデオ（Physics by Inquiry: A Video Resource）が入手可能である．詳細の問い合わせ先はワシントン大学物理教育研究グループ．

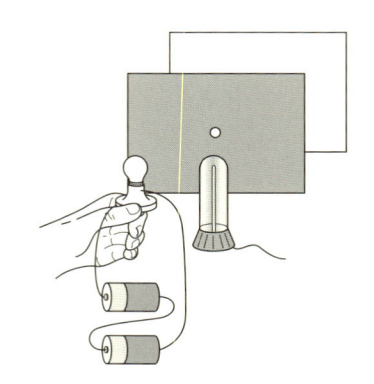

図 9.1 「探究による物理」で用いられる簡単な機器の一例

　現代的な本格的なスタジオ物理コースの初期の原型の一つが，ワシントン大学のリリアン・マクダーモットと彼女の共同研究者たちが開発してきた「探究による物理（PbI）」である［McDermott 1996］．このコースは教員をめざして勉学している（アメリカの言い方では pre-service teacher の）学生のために開発されたもので，全体が「誘導された発見」による実験コースである．講義はいっさいない．学生は1回2時間，週3回の実験クラスに出席する．このクラスで学生は2人で1組になって，簡単な機器と注意深く用意されたワークシートを用いて，物理の課題について，誘導されながら理由づけしていくことで学習する．光の単元についての装置の一例が図 9.1 に示されている．

PbI では学生は少数のトピックスについて深く学ぶ

　これらの教材には以下のような想定が組み込まれている．すなわち，学生にとっては，少数のトピックスについて深く学び，そして科学的手法がどのようにして物理の世界の「筋道だった理解（sense-making）」へと導くのかという感覚を養うことのほうが，多くのトピックスを表面的に取り上げるよりも重要であるという想定である．この教材は具体的な概念や科学的な推論の具体的な要素，例えば可変因子の制御や複数の表現形式の使用，に重点を置いている．教材は複数の独立なモジュールとして構成されているので（表 9.1 を見よ），1学期ないし複数学期の授業は1学期あたり2ないし3のモジュールを選択して構成できる．この方

法には，毎年のモジュールの配置を入れ替えれば，現役教員も内容の重複なしに複数の学期にわたってくり返し研修を受けにくることができるという利点がある．

ワークシートは，学生の理解についての研究に基づいて作られており[5]，しばしば，第8章の「チュートリアル」の議論で説明された，（矛盾を）引き出し，直面させ，解決させる形の認知的葛藤のモデルを用いている．ワークシートは，学生を，物理現象の観察からその現象を説明する仮説の構築，そして新しい実験によるこの仮説の検証へと導いていく．（およそ10～15名の学生あたり1名配置される）訓練を受けたファシリテータは，注意深く選択した質問で誘導することによって，学生がそれぞれの理解への道のりを見つけるように支援する．課業の中にいくつかのチェックアウトと名づけられたチェックポイントがもうけられている．学生は，このポイントでファシリテータに結果をチェックしてもらってから先に進むように指示されている．

表 9.1 探究による物理のモジュール

第 1 巻	第 2 巻
物質の性質	電気回路
熱と温度	電磁気
光と色	光と光学
磁石	運動学
観測による天文学：太陽，月，および星	観測による天文学：太陽と太陽系

私がサバティカルをワシントン大学で過ごしていた機会に（1992～1993），ファシリテータとして PbI クラスの指導に参加した．私がとくに強い印象を受けたのは天文学のモジュールの学習活動で，学生は各自で一学期全体にわたって月の位相（満ち欠け）と太陽に対する位置についての観測を続けた．学期の終わり近くになってクラスの各自のデータが集められそれについて議論が行われ，月にはどのように光が当たるかについてのモデルが構築された．多くの学生が月を日中にも見ることができることに驚き，また多くの学生が位相は地球のかげによってで

---

[5] ワシントン大学のグループは，探究による物理（PbI）の開発に際して行った研究の驚くほどごく一部しか論文化していない．このグループのチュートリアルについての論文（物理教育研究に関する資料集 [McDermott 1999] に含まれる引用文献を参照せよ）の定量的な推論についての議論は，想定する学生のタイプは異なるのだが，PbI にとっても意味がある．

きていると考えていた——その仮定は実際のデータを前にすると放棄せざるをえなかった．私自身も，月の位相と位置とから日没後でも東西南北の方位を知ることができることに初めて気がついた．

学生の PbI への先入観を変えるためには支援が必要

「探究による物理」は多くの学生にとって（そして物理の大学院生にとってさえも）大きな努力を要する挑戦的なものである．それは，学習の目標や，学習環境の構造，さらに学生に求められる活動が，伝統的な科学の授業で期待できることとして習ってきたものとは劇的に異なるからである．学生の中には，答を与えられて覚えるのではなく，自分たちで答を見つけ，法則や原理が実験によってどのように裏づけられているかを理解しなければならないことに，はじめは拒否感を感じるものもいる．学生が教員に対してそれをやめるようにかなりの圧力をかけてくることさえある．コースの全期間を通じて学生に自分が何をすることを求められているか意識するように注意深くうながしていくことが必要である．それは，彼らが提示されるものについて，整合性があり矛盾のない形で，考え，理由づけし，意味を理解することである．PbI クラスの最初の何週間かはとても騒々しいものになることもある．しかし嵐の中に乗り出していく価値がある．ワシントン大学のグループは，PbI の実践を考えている人々にその手法を習得する機会を提供するために，夏にはシアトルで長期の，また，アメリカ物理教員協会（AAPT）の研究会では短期の，ワークショップを実施している．

PbI の評価結果は高い有効性を示している

PbI の成功について報告している文献はそれほど多くはないが，PbI の（開発者たちではなくこれを学んで導入した）二次的な実践者たちの観察報告は紹介する価値がある．

リリアン・マクダーモットとその共同研究者たちは，最近の論文で，キプロス大学での小学校教員養成教育での PbI の二次的な実践について報告している［McDermott 2000］[6]．彼らは直流回路についての学生の理解度を DIRECT という概念

---

[6] そのクラスでは PbI 教材をギリシャ語に翻訳して用いた．

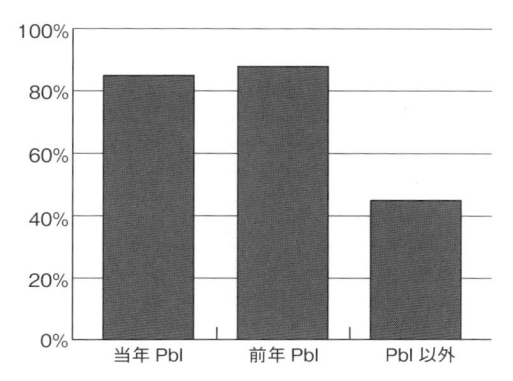

図 9.2 キプロス大学で，当年 PbI を完了した学生，前年に PbI を完了した学生，そしてより伝統的な教員志望者向け物理コースを最近修了した学生に対して行った DIRECT 概念調査の事後テストの結果［McDermott 2000］

理解度テストで測定した．以下の三つの学生グループが比較された．それらは，PbI コースの電気回路のモジュールを修了したばかりの 102 名の学生と，そのモジュールを前年に終えた 102 名の学生，そして構成主義教育理論に基づいてはいるが，当該専門分野での教育研究や研究とカリキュラム再開発のサイクル手法（図 6.1 を見よ）を踏まえていない授業方式のコースの 101 名の学生，とであった．その結果は図 9.2 に示されている．

（総合的問題 A）右図のすべての電球は同じ電気抵抗をもつ．もし電球 B を回路から取り去ると，電球 A と D を流れる電流（とその明るさ）および電池を流れる電流にどのような変化が生じるか．増大するか，減少するか，それとも変化しないか？ なぜそう考えるか，理由も説明せよ．

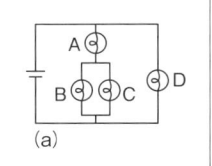

（総合的問題 B）図の回路に右に示すように結線を追加した．A と D の電球の明るさはどうなるか．電球 A と D を流れる電流（とその明るさ）および電池を流れる電流にどのような変化が生じるか．増大するか，減少するか，それとも変化しないか？ なぜそう考えるか，理由も説明せよ．

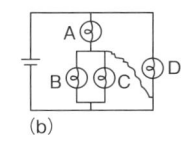

図 9.3 探究による物理の学生をテストするのに用いた定性的推論（総合的）問題［Thacker 1994］

オハイオ州立大学のベス・サッカー Beth Thacker と同僚たちは，彼らの PbI クラスの二次的な実践において，工学系物理の学生，高レベル（honors）物理の学生，そして文系の学生のための従来型の物理のクラスのいずれについても同じ一組の問題を用いて定性的な電気回路問題についての学生の達成度を比較した [Thacker 1994]．一つの問題は彼らが総合的問題と名づけたものである．それは定性的な推論しか必要としない（図9.3を見よ）．もう一つの問題は分析的な問題と名づけたものであった．それは（数値的ではなく，代数的に）定量的な取り扱いを必要とした（図9.4を見よ）．工学系のクラスの教員は，彼の学生にとってまさに適切な問題で困難さはほとんど感じないだろうと考えた．高レベル物理の教員は，問題はやさしすぎると考えたが，ボーナス点を与える問題として出題することを受け入れた．

PbI クラスの学生は，総合的（定性的）な問題については他の二つのグループに比べて明確に好成績で，分析的な問題についても工学系クラスに対しては明確に好成績だった（図9.5を見よ）．学生が理由づけを含む説明を記述しなかった場合には正解としなかったことに注意してほしい．結果を言い換えただけの記述（例えば，電球 D には影響がなかった）は満足な回答とはされなかった．

PbI で学んだオハイオ州立大の学生に対する MPEX テストを使った予備的な調査では，概念理解の指標について明確な向上を示していた [May 2000]．

（分析的問題A）右図で示された回路の全抵抗はどれだけか？（すべての電球は同じ電気抵抗をもつ．）計算式を示せ．
(a)

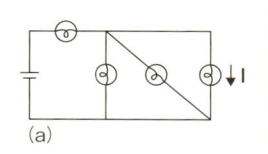

（分析的問題B）それぞれの電球と電源を流れる電流（電球の明るさ）はどのような大きさか？（ただし，すべての電球の電気抵抗は R であり，図の右側に示された電球を流れる電流を図示されているように I とする．）計算式を示せ．
(b)

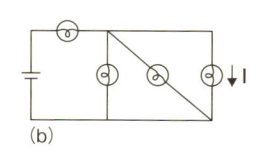

図 **9.4** 探究による物理の学生をテストするのに用いた定量的推論（分析的）問題 [Thacker 1994]

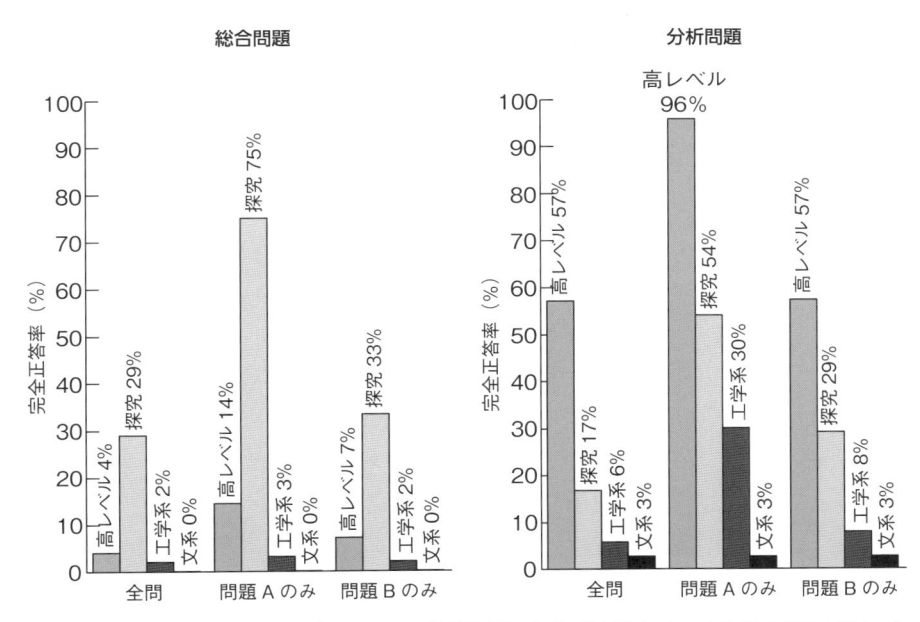

図 9.5 高レベル物理（honors），PbI，工学系物理，および文系クラスの物理の学生に行った総合的および分析的の電気回路問題テストの結果［Thacker 1994］．

ワークショップ物理

> 学習環境：ワークショップ
> スタッフ：学生15名に対して1人の訓練を受けたファシリテータ
> 学生のタイプ：微積分ベースの入門物理の学生
> コンピュータ：学生2名あたり1台
> その他の機器：コンピュータ支援のデータ収集装置と検出装置，表計算ソフトウェア，*Videopoint*™（ビデオデータ解析ツール），標準的な実験室
> 投入すべき時間：多い
> 利用可能な教材：アクティビティ・ガイド［Laws 1999］．広範囲の宿題用の問題やその他の教材がウェブ上のワークショップ物理のウェブサイト（http://physics.dickinson.edu/）で提供されている．
> ワークショップ物理実施者の間の議論のメーリングリストがある．

「ワークショップ物理（Workshop Physics, WP）」方式はディキンソン大学のプリシラ・ロウズ（Priscilla Laws）と彼女の共同研究者たちによって，第6章で議論した研究-再開発サイクル手法を用いて開発された［Laws 1991］［Laws 1999］．1980年代の中ごろ，ロウズは実験でのコンピュータ使用や，アタリ・コンピュータと組み合わせて動かす実験ツールの開発に深く関わるようになった．1980年代後半，ロウズとタフツ大学のロン・ソーントン（Ron Thornton）は，多くの若い優秀なプログラマーたちとともに，マイクロコンピュータ・ベースの実験授業のための「安定したソフト・ハードの基盤（プラットフォーム）」を開発した．この「汎用実験インターフェースボックス（Universal Laboratory Interface box：ULI）」は，一種のアナログ-デジタル変換装置[7]である．一方の端子はコンピュータのUSBポートに，もう一方の端子は運動センサ，力センサ，温度センサ，圧力センサ，電圧センサ，その他の「道具箱一杯の」センサに接続する（バーニア社とパスコサイエンティフィック社のアナログ-デジタル変換装置を図8.10に示した．バーニア社の運動センサを図8.11に示した）．ウィンドウズとマックのそれぞれについて提供されているソフトウェアを用いて学生は，測定された変化量を他の変化量と対応させて表示したり，グラフを種々の数学関数にフィットしたり，曲線の上から数値を読みこんだり，選択した上限と下限の間で曲線下の面積を積分したり，などができる．学生たちは表計算ソフト（ときには，さらに，数式処理プログラム）を実験結果を数学的にモデル化するための道具として用いる．

「ワークショップ物理」では学生は先進技術を用いて概念を構築する

　ワークショップ物理のクラスで学生たちが何をするのかについては，図6.4に示された教室の構造からヒントが得られる．学生は，探究スタイルのクラスの場合と同じように，グループ単位で活動し，一組ごとに，上に記述したようなコンピュータ支援データ収集機器やモデル化のツールを備えたコンピュータ・ワークステーションを用いて作業を行う．週あたり3回の2時間授業が行われる．授業では学生の時間のほとんどは，装置を用いて観察を行いその結果についての数学

---
[7] この装置は，ボブ・ティンカーと彼のTERCの同僚たちが以前に開発した装置に基づいて設計された．

的なモデルを組み立てることに使われる．教室の中央部分には共通の演示などに使われるスペースがあり，多くの授業に含まれている短時間の講義やクラス全体での議論に用いられる．

学生はアクティビティ・ガイド［Laws 1999］に含まれているワークシートにそって実験を行い，その意味を考え，実験のモデル化を行うという過程を経て誘導されていく．このアクティビティ・ガイドに加えて，学生は教科書を読むことや宿題を課せられる．宿題には，伝統的な章末問題も含まれることがあるが，ワークショップ物理グループでは，一連の現実の場面に即した問題を開発した——その多くがビデオその他のコンピュータで収集したデータを用いている．その一例が図 9.6 に示されている．

図 9.6　コンピュータ支援データ収集システム．右からコンピュータ，バーニア社製の ULI と運動センサ，トラックの上のパスコサイエンティフィック社製の台車．

「ワークショップ物理」は教育研究の成果をもとに開発されている

ディキンソンのグループは，基礎的な教育研究よりも教育方式開発に力を入れているが，ワークショップ物理教材の開発は，公刊されている物理教育研究論文および，研究−再開発サイクルに関わる現場での注意深い観察に強く拠っている．これがどのようにして行われているかを示す優れた実例がワークショップ物理グループのウェブページに掲載されている．マクダーモットとシェイファーが出した直流回路をめぐる学生のつまずきについての研究論文［McDermott 1992］［Shaffer 1992］を読んで，ロウズは彼女のワークショップ物理教材でのこの課題の扱い方に修正を加えはじめた．彼女はソコロフとソーントンが開発した ECCE

1995年の早春のラドクリフ・カレッジの同窓会誌には，1990年代の働く女性たちについての特集が組まれた．その風変わりな表紙はガラスの天井を押し上げる女性の写真であった．彼女は動いていないと仮定して，この写真の女性の位置がありえないものである理由を三つあげなさい．どのような物理法則や原理に矛盾しているか？　この写真はどのように撮影されたのだろうか？

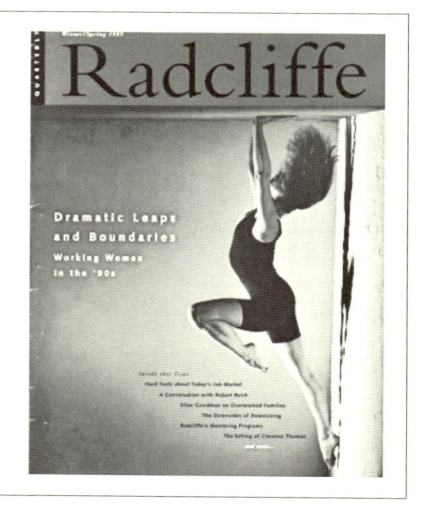

図 9.7　現実の場面に即したワークショップ物理問題の一例

問題を使って学生たちのこの課題についての概念形成を評価した．彼女は，彼女自身の結果を，伝統的な講義でこの課題を学んだオレゴン大学の学生についてソコロフが得た結果と比較した．ディキンソン・カレッジでもオレゴン大学でも，学期開始時点でのテスト（事前テスト）では誤答率は 70％で，その時点で学生がこの科目についてほとんど事前知識をもっていないことを示していた．講義はほとんど役に立たず，誤答率は 65％にしか低下しなかった．ワークショップ物理の学生はこれよりも明らかによい成果を得て，誤答率は 40％まで引き下げられた．さらに，マグダーモットとシェイファーの論文を読んだあと，ロウズはワークショップ物理に変更を加えた．その結果には大幅な改善が見られ，誤答率は 10％まで減少した．これらの結果は図 9.8 に示されている．静力学，動力学および熱力学でも得られている同様の結果をワークショップ物理のウェブサイト（http：//physics.dickinson.edu/）で見ることができる．

「ワークショップ物理」は学生の学習の枠組を変える

　ワークショップ型の授業は学生の授業への期待観のいくつかを裏切ることになるから，その実施は簡単なことではない．講義と，数字を入れれば機械的に答が

出てくるタイプの多くの宿題を予想して物理のクラスに出てきた学生は，考えなければならないことが多いことにうろたえかねない．高校で物理を学んできた学生は，実験主体の物理より数学主体の物理を期待する傾向がある．また，グループでの共同作業になれていない学生は，他人と適切に意見をやりとりすることに困難を感じることがある．

ワークショップ物理は，学生の関心を，理解することと物理の実験的根拠により強く向けさせるために，学習の枠組を真剣に変えようとする試みである．学生に物理だけでなくこの思考の枠組の変更の仕方を理解させることは容易でないこともある．ワークショップ物理のようなコースを効果的に実施するためには，教員が，このような微妙な問題すべてに敏感であり，教員と学生との社会的関係を作り直す必要性を認識していることが求められる．

「ワークショップ物理」は概念形成にきわめて有効と評価されている

ジェフ・ソウルと私は，たがいに独立に，（連邦政府高等教育基金 FIPSE の助成を受けた）ワークショップ物理の普及活動の一環として，ワークショップ物理で学生がどのように学習するか評価を行った［Saul 1997］．私たちの研究は，初めて，もしくは2回目の試みとして，ワークショップ物理を実践した七つの大学を対象に行われた．学生の学習理解の状況は，共通の試験問題を用いた FCI ま

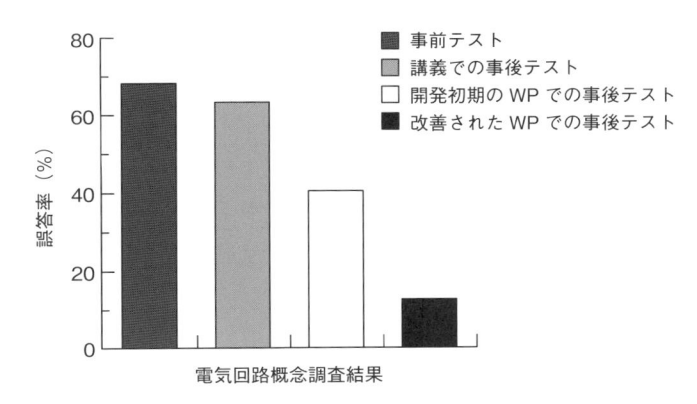

図 9.8 伝統的な講義（オレゴン大学）と，研究に基づく改善をする前と後でのワークショップ方式学習の，事前-事後テストの誤答率の比較．電気回路概念調査テスト（ECCE）を用いた．

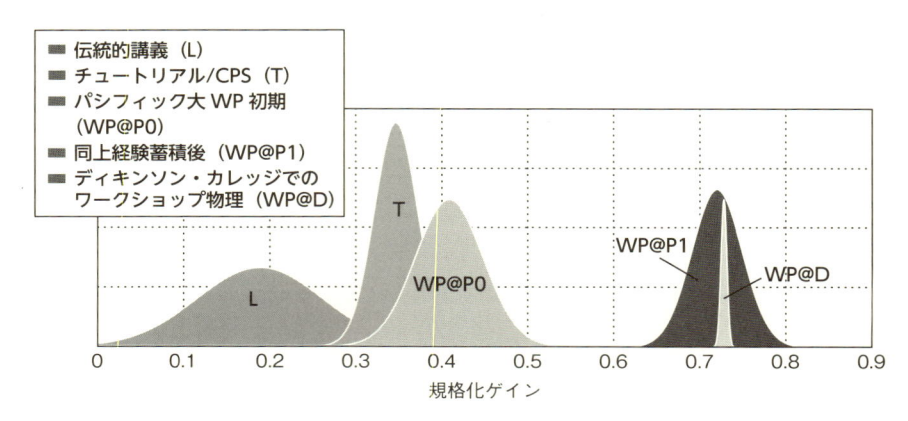

図9.9 伝統的講義（L），チュートリアル／CPS 導入で部分的に改良した授業（T），そして WP 学習について，FCI および FMCE による事前-事後テストで測定した規格化ゲインの分布．それぞれのグループについてヒストグラムは正規分布にフィットさせてある．WP@D は開発校のディキンソン・カレッジの，WP@P0 と WP@P1 は，二次的な実践校であるパシフィック大学での WP 導入初期および数年の経験蓄積後のデータ[8]．

たは FMCE の事前-事後テスト，および三つの普及拠点校での 27 名の学生ボランティアへのインタビューにより行った．学生の期待観については MPEX テストで調べた．

事前・事後の FCI および FMCE の結果を図 9.9 に示した．ワークショップ物理の（開発校以外での）二次的な実践での平均的な規格化ゲインは 0.41 ± 0.02（平均値の標準誤差（standard error of the mean, SEM））であったのに対して，伝統的講義では 0.20 ± 0.03，改革した演習（チュートリアル／CPS）の場合は 0.34 ± 0.01 であった（より成熟度を高めたディキンソン・カレッジでのワークショップ物理の第一次実践では典型値として 0.74 という突出した規格化ゲインを達成している）．

伝統的な講義で見られる事前から事後テストへの MPEX 平均値の低下についてはすでに 5 章で述べた．WP 開発初期の二次的実践では，顕著な低下は見られず，現実との関連についての指標ではときにはわずかの改善が見られた．ディキンソン・カレッジでのワークショップ物理では，認識論的な指標群（独立性，整合性，概念）について著しい向上が見られている．

---

[8]（訳注） 原著の [Saul 1997] による図を，翻訳執筆時に P. ロウズと J. ブラウジングから提供された WP@P1 のデータを追加し改訂した．

第10章　物理スイートを使う

> 教育上の取り組みの価値が科学的な知見によって
> 決められるとするのは現実に対して逆立ちした考え方である．
> "教育を行う"という実際の活動こそが，
> 教育についての科学的研究結果の
> 価値を検証するのだ．
> 他の分野では研究の結果はただちに科学的といえるかもしれないが，
> 教育については，それが教育目的を達成するまではそうはいえないし，
> 教育目的を本当に達成するかどうかは，それを実践してみて初めてわかるのだ．
> ── John Dewey ［Dewey 1929］

　第1章の初めで物理スイートの考え方を最初に導入して以来，長い道のりをたどってきた．続く各章では，学生がどのように考えどのように学ぶかについての研究からわかってきたことのいくつかをお話ししてきた．そして，そのような研究を基盤とするカリキュラム開発におけるいくつかの改革について説明した．これらの改革のいくつかは物理スイートに取り入れられており，また他のものはスイートの構成要素と組み合わせて授業の中に取り入れることができる．以下では，スイートの構成要素を再度見直して，読者が授業にどのように使えるかを考えていこう．

　物理スイートの教材群は，(1) その中の多くのものを同時に使うことも，あるいは，(2) 一つあるいはいくつかの構成要素を読者がすでに使用している教材と融合させて使うこともできるように設定されている．物理スイートは入門物理の伝統的な教え方に急進的な変化を与えるものではない．それは，伝統的な教え方にとっても親近感のもてるものであり，物理教育研究の成果と新たに開発された教育機器を取り入れて改良されたカリキュラム要素を提供することを意図してい

る．読者の教育環境に応じて適切な物理スイートの構成要素を選んで段階的に追加して採用することもできる．

この章では，物理スイートの背後にある原理を振り返るところから始めよう．そして，物理スイートの構成要素の簡潔な要約を，さまざまな環境のもとで物理スイートを使用するときの考え方に即して述べよう．この章の結びに四つの事例研究を取り上げる．それらは，高等学校とカレッジ，さらに総合大学という異なる環境のもとで，さまざまな教員がどのように物理スイートの構成要素を適合させて採用してきたかという具体例である．

物理スイートの背後にある原理

物理スイートは，教育への取り組み方に関する，社会学的な面と心理学的な面の両面での，伝統的な考え方からの変化を基盤にしている．

第一に，これまで長年にわたって物理の教員は，私自身も含めて，教える内容は自分が納得する方法で提示するべきと考え，学生がその教材を学ぶのに必要なことをすべて彼らの責任で行うのが当然と考えていた．この考え方は，意欲があり，動機づけられており，物理の学習に成功するのに必要な学習手法を自ら身につけて教室にやってくる学生だけが通り抜けられるフィルターのような役割を果たす．しかし，そのような学生は，物理を選択する学生のほんの一部分にすぎないことが判明した．科学者や技術者になることを目指してはいるが物理学者になるとは限らない学生に対して素養としての物理教育を提供する「サービス・コース」としての物理教育の重要性がしだいに増してくるにつれて，それまでの考え方を改めねばならなくなった．いまでは，物理をある程度は学ばねばならないが，かといって物理の適切な学び方を知らないような学生に，どれだけの支援をわれわれが提供できるかを見極める必要があるのだ．

第二に，学生の物理の学習をどう支援したらよいのかについて，教育学的および心理学的研究から多くのことが明らかになってきた．最も重要な原理は次のものだ[1]．

原理 1：個々人は，すでにもっている知識とのつながりを作ることで，知識を構築する．また，すでにもっている知識を用いて，受けとった情報に対する創造的な応答を生み出す．

　この原理の意味するところは，授業で最も重要なことは，その中で学生が実際に何をするかであるということである．したがって，効果的に教えるためにわれわれがしなければならないことは，学習に必要な活動を行うことを学生にうながし，かつ彼らにそれができるような環境を作り上げることである．たとえ，彼らが必要な活動を自発的には選択しなかったり知らなかったりするとしても．

　この研究結果は，しばしば「自らの手を動かす (hands-on) 作業中心の学習」や，「能動的学習」の環境を導入することを正当化する根拠として用いられる．残念ながらそれは大切な点を大きく見落としている．学生は機器や装置を使って活発に作業しながら，しかし，物理をほとんど学んでいないことがあるのだ（例えば 8 章の伝統的な実験についての議論を参照されたい）．重要なことは自らの手を動かす作業とその意味を深く考えることとを融合させる彼らの思考の様式にある．学生に適切に考えさせその考えを自ら吟味し省察することをうながす学習環境を設計できるためには，われわれは学生の学習についてより詳細に理解する必要がある．状況をより複雑にしているのは，われわれの到達目標に達するために必要なことが，われわれが到達目標をどこにおくかによって異なることである．そしてこれらの到達目標は，外的な要因と内的な要因の両方に依存している．すなわち，教える学生のタイプ，科目とその名目上の目的，教員としてのわれわれ自身の到達目標[2]，そして学生の思考と学習についてのわれわれのモデルなどである．

　われわれの従来の思考と学習のモデルは，しばしば非明示的で，暗黙の了解に基づいており，認知心理学の基礎的な研究と教育場面で観察される学生の行動の両方に矛盾するものであったりする．第 2 章では，思考と学習へのより高度な取り組みを教員が開発して適用するのを支援する，いわば「柔軟なパラダイム」と

---

[1] 詳しくは第 2 章を参照．
[2] 例えば，われわれの工学系の物理の授業で，私はかつて，対称性に基づいた理解と議論の喚起を学生に期待した．サグレドは彼らに，物理学を創造的な考え方の歴史的発展であることの価値を理解することを望んだ．どちらも格調高く正当な目標であったが，われわれの授業ではどちらも必要ではなかった．

もいうべき一連のガイドラインないし経験則をまとめた．基本的な考え方は，長期記憶は創造的であり連想的であり文脈に依存するということである．第2章の原理2〜5（文脈，変容，個別性，社会的学習の原理）は，環境のどのような特質が学生に適切な理解をもたらすうえで有効かについて，われわれが理解するための手がかりになる．

原理2：人が構成するものは文脈に依存する．この文脈にはその人の心的状態（mental state）も含まれる．

原理3：既存のスキーマに合致するか，それを拡張することがらを学ぶのは比較的容易だが，確立されているスキーマを大きく変えることは難しい．

原理4：個々人それぞれが自分自身の心的構造（mental structure）を構築するので，学生が異なれば心的応答も学習に対するアプローチ方法も異なってくる．このため，いかなる学生集団においても，非常に多数の認知的変数について，大きな分布の広がりをもつであろう．

原理5：ほとんどの個人にとって，最も効果的な学習は，社会的な相互作用を通して行われる．

この学習モデルには多くの意味が含まれている．原理1は，学生たちがすでに何を知っていて，われわれが教えようとしていることがらを理解していくときに，正しいにせよ間違っているにせよ，それらの知識をどのように使うかについて，われわれが注意深く見ておくことが有用であることを意味している．原理1はこのモデルの根本となる要素である．原理2は，学生にもっていてほしい知識に彼らがいつアクセスするかを注意深く見ておくことが有用であることを示唆している．これは彼らに，既得の知識をどうすれば有効に，そしてどんなときに適切に，使えるかを教えることを意味している．これはこのモデルの結びつけ（linking）に関する要素である．原理3は，「本当はそうではないのにそうだと思いこんでいること」を学生に認識させることの重要さを意識させる．そして，学生の思考を正しい筋道に乗せることを支援する環境作りのための指針を提供してくれる．第2章で議論した「橋渡し」と「認知的葛藤」は二つの可能な取り組み方である．原理4は，学生の学習様式の多様性に合わせた適切な環境を提供することの必要性をわれわれに意識させる．これはこのモデルの多様性を担う要素である．最後

に，原理5は，学生が学習する社会的環境の設定について注意を払うべきことを示唆している．これはこのモデルの社会性に関する要素である．

第2章ではまた，このモデルによって，われわれの物理教育についての到達目標の中のどのような項目がとりわけ重要なものとして浮かび上がってくるかについても議論した．物理スイートを構築するうえで考慮された到達目標には以下のものが含まれる．

　目標1．概念：学生は，学習しつつある物理がどんなものであるかを，物理的な世界にしっかりと根ざしたさまざまな概念が構成する強い基盤の上に立って，理解すべきである．

　目標2．整合性：学生は，物理の授業で習得した知識を全体として整合性のある物理的モデルへと関連づけるべきである．

　目標3．機能性：学生は，いま学んでいる物理をどう使うか，およびそれをいつ使うか，の両方を学ぶべきである．

物理スイートは，このような思考と学習のモデルに基づいて，効果的に機能する学習環境を教員が作り出すことを支援するように設計されている．

物理スイートの構成要素

伝統的な授業用教材は学習項目のリストと教科書を中心にして編成されている．物理スイートは，教員が自分のコースの焦点を，学習の到達目標と学生の学習活動に移すことを支援するように構成されている．物理スイートの教科書はこの努力を支えることを目指しているが，それは効果的な学習環境の構築を支援する一連の教材群の一つの構成要素にすぎない（図1.2の物理スイートの構成要素を示す図を参照）．

以下でそれぞれの構成要素について順次簡単な説明を述べ，それが全体像の中にどのようにあてはまるかを示す．物理スイートの重要な構成要素の一つである解説書，つまり従来の意味での教科書，の改編については，本書の他の部分では議論していないので，ほかの要素よりも詳細に説明することにする．

物理スイートの教科書："Understanding Physics"

　物理スイートの教科書である"Understanding Physics（カミングズほか著）"［Cumming 2003］は，よく知られたハリデイらによる"Fundamental of Physics"の第6版［HRW6 2001］を基にしているが，さまざまな点で，能動的学習の環境に適合するように改訂されている．

<u>1. 教科書に対する修正は，漸進的であり，急進的ではない．</u>
　次世代の教科書は，さまざまな学習活動をそれに直接的に統合して，オンラインで提供するものになる可能性がある．Understanding Physics は，現時点では標準的な書籍の形をとっているが，その方向を目指している．これまでの教科書の中での学習活動，すなわち，（理解を確実にするために本文中に置かれた）練習問題（Reading Exercises）と例題は増強されており，その他の学習活動の利用・連携が適切な箇所には関連が明示されている．しかし，伝統的な教科書に慣れている教員も学生も安心して使える程度に，十分伝統的な教科書としての外観を保っている．能動的学習の強化は主として物理スイートの他の構成要素の使用を通じて実現できる．

<u>2. この教科書は学生にとって学習困難な事項を考慮して改訂されている．</u>
　本稿の執筆の時点ですでに，学生が物理を学ぶときに遭遇するさまざまな困難に関する多くの論文が報告されている［Pfundt 1994］．（これらは，「物理教育研究に関する資料集」［McDermott 1999］に要約されおりその）研究結果は多くの教科書や教員用指導書で論じられている［Arons 1990］［Reif 1995］［Viennot 2001］［Knight 2002］．"Understanding Physics"では，学生を混乱させ学習を難しくすることがわかっている論点は，注意深く議論されている．多くの伝統的な教科書では，これらの論点は些細なことと考えられ，1行ほどの短い説明で片づけられたり，あるいは昔から知られている誤概念を植えつけてしまうような不適切な例を用いて説明されたりしている．

<u>3. 話題は，可能な限り，そしてそれが適切である限り，個人の日常的な経験に結びつけられて導入される．</u>
　われわれは「考え方が先で，名前は後から」の原則に従い，議論が始まる前にそれに動機づけを与え，学生の日常的な経験とのつながりをつけるようにする．

このことは，学生が学ぼうとしている物理とすでにもっている知識との関連づけパターンを形成することを支援し，彼らが自分たちの経験を物理法則と矛盾しない形で解釈し直すことを支援する．

4. 学習内容は論理的に順序立てて説明されている．

われわれは「既有・新情報原則（given-new principle）」（第2章を参照）に従うよう努力している．そして，学生が日常的な経験からもちこむ素材を基盤として，彼らが理解できると期待されるような考えをもとに組み立てるようにしている．これに対してほかの教科書の多くは学生が理解し解釈する手がかりをもっていないような複雑な事象の議論から始めて，それを何ページにもわたる込みいった解説で説明するような，教え知らしめる形で提示している．

5. 概念を強調している．

われわれのモデルにおける第一義的な到達点の一つは，学んでいる物理の意味を学生に納得させることである．もしも彼らが物理を難解な方程式の集まりだと見なしているのであれば，それは不可能である．そこでわれわれは，初めに概念的・定性的な理解を強調し，そこから連続的に方程式と概念的な考え方との間の関連づけを行っている．

6. 練習問題と例題（試金石的な問題）は量を抑制して注意深く選ばれている．

参考例や興味をさそう事例を提示しようとして，従来の教科書にはしばしば多数の囲み記事や補足や例題がある．このために説明が途切れ途切れになって，学生にとって説明の流れを追うのが難しくなっている．Understanding Physicsでは，理解を確実にするために本文中に置かれる練習問題（Reading Exercises）は，適切に考え，考え方を吟味することをうながすように注意深く選ばれたものが，各節の終わりに配置されている．これらは（とくに少人数クラスでは）議論の話題として適切であるものが多い．例題は「試金石問題」におき換えられ，学生が問題の中で物理をどう使えばよいかを理解するための要点を示すように注意深く選ばれている．方程式に数値を代入して機械的に計算結果を導くような例題は排除されている．

7. 例示や図解には学生にとって身近なコンピュータ・ツールを用いているものが多い．

教科書中の例は，コンピュータを使ったデータの収集・解析（CADAA）のた

めのツールソフトやビデオから収集したデータを使うように，拡張され改訂されている．他の物理スイートの構成要素——実験，演習，相互作用型演示実験講義，ワークショップ物理——も同様にこれらの技術を駆使している．これには多くの利点がある．学習の多くの部分で学生の体験することと教科書の記述とがこれによって結びつけられる．また，（ビデオを通して）現実世界の経験と直接結びつけられる．理想化したデータよりもむしろ現実のデータを用いることができる．これによって教科書の解説を物理スイートのより能動的な構成要素に結びつけることができる．

8. 章末の「要約」ははぶかれている

　これは意図的なもので，手抜かりではない！　われわれは章末の要約を忘れているのではなく，むしろ意図的に省いているのである．要約があらかじめ記述されていると，学生は，公式をあてはめ機械的に答を計算するための方程式を見つける手がかりとして，また，教科書を理解しようと読みこむ努力を省略するための近道として，利用する傾向がある．権威のお墨つきのある要約を教科書に記述することは，自分で要約をまとめる機会を学生から奪うことになり，また，自分自身で正しいかどうかの判定をする代わりに権威を信じなさいというメッセージを学生にひそかに送ってしまうことになる．教科書に要約を記載しなければ，（私自身と同様に）要約することが本質的であると思っている教員は，通常の宿題の一部として要約を作成させることができる．

9. 学習内容の順序は教育学的な観点からの整合性が増大するように多少改訂されている．

　いくつかの伝統的な教科書では，学習内容の配列順は，物理の流れを犠牲にして数学的な構造が強調されていたり，「既有・新情報原則」が破られていたりする．例えば，等加速度の問題が代数的に解けるという理由で，自由落下はしばしば運動学の項目で扱われている．その結果，学生の重力についての考え方がしばしば混乱してしまう．すなわち，地球表面近くでの重力場（$g = 9.8 \text{ N/kg}$）という概念と，自由落下において生じる重力加速度（$a_g = 9.8 \text{ m/s}^2$）の概念とを混同してしまう．われわれは自由落下を，力を議論したあとの第3章で扱う．ニュートン力学の中心的重要性を強調するために，ニュートンの第二法則は速度と加速度の定義の直後に1次元で扱う．運動量をニュートンの第二法則の自然な拡張として

扱う．エネルギー概念の取り扱いは，有限サイズの物体（extended objects）の議論のあとまで遅らせている．
10．ベクトル数学は，それが必要になるところで扱われる．

1次元運動の力学は，一般的な2次元あるいは3次元のベクトルを導入する前に扱う．ベクトルとベクトル積は必要になるときに導入され，ベクトルの内積は仕事の概念と関連させて扱い，ベクトルの外積は回転モーメントの概念と関連させて扱う．1次元の運動は，1次元のベクトルという文脈の中で記述されるが，従来から学生が陥りがちなスカラー量とベクトルの成分との混乱の回避に役立つように，一般的なベクトルの表現と矛盾のないような表記を用いている．

物理スイートの実験学習での使用：「リアルタイム物理（RTP）」

リアルタイム物理は三つの実験モジュールが開発されており，手引き書がすでに出版されている．それらは，力学（12実験），熱と熱力学（6実験），電気回路（8実験）である[3]．

これらの実験学習は，認知的葛藤の手法を用いる「誘導された探究」のモデルを使うことを通して，学生に基本的な概念をしっかり理解させるのに役立つ．実験はコンピュータ利用データ収集機器を多用しており，学生が質の高いデータを素早くかつ簡単に取得することを可能にしている．これは，学生が実験を多数回行うことを可能にし，学生の意識を，（従来の実験でありがちな）データを取ることに集中させるのではなく，むしろ現象に集中させることを可能にしている．新しい測定機器を用いる学習活動では，はじめに学生にその機器を「心理的に較正」することをうながす．すなわち，その機器がどのようにしてデータを出してくるのかについては学生があまり明確には理解していないとしても，機器の測定値の意味を自身に納得させるのである．物理教育研究は，これらの実験が学生の概念形成をうながすのに非常に有効であることを示している．より詳しい議論は8章を参照されたい．

リアルタイム物理を実行するには，2人あるいは3人あたり1台のコンピュータと，これに接続されたデータ収集機器の実験設備が必要である．

---

[3] 光と光学のモジュールは現在開発中である．（訳注：すでに開発され手引き書が出版されている．）

物理スイートの講義での使用：「相互作用型演示実験講義（ILD）」

相互作用型演示実験講義（ILD）は，大人数での講義という環境のもとで，学生の表現変換能力の学習を支援し，また，能動的な参加を通して彼らの概念理解を強化する．学生は2枚のワークシートを受けとる．1枚は予想を書きこむためのもので，もう1枚は観察結果を要約するためのものである．教員は，一連の注意深く選ばれた演示実験を行い，コンピュータ利用データ収集機器を用いてその結果のグラフをリアルタイムで教室の大きなスクリーンに映し出す．学生は，まず，データ収集はしない演示実験だけを見せられる．実験データが収集され表示される前に，結果を予想し，その予想について隣近所の席の学生同士で議論する機会が学生に与えられる．扱われる項目と演示実験の選択には，共通的な誤概念や学習上の困難に関する研究の成果が最大限に活用されている．そのワークシートには，認知的葛藤と協同学習が取り入れられている．研究結果の示すところによれば，これらの学習活動は，学生の概念学習と，グラフで表現された内容の理解，の両側面できわめて効果的である．これはクラス規模が小さい場合でも効果的である．より詳しい議論は7章を参照されたい．

相互作用型演示実験講義を実施するためには，講師用の，データ収集機器が接続されたコンピュータ1台と，大スクリーンディスプレイ装置があればよい．学生を議論に参加させ演示実験を効果的なものにするための学生との相互作用の手法を体得するためには，従来型の教員は多少の練習を積む必要がある（7章を参照されたい）．

物理スイートの演習クラスでの使用：「チュートリアル」

チュートリアル（グループ学習型問題演習）は演習クラスにおける能動的な概念形成をうながすカリキュラム環境である．それは，リアルタイム物理や相互作用型演示実験講義と同様のしっかりと注意深く誘導されるグループ学習により構成される．それは，学生が学習に際して遭遇する困難に関する研究成果に基づいており，認知的葛藤と橋渡しの手法の両方を多用している．ワシントン大学の物理教育研究グループは，運動学から物理光学にわたる広範なトピックスをカバーするチュートリアルのカリキュラム [Tutorials 1998] を開発している．このチュートリアルはコンピュータ機器のない環境で使えるように設計されているため，コ

ンピュータを用いたデータ収集機器やビデオはほとんど用いていない．一方，コンピュータを用いたデータ収集，ビデオによる表示や解析，シミュレーション等を含むコンピュータ技術も用いるチュートリアル教材として開発されているのが，物理スイートの一部「ABP チュートリアル」である．チュートリアルは，伝統的な演習授業に比べて概念学習の改善に効果的であることが示されている．より詳細な議論は 8 章を参照されたい．

ワシントン大学物理教育研究グループのチュートリアルを実施するには，標準的な物理実験室に備えられている小型の実験器具と金物雑貨店で購入できる安価な材料などのいくつかの小物が必要である．ABP チュートリアルを実施するには，学生 3 人から 4 人あたり 1 セットのコンピュータとデータ収集機器が必要である．どちらのタイプのチュートリアルにもおよそ 15 人の学生に 1 人のファシリテータが必要である．これらのファシリテータには以下の二つのことについての訓練が必要である．一つは，教えようとしている物理の理解を確実なものにすることである（これは相手が物理教員や大学院生であっても，きわめて微妙で工夫を要する課題になる可能性がある）．もう一つは，彼らに，半ソクラテス的指導法，すなわち指導員が説明してしまうのではなく，いくつかの適切に選択された質問をすることを通じて理解に導く方法，を習得させることである．

全部を組み合わせる：「ワークショップ物理」

ワークショップ物理（WP）は最も革新的な物理スイートの構成要素である．これは，講義，チュートリアル，および実験からなる伝統的な授業形式からの完全な構造の変化を想定している．典型的な例では，授業は週 3 回の 2 時間続きの実験セッションから構成され，その中で学生は，先進的な機器を用いての観察や数学的モデルの構築を通して，自らの物理的知識を作り上げる．授業は，短時間の簡潔な講義，クラス討論，クラス全体での演示実験，少人数グループに分かれての実験およびモデル構築の間を，スムーズに行ったり来たりしながら進む．データの収集，ビデオ映像の取りこみと解析，そして表計算ソフトを用いたグラフ化とモデリングには，統合化された一連のコンピュータ機器・ソフトが使用される．ワークショップ物理（WP）は，30 人かそれ以下のクラスにとくに有効であるが，数百人の大クラス授業に導入するのは難しい（ただし，後のノースカロ

ライナ州立大の事例研究も参照してほしい）．WPのより詳細な議論は9章で行った．

　WPを実施するには何種類かのデータ取得用のセンサーとそれを使うツールとしてソフトウェアを含むコンピュータ機器が必要である．ファシリテータは学生15人程度あたりに1人が必須だが，教員も指導にあたるのであれば，その何人かの代わりに，すでにこのコースを好成績で履修しおえた学生を「ピア・インストラクタ（peer instructor）」として機能させることもできる．ただし，WP実験の管理運営を習得することや，学生が高校や他の科学科目で身につけてきた授業についての期待観の転換をうながすのは困難で挑戦的な課題であり，円滑な運営を実現するまでには何学期もかかることがある．しかし，学習と学習に対する姿勢の両面で改善効果は劇的なものになりうる．

宿題と試験：問題と質問

　第4章で議論したように，問題を解くことは，宿題と試験の両方とも，物理を学ぶ学生の学習活動の重要な部分である．試験問題の選定はとくに重要である．なぜかというと，試験は，（われわれにそのような意図があるなしにかかわらず）学生が授業で学ぶと想定されていることについて，明示的にも暗示的にもメッセージを送るからである．伝統的な授業では，採点がしやすいように，宿題や試験を数値解問題や多肢選択問題に限ってしまうことがしばしばある．これは，物理について考え学ぶことの豊かな価値について，また物理の問題の意味を理解し納得することの重要性について，否定的な強い影響力をもっている．授業の他の部分でせっかく送り出しているより高度のメッセージを台無しにしてしまうのだ．物理スイートには有効性が強化された一連の宿題用および試験用の問題が含まれている．それは，見積もり問題，自由記述式の理由づけ問題，現実的な状況に即した問題，小論文形式の問題，等々である．

　宿題用と試験用に決まり切った答のないオープンエンドな問題を採用するには，採点のための仕組に工夫が必要である．複雑な記述式の問題に学生を真剣に取り組ませ熟考させるためには，採点を通じて学生にフィードバックと動機づけを与えることが必要である．そのためには，教員かその助手が時間をかけて解答を吟味し採点することが必要である．これは，多人数のクラスでは困難ではある

が，このタイプの問題の一部についてだけでも（週に2, 3題，試験あたり1, 2題）採点することは大きな影響力をもちうる．

授業の評価：授業評価用の調査手段（The Action Research Kit）

　第5章で議論したように，過去20年以上にわたって，物理教育研究者たちは，入門物理の広範囲で多様な項目について，学生が理解するうえで遭遇する困難についての記録を集積してきた．その結果を用いて，研究者たちは標準化された概念調査問題を作り上げた．これらの調査項目の多くはよく考えて設定されている．それらは，多くの学生が難しいと感じる重要な論点に焦点を当てており，そして，学生が共通的にもっている誤概念をあぶり出す誤答選択肢をもっている[4]．初学者である学生の応答は文脈に強く依存するために，これらの調査は，とくに少数の項目を抜き出して用いる場合には，個々の学生の知識の測定には必ずしも有効でない．個人の知識評価には，さまざまな文脈を取り入れたより広範囲のテストが必要である．しかし，上述の調査は，とくにコースの事前と事後の両方で調査をすると，そのクラスの学習の成果の目安を与えてくれる．

物理スイートと整合する授業手法

　物理スイートの構成要素ではないが，物理スイートの構成要素と組み合わせて用いることのできる教育手法として，「ピア・インストラクション」，「ジャスト・イン・タイム教授法（JiTT）」，そして「協同による問題演習」がある．物理スイートと整合するこれらの手法は第7章と第8章で詳しく論じられている．

ピア・インストラクション（仲間同士の教え合い）

　ピア・インストラクションは，授業の途中で10分から15分ごとに教員が授業を中断して，短答式あるいは多肢選択式の，学生の興味をそそる質問をするという授業方法である．通常それらの質問は，定性的で概念的であり，相当数の学生

---

[4] 「誤概念」は必ずしも記憶の中にすでにもっている「（正しい概念の）代わりの理論」を意味しないことを，われわれの学習モデルのリソースに関する議論から思い出してほしい．それは，学生が不適切なリソースへの結びつけを行ったり，あるいは適切なリソースへの不適切な写像を行うことによって，（学習しようとしている）その時点で作られることもある．

に認知的葛藤を活性化させる．学生は答をまず自分で考え，それについてまわりの席の学生と議論する．次に，その結果が集計されて表示され，クラス全体の議論に反映される．集計法には，手を挙げさせる方法，カードを挙げさせる方法，電子システムを使う方法，等がある．ピア・インストラクションを実施するには，明確な正解のあるタイプの，吟味された質問集さえあればよい．ただし，適切で効果的な質問を選ぶのは容易でない．それらは，重要な概念的論点を反映していなければならない．そして，相当数の生徒（20%以上）が誤った解答をし，相当数の生徒（20%以上）が正解を得るような難易度であることが望ましい．相互作用型演示実験講義の場合と同様にピア・インストラクションのクラスの議論をうまく成立させるには，ある程度の練習が必要である．この方法に関するマズールの著書［Mazur 1997］には，数多くの効果的なものになりうる問題が含まれていて，この方法の導入によいスタートを切るうえでの参考になる．より詳細な議論は第7章を参照されたい．

ジャスト・イン・タイム教授法（JiTT）

　JiTT は，学生がオンラインで，注意深く構成された事前質問（小論文形式や文脈に富んだ質問を含む）に答えてから授業にのぞむ方法である．教員は講義の前に学生の答に目を通し，ときには学生の答に現れた困難に応じて講義を調節し，ときには（匿名で）答を引用してクラス討論の題材にする．この方法では，教員が，学生が学習できているかどうかに注意を払い彼らに対応しているということを示す貴重なメッセージを送ることになる．相当な数の適切に構成された問題が，ノヴァク，パターソン，ガブリン，クリスチャンによる著書［Novak 1999］に含まれている．より詳細な議論は第7章を参照されたい．

協同による問題演習（CPS）

　協同による問題演習は，演習の授業か少人数クラスで，3人ずつのグループで協同することによって，学生に複雑な物理の問題を考え解くことを学習させる方法である．この方法は，グループに多様な学生を組み入れ，それぞれに役割を分担させる方式を採用する．そして複雑な問題にどうアプローチしたらよいかを系統立てた方法で学ばせる．この方法は，学生が優れた概念理解を形成し，問題解

決スキルを習得するうえできわめて効果的である．この手法は，問題を解くためには，どうすればよいのかがすぐにはわからなくてもよいのだ，という重要なメッセージを学生に送る．これは，入門レベルの学生の多くがなかなか思い至らないことである．この方法を開発したミネソタ大学の研究グループのウェブサイトを通じて多くの有用な問題が利用できる．より詳細な議論は第8章を参照されたい．

　これら三つ方法のすべてが物理スイートと同じように，基本的な認知モデルと，物理スイート類似の到達目標に基礎を置いており，物理スイートとよく調和する．

さまざまな環境で物理スイートを使う

　物理スイートの要素を授業で効果的に使ううえで留意すべき二つのポイントがある．それは，選択する物理スイートの構成要素とクラスの物理的な条件が十分に整合していることと，物理スイートの考え方と教員たちの考え方がよく一致していることである．

　物理スイートの構成要素（RTP，WP，ABPチュートリアル）の中には，学生とコンピュータおよびコンピュータ利用実験機器との相互作用に大きく依存するものがある．これらの構成要素を用いる場合，およそ学生3人から4人ごとに1台のコンピュータが使える環境が必要である．もちろんそれらは複数の小クラスに分けて並行して実施することもできる．8ないし10台のコンピュータの使える実験室が一つあれば，1週間に400から500名の学生をそのコースで受けもつことができる．物理スイートのいくつかの構成要素（RTP，WP，チュートリアル）には，クラスの中の学生15人ごとに1名の割合でファシリテータが必要である．このような環境で，小さなグループごとに学生たちは新しい考え方や概念を理解しようと取り組む．彼らにはしばしば（しかしあまり頻繁すぎない）目配りと指導と誘導が必要である．熟練した教員であれば，1人で30人（ないしそれ以上）の学生を扱うこともできるが，十分な成功を得るのは難しい．これらの物理的な制約条件を表10.1にまとめて示す．

第10章 物理スイートを使う

表 10.1 物理スイートの要素のさまざまな環境への適応性

構成要素	大規模クラス 学生対教員比 > 50	小規模クラス 学生対教員比 < 50	ファシリテータ有り 学生対教員比 < 20	ファシリテータ無し	コンピュータ多 1台あたり学生数 < 3	コンピュータ少 1台のみ
教科書（UP）	✓	✓	✓	✓	✓	✓
実験（RTP）	✓	✓	✓		✓	
講義（ILD）	✓	✓	✓	✓	✓	✓
ワシントン大学チュートリアル	✓	✓	✓		✓	✓
ABPチュートリアル	✓	✓	✓		✓	
ワークショップ物理		✓	✓		✓	

教室レイアウトの役割

物理スイートの構成要素のいくつかについてはそれを効果的に実施するうえで教室レイアウトが重要な役割を演じる．椅子がすべて一方向を向いていてボルトで固定されている講義室では，学生間で効果的に相互作用させることは難しい．学生が1人ずつあるいは2人1組でべつべつのコンピュータの前に座り，椅子がすべて講師の方向に向いて列になって並んでいるようなコンピュータ実習室では，相互作用的な学習を効果的に行うことは困難である．この手のコンピュータ室では実験を行うことはほとんど不可能である．物理スイートのさまざまな構成要素を使用するための効果的な教室の配置は第6章から9章で論じられている．それらの教室配置では，学生は小さなグループでおたがいに顔を合わせて相互に議論や作業ができるようになっている．

ファシリテータの役割

考慮すべき重要なもう一つのことは，ファシリテータが（学習についての）適切な考え方と学生への接し方を理解していることである．そして，学生の言うことにどのように耳を傾けるべきか知っていて，適切に対応できることである．彼らが本気でそのつもりでいたとしても，これは実際には簡単ではない．私の場合，

学生が質問に来たときに，私が教員としてではなくむしろ学生として対応していたということに気がつくまでに 20 年を要した．自分自身が 20 年間学生であったし，その間に教員の質問によい答をすることでほめられてきており，そしてほめられることに成功してきた．私はもってこられたどんな質問にも私のできる最もよい答を出そうと努力する傾向が強かった（恥ずかしいことに教員としての私はそれに気がつくまでに非常に時間がかかってしまったのだが）．重要なことは質問に正しい答を与えることではなく，学生が学習し理解することである．ひとたびこれを認識したあとは，私はやり方を変えた．

いまは，学生の質問に直接答えるのではなく，彼らのかかえている本当の問題は何であるかを診断しようと努力する．理解を組み立てられる基盤になるものとして学生は何を知っているか？　理解に困難を引き起こしているのは，何を取り違えていてどこで間違っているためか？　その結果，私は質問にすぐに答える代わりに逆にいくつか質問を投げかけてみた．すると，学生はしばしば混乱を隠そうとして，あたかも自分が言っていることをわかっているかのように装った質問をすることに気がついた．彼ら自身がすでにもっているリソースに気づかせるだけでしばしば大きな変化が生じる（「そうか，先生が言ったことは…という意味ですね」という具合に）．この新しいモデルでやり始めて 10 年が経ったが，私にはいまでもよい答を与えようという強い傾向があることに気づく．それどころか，学生や状況によっては，そういう風に教えこむことがよいこともあるのだ，と自分に言い聞かせてしまうことさえある．

学部上級生や大学院生のファシリテータは，自分を相互作用モードにおくことを難しく感じることもあるだろう．彼ら自身がまだ学生であるし，彼ら自身が教員の質問に答えているときのモードに簡単に落ち込む傾向があるからだ．われわれが 1990 年代の半ばに，メリーランド大学でチュートリアルを初めて試行したとき，私の学科は，最も優秀な TA の何人かを私が自ら選べることにしてくれた．このことが実は問題であることがあとになってわかった．これらの TA は明解な説明ができるということで高い評価を得てきたのである．最初の学期にはしばしば学生のグループの中から彼ら TA を引き離さなければならなかった．グループの中で彼らは，はじめから 10 分間もの間，鉛筆を手にもって，チュートリアルの全質問に対する答を学生に説明しており，その間，学生は座ったまま，だまっ

て見ているしかなかったのだ.

　質問と回答の,また介入と思いやりをもった無視の,正しい均衡を見いだすことは難しい.その均衡は多くのことがらに依存している.例えば,対象はどのような学生か,課題は何か,学生と教員の間で合意してきた目標はどんなレベルか,学生が学習にどのくらい疲れているかあるいは挫折しているか,などである.よい学生から有能な教員へと全体的に転換するための鍵は,学生のいうことに耳を傾け,議論の内容だけでなく議論をしている彼ら自身に関心を払うことを学習することにある.

　物理スイートが提供する多様性に富む教材や,物理スイートに適合性をもつ一連の教材は,教員に幅広い選択肢を提供している.さまざまに異なる環境にいる教員は,さまざまに異なる使い方で環境に適合させて使うことができる.

四つの事例研究：物理スイートの構成要素を採用し適合させる

　すべての高校やカレッジ,大学の物理の授業には,それぞれの独自の環境条件がある.学生のタイプ,物理的環境,教育の伝統,教員,その教育機関の他の部門との関係,において,それぞれの独自性をもつ.新しい教育手法を実施するにあたっては,それぞれの独自の特徴と制約に適合させなければならない.現実の場面ではそれがどのように行われるかを説明するために,ここでは,物理スイートのいろいろな構成要素を実施している四つの異なるタイプの教育機関についての事例研究を紹介する.最初の二つのケースは,1人もしくは2〜3人の物理教員がかなり小さいクラスを教えている,公立高校と小さなリベラル・アーツ・カレッジでの事例に関するものである.次の二つは,多くの学生をかかえる大きな研究大学に関するもので,その一方には物理教育研究グループがあるが他方にはない.以下の記述内容は,物理スイート教材を用いた教育を実施している教員へのインタビュー,用いている教材の検討,そして,彼らのウェブサイト上のデータに基づいている.とくに,マキシン・ウイルス,メアリー・フアス,ゲリー・グラッディング,ボブ・ベイヒナー,ジェフ・ソウルとの議論に感謝したい.

小さな教育機関での物理スイートの使用
ゲティスバーグ高校

　ゲティスバーグ高校（GHS）は，ペンシルバニア州の田舎にある中規模の高等学校である．この学校は，面積185平方マイル（470平方キロメートル）で人口およそ25,000人の一つの郡を校区とする公立高校である．ゲティスバーグ高校には，4学年にわたるおよそ1200人の生徒がいる．人口構成は多様で，知的な仕事に就く都市郊外居住者の子供から，貧しい田舎の環境に住み，自分の一族の中で大学進学をするのは初めての世代であるような子供たちにわたっている．

　ゲティスバーグ高校の教員の一員であるマキシン・ウイルスは，過去15年間にわたって，物理教育の発展の新しい成果を自分の授業に適用してきた．彼女は，現在"Understanding Physics（UP），"「ワークショップ物理（WP）」，「相互作用型演示実験講義（ILD）」，「リアルタイム物理（RTP）」と「ワークショップ物理のツール」を含む多くの物理スイート要素を使用している．

　マキシンは，（微積分を用いない）標準的な物理のクラスと，より高度な上級物理（Advanced Placement，AP）レベル[5]のクラスを教えている．典型的な生徒数は，標準的な物理は40〜50人，AP物理が30人で，彼女はそれぞれを二つの小クラスに分けて教えている．したがって，クラス規模はかなり小さく，クラスの全体討論などの高度に相互作用型の環境を実現しやすい．

　ゲティスバーグ高校での1コマの授業時間は，40分である．物理は，実験を行う学習を取り入れるために，2コマ続きの授業を週5回というパターンで行っている．それに加えて，それぞれのクラスは週に1度，問題演習，質問への対応，演習型の討論などを行うための1コマの授業を行う．通常の2倍のコマ数を使っているので，彼らは1学期（半年）で，標準的な高校の物理コース1年分を完了する．

　マキシンの教室はワークショップ物理用の部屋（図6.4参照）として配置されており，最大28名の生徒を収容できる．部屋には，コンピュータが生徒用に14台，教員用に1台設置されている．インストラクタのコンピュータは，液晶パネルのオーバーヘッドプロジェクタに接続されている．彼女には，AP物理の授業クラスごとに複数のピア・インストラクタが割り当てられている——彼らは，この授

---

[5] これは，AP物理学Cの試験対応のもので大学課程の微積分ベースの力学と同等である．

業をすでに好成績で修了した上級生で，ピア・インストラクタをつとめることに対して「独立学習」としての単位を取得することができる．これによってゲティスバーグ高校は，表10.1によれば，ファシリテータの支援と十分なコンピュータを備えた小クラスという教育環境に位置づけられる．それゆえ，彼らは物理スイートのどの要素も用いることができるのである．

マキシンは1989年頃から，さまざまな開発段階のスイート要素を用いてきた．彼女は，いまではこれらの構成要素についてかなりの経験を蓄積しており，柔軟に，かつ創造的に，それらを利用することができる．AP物理の授業では，彼女は教科書，広範囲なワークショップ物理の学習活動やツール，相互作用型演示実験（ILD），そして問題集を用いる．標準物理のクラスでは，彼女はワークショップ物理，リアルタイム物理実験（場合によってはよりやさしい「科学的な思考実験」(Scientific Thinking lab) を代わりに用いることもある）や相互作用型演示実験講義（ILD）の中から選ぶ．

AP物理のクラスでの典型的な2日間を見てみると，その中には通常，ワークショップ物理（WP）活動と問題演習が含まれている．WPの日には，マキシンは，当日の課題に必要な装置の特徴を説明することから始めることもあるが，多くの時間は，生徒自身が自ら活動することに費やされる．マキシンと（上級生から選ばれた）彼女のピア・アシスタントは，教室内を歩き回りながら，質問をしたり，また質問に答えたりする（そして，その「答」は生徒自身が答を見つけるのを誘導するための質問の形をとることが多い）．授業の終わりに時間が余ったら，学んだことについて振り返って考えてみるための議論を行う．時間がなければ，その議論は次の授業のはじめに行う．

WPでの活動の典型的なものは概念構築である．マキシンは，一つのトピックの学習をこの活動で始めて，生徒たちがその概念を明確に獲得したと感じるまで，本格的な問題演習には取り組ませない．もし，WPが彼らに役立たない場合，あるいはそのWP活動が高校生にとってあまりにも複雑である場合や，必要とする道具があまりに多い場合には，その代わりに相互作用型演示実験講義を採用して，その実施には2コマの授業時間のすべてをあてる．

問題演習の日には，生徒は教科書の中から選んで出された宿題に，あらかじめ取り組んでくることになっている[6]．彼らは，2ないし3名からなるグループに

分けられる．各グループには，グループ番号が割り当てられ，一つのホワイトボード（縦横約 60cm）とマーカーペンが与えられる．マキシンは，「解答の手引」を配布し，生徒は自分たちの解答を手引の解答と比較して確かめる．彼らが確かめている間に，彼女はいくつかの問題番号を選んで教師用ボードに記入する．それぞれのグループはその中で解くのに困難を感じている問題の番号と，それにどの様に解答しようとしているかの経過を各自のホワイトボードに記入する．これによって教員と生徒の双方が，遭遇している困難のパターンを知ることができる．もし，ある問題についてクラス全体が困難を感じているなら，マキシンは（それと同じではない）類題を解説する．そのうえで，彼女はクラスの大半が困難を感じている複数の問題を選び，それぞれのグループにホワイトボード上で解かせる．

この学習活動には決定的に重要な要素が二つある．第一に，生徒たちは一定のパターンに従わなければならない——彼らは，図表を描いて解決のすじみちを示すことを要求される．第二に，「解答の手引き」の答の記述は不完全である．「手引き」の答は問題の設定にほとんどふれておらず数式計算に焦点を合わせている[7]．結果として，答はヒントにはなるが，重要な思考のステップを示していない．生徒は自分たち自身でそれをしなくてはならない．「手引き」に与えられたヒントを用いて，グループが協同で取り組むことによって，ほとんどすべての生徒が，すべての問題についての解答を導き理解する．ひとつづきの授業時間に 3～4 題程度の問題に取り組むことができる．

マキシンがこれらの授業で伝統的な教科書を用いた経験はかんばしいものではなかった．標準物理のクラスの生徒たちは入門物理の教科書を理解できず，AP 物理の生徒たちでさえもハリデイ，レスニック，ウォーカーの従来版の教科書はかなり難しく理解できないと感じていた．彼女は，とくに彼らがはじめに学ぶ最初の数章について，「読み方ガイド」を作成して生徒たちの理解を支援した——それは，教科書の記述の解釈を助けるための質問集であった．マキシンは "Understanding Physics（UP）" の暫定版を採用して以来，この問題は解決したと報告している．彼女の AP クラスの生徒たちは，テキストを注意深く読んで

---

[6] これをしてこなかった生徒は，取り組まなかった問題についての評点を下げられる．
[7] この文脈では，これは意図された特徴であって，欠陥ではない！

て，詳細にわたる明示的な手引きを必要としない．

マキシンは，物理スイートの構成要素が彼女にとって有効に機能しており，生徒の学習が，単なる丸暗記ではなく，本当に改善していることに満足していると言っている．物理スイートのアプローチを採用することでの全般的な影響は何かとたずねると，彼女は言った．「それは，私が授業の中心ではなくなったことです．焦点は，学習者としての生徒の側に置かれます．多くの生徒が物理的に考えることができるようになりました．ひとたびそれを身につけると，それが彼らにとってのしっかりした基盤になります．私は未来の科学者にアルファベットのABCを与えているように感じています．私が取り上げる教育項目は多くありませんが，生徒たちは以前より分析力の面で向上しています．加えて，彼らは問題解決により自信をもっています．競争の激しい大学へ進学しても落ちこんでしまうようなことがなくなりました．これは大きな改善です．かつて，私の生徒の中には大学で当初は科学専攻を目指しながら途中で転進していくものが多くいました．それが今はそれほどいません．」

パシフィック大学

パシフィック大学は，専門職大学院プログラムを有する私立のカレッジである．この専門職プログラムのほとんどは，保健科学である（作業療法や検眼，医師アシスタントや心理学など）．学部生の多くは，生物学や保健科学に興味をもっている．パシフィック大学は，オレゴン州の沿岸地方に位置しており，約1000人の学部生と1000人の大学院生がいる．

物理学科は小さく，4人の教員に加えて検眼学と併任の1名の教員で構成されている（フルタイム換算で3.3人相当）．学部では，概念物理，代数ベースの物理，微積分ベースの物理の三つの入門物理の科目がある．ここ数年，後の二つの科目で物理スイートの構成要素が用いられてきた．

代数ベースの物理クラスは，最近かなり小さくなってきている．それは，生物学科がもはや物理を必修にしていないからである[8]．現在，この授業を取る学生

---

[8] メアリー・フアスによれば，生物学科の教員たちは，学生が学ばなければならない新しい生物学の内容が非常に増えたので，あまり関係のない科目を学ばせる余地がなくなったと考えている．

の数は，20 から 60 名の間で変動している．この科目は，2 学期科目で，週 3 回の各 1 時間の講義と，1 回 3 時間の実験，合わせて週に 6 時間授業が行われる．実験用の 3 時間はチュートリアル学習と実験活動に分割されている．

パシフィック大学物理学科では，実験にリアルタイム物理（RTP）の教材を 8 年間用いてきた．RTP 実験の多くは，3 時間の時間枠におさまるように設計されているので，彼らはそれを自分たちの環境に合わせて改編している．多くの RTP 実験は三つの部分からなり，それぞれは，ほぼ 1 時間の枠におさまる．教員たちはさまざまな選択肢を試した結果，三つの RTP 実験の要素のうちの二つを，2 週間に分けて行うことに落ち着いた．一つの 3 時間枠の中で学生は 2 時間のチュートリアル学習と 1 時間の実験を行う（教員は，自分の学生にとって，チュートリアルを分割するよりも，実験を分割する方がやりやすいことに気づいた）．RTP 実験は新しい力学授業の順序に従っていて，いくつかの標準的な教科書とは一致していない．教科書の章の読む順番を変えるより，教科書の順序を保って，RTP 実験の順番を教科書に合うように調整している．これはうまく機能しているようである．

いくつかの学習項目（例えば回路）は実験を通して教えられ，講義では簡単にふれるにとどめている．パシフィック大学の教員たちは，RTP の一部である実験前宿題は用いないことにした．なぜなら，彼らの学生はこの教材を，教材本来の意図である自分自身の思考を探る道具として使わずに，むしろ，教科書の中にそれについての記述を探して確実な正解を求めるからだ．これは，実験学習のもつべき発見的性格を損なってしまう．実験は学生が実験前宿題をやっていなくても機能する．教員は実験後に課す RTP の実験後宿題は採用しているが，自分たちの講義での説明の仕方や内容に合うように，少し改編している．

教員たちは，チュートリアルのところで多少苦戦した．ワシントン大学チュートリアルはワシントン大学の学生の微積分ベースのコース向けに設計されており，高度すぎる．教員は代数ベースのコースに対して開発された問題演習チュートリアルを用いているが，満足はしておらず，概念構築に重きを置く適切な教材を現在も探している．彼らは 3 時間枠の中の 2 時間枠を使ってチュートリアルを行う．

メアリー・フアスは，講義では学習内容を文脈の中に置いて，その学習内容を

概念としっかりと結びつけるよう努力しており，問題演習も行っていると報告している．彼女は相互作用型演示実験講義（ILD）もいくつか用いるが，それが非常に役立っていると報告している．彼女は，ILDでは，学生を十分に考え抜いて予測をさせるようにしむけることができると報告している――そのような予測を実験やチュートリアルでは彼らはなかなかしない．彼らは間違った理解をしながら，しかもその誤った理解について強い自信をもつことがある．正しい理解を納得させるには実験を2度見せなければならないこともある．彼女はウェブを用いる「ジャスト・イン・タイム教授法（JiTT）」も試みたが，コンピュータ環境の管理が難しいためにあきらめた．

メアリーの感覚では，彼女の代数ベースの学生は「よい学生」――すなわち，指示したことはほとんどすべて行う学生――である．不幸なことは，このコースに到達する以前の彼らの学習での成功体験は，暗記してそれを思い出すモードにとどまっており，伝統的な講義は，まさにこのモードに適合してしまう．RTPとILDの利用はこのパターンを壊して，大幅な改善をもたらす．メアリーはいう．「私は30年間教えてきました．日常の行動や会話から，彼らが何を得ているかわかります．彼らはスイートの要素を使った学習を通じてはるかに多くのことを獲得します．彼らは本当に考えることを始めるようになります」と．このクラスのFMCE調査の結果は，約0.5のゲインを示した――これは典型的な講義形式の環境でのゲイン0～0.3と比べて非常によい［Wittman 2001］．

微積分ベースの授業では，教員たちは完全なワークショップ形式を採用し，「ワークショップ物理」の教材を用いている．一般に，学生数は20名でそれに対して数人のピア・インストラクタがつく（彼らは，以前にこのコースを履修した学生で，授業中にファシリテータ役を務め，問題の採点をし，これに対して賃金を支払われる）．教室の物理的な配置は1950年代スタイルの実験室で，六つの長机に各机あたり学生4人を配置する．各テーブルには，一つのコンピュータとデータ収集のためのAD変換器がある．学生は2人1組のグループで作業するが，この机の配置は二つのペアの相互作用をうながす．クラスは2時間単位で3回，週に6時間行われる．

この場合，「ワークショップ物理（WP）」の教材は改編せずに用いている．これまで教科書は用いておらず，もっぱらWPの問題を用いてきた．彼らは試験

のために新しい問題は作成するが，それ以上の追加のカリキュラム教材の必要は感じていない．メアリー・フアスがいうには，「（WPの教材は）そのままの形で，整合性のある全体像と優れた概念感覚を形成させる．」彼らの行う試験は，データ分析や表計算ソフトを用いる作業などの実験に関わる要素も含んでいる．

彼女に何か問題点があったかたずねたところ，WPについての二つの問題点を報告した．学生がWPのみを行っているのでは「全体像」を得ることが難しいことと，学生に彼らの「予測」を真剣にとらえ，「しっかりと考えさせる」ことに苦労するということであった．学生が，全体像を作るのを支援するために，彼女は学生に，1週間ごとにその週に学習したことのまとめを書かせている．彼女によれば，この作業は，彼らが学んだことの全体像をつかんで組織化することにある程度有効である．しかし彼女は，適切な教科書を用いれば，自ら手を動かす（hands-on）活動が主体のWPの活動ガイドには不足している俯瞰的な描像を与えられるのではないかと期待している．彼女は，さらに「予測」の場面で何をしてほしいのか学生にわからせる方法を見つけようと努力を続けている．WPの学生に対する事前-事後テストの結果は約0.6という大きなゲインを示している [Wittman 2001]．

メアリーは，この授業でWPを使うことにとても満足していて，講義形式には戻らないという．他の同僚もこの方法をすでに採用しており，新しい教員を採用するときにもこのアプローチを使い続けることを彼女は期待している．WPは「学習は受動的でなく能動的なものであることを学生にたちどころにわからせる」という事実が気に入っている．彼女は，学生の反応はいつも多様で，WPを大いに気に入る学生がいる一方で，それを嫌う学生もいる事実を認めている．「WPではしなければならないことが多いため，かつてほど多くのトピックスを取り扱っていません．しかし，WPでは，学生が本当にはわかっていないことを理解しているかのように教員が誤解することはありません．学生がまだ何を理解できていないかを気づかせるフィードバックがつねにあります．講義形式の授業では，教員自身がだまされてしまいやすいのです」と彼女は言っている．

大きな教育機関での物理スイートの使用

　上述した二つの事例は，いずれも少人数（1～3名）の教師が，適度に少人数（100名以下）の学生を扱うものだった．米国で大学レベルの一般物理教育を履修している学生のかなりの部分（3分の1）は，規模の大きい公立の研究大学で学んでいる．これらの大学は，10,000から45,000人の学生，15から75名の教員からなる複数の学科，そして，TAを務める大学院生を抱えている．微積分ベースの物理は，学期ごとに1クラスあたり500から1000名の学生に提供されている．実験，演習，宿題，そして試験をこの規模で実施するのはたいへんな仕事である．学生数が多いために，大人数クラスの講義は避けられないように思われ，たいてい多数の教員が同じ科目について共同で責任をもつことになる．多くの場合，学科の委員会が教科書を決め授業内容を定めるが[9]，授業のやり方の計画立案には，通常，教員にかなりの裁量の幅が与えられる．実験は講義と演習とは関係なく進行することもある．このような強固に保持されている文化的制約は，永続的な改革の実施を困難にしている．

　このような制約がある中で改革を成しとげた二つの大学として，イリノイ大学とノースカロライナ州立大学がある．どちらも大規模な工学系学部を有している．イリノイ大学は，伝統的な大人数での講義・演習・実験という状況の中で物理スイートの多くの要素を取り入れ適合させ，そして独自のウェブを用いた宿題システムを作り出した．ノースカロライナ州立大学は，学内の物理教育研究グループの助けを借りて，大人数での授業環境へワークショップ手法を創造的に適合させてきた．

イリノイ大学

　イリノイ大学のアーバナ・シャンペイン校（以下ではイリノイ大と略記）では，1990年代中頃に，学部長のデイビッド・キャンベルが，入門物理コースの抜本的な改革の必要性を彼の同僚たちに納得させた．彼が理由として挙げたのは，大規模講義方式の伝統的なやり方の入門物理教育が，本来あるべき成果をまったく

---

[9] 共通した教科書と内容の制約があることが，学生が時間割をやりくりするために，別の学期に別の教員による授業をとることを可能にしている．

あげていないことを示す物理教育研究の結果であった．その動機と（改革の）第一段階については，「航空母艦の並列駐車：イリノイ大学における微積分ベースの入門物理科目構成の見直し（Parallel-Parking an Aircraft Carrier…）」という表題の彼の解説でアメリカ物理学会（APS）の教育フォーラムのニュースレター（1997）[10] に述べられている．

イリノイ大学は，大規模で高度な研究指向の物理学科をもった規模の大きい州立大学で，アメリカの最も優れた技術者養成大学の一つである．イリノイ大学の物理学科は，3学期科目の微積分ベースの物理と，2学期科目の代数ベースの物理を提供しており，これらの科目を毎学期開講している．全体でおよそ2500名の学生がそれぞれの学期にこれらの科目の履修登録をしている．学生数が多いために，多くの教員と，TAや実験室の運営管理者も含めた大きなインフラを必要とする．

プログラムを改革する以前には，イリノイ大学の物理学科は，伝統的なやり方で授業を教えてきた．それは1週間に3時間の200から300名の大クラスでの講義と，24名の学生からなる小クラスに分割しての1週間に3〜4時間の演習と実験からなっていた．講義担当教員は講義，演習，宿題のあらゆる側面に責任をもっていた．TAたちは自分たちの担当部分のほとんどを自分たちで計画を立てていて，たいていは演習問題についての質問に対して，黒板で自分たちが解法を示すことで答えていた．実験は標準的な「料理レシピ」形式で，実験責任者の教員は，講義担当者とはほとんど，あるいはまったく，連絡を取っていなかった．

その結果は，教員にとっても学生にとってもまったく満足できないものであった．教員は，宿題の作成・採点と，多数のTAたちが関わる大人数の講義を担当するのはたいへんで割に合わない仕事だと感じていた．学生たちは物理が嫌いになりそうな予感をもちながら履修をはじめ，受けた授業は，彼らの予想どおりであった．学生の学習への姿勢の事前–事後テスト比較（図10.1参照）では，事前に半分以上の学生が物理を「嫌いまたは大嫌い」と考え，事後の学期末調査ではその割合がさらに増えていた．

1995年に学科の教員たちは，微積分ベースの物理の授業の大改革に協力する

---

[10] APSのFEDニュースレターに掲載されたこの論文は，http://www.aps.org/units/fed/newsletters/aug97/articles.html から入手可能である．

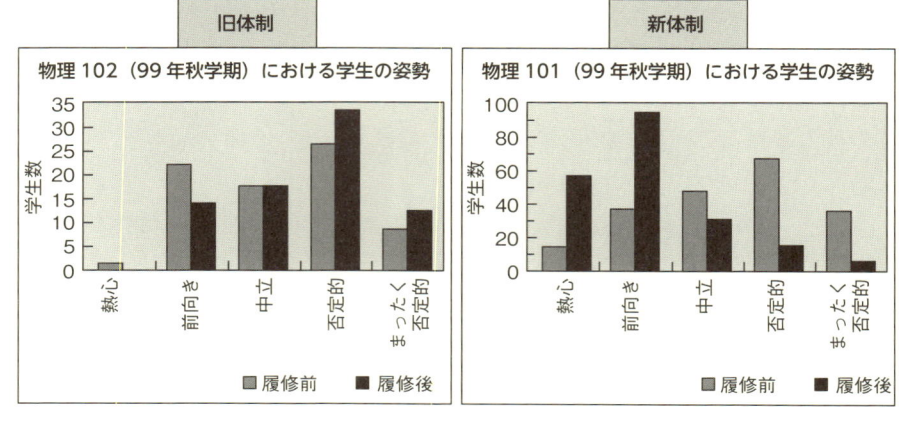

図 10.1 イリノイ大学（Urbana-Champagne）における学習姿勢調査の事前-事後の結果（旧カリキュラムと新カリキュラムでの違い）［Gladding 2001］

ことに同意した．実験室でコンピュータが使えるようになり，大学院生がファシリテータとして配置された．利用できる部屋は，伝統的な階段状の固定座席の大きな講義教室，動かすことのできるいすのある小さな演習教室，長机のある伝統的な実験室であった．実験のためのコンピュータやデータ処理装置を導入するための予算が確保された．表10.1の分類によれば，これによってイリノイ大にはファシリテータが配置され十分なコンピュータが設置された恵まれた大規模授業環境が整えられた．その結果，ワークショップ物理を除くすべての物理スイートの要素が使えるようになった．

三つの科目のどれもが毎学期開講されていたので，改革は既存の授業を実施しながら，いわば「飛行中」に，実行された．実行のスケジュールは図10.2に示されている[11]．教員たちは，学生にとってより能動的な活動を提供するように，そして，教員の負担がよりバランスのとれたものになるように，コースを再構成することを決めた．最優先の設計基準は，より一貫性のあるより統合されたコー

---

[11] 改革のためにすべきことを決め，教材を用意し，実行するというこの計画のレイアウトは，図6.1に示された循環サイクルモデルと対照的である．研究ベースの計画-実施-検証・研究のサイクルがこの計画には組みこまれていないために，追加の修正や更新は，どこかで意識的に導入しなくてはならないことを意味している．

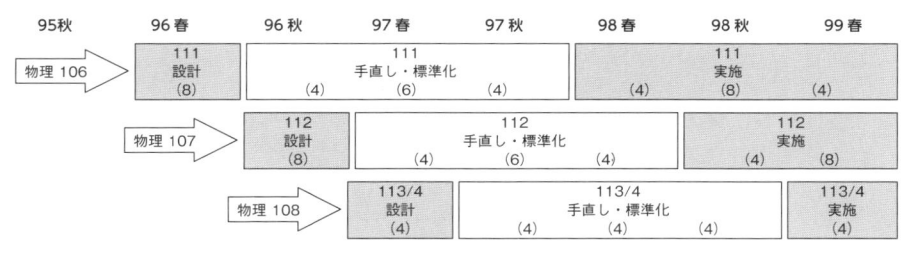

	95秋	96春	96秋	97春	97秋	98春	98秋	99春
物理106 →		111 設計 (8)	111 手直し・標準化			111 実施		
			(4)	(6)	(4)	(4)	(8)	(4)
物理107 →			112 設計 (8)	112 手直し・標準化			112 実施	
				(4)	(6)	(4)	(4)	(8)
物理108 →				113/4 設計 (4)	113/4 手直し・標準化			113/4 実施
					(4)	(4)	(4)	(4)

図 **10.2** 微積分ベースの物理コースを改革するために，イリノイ大学で用いられた計画と実施のスケジュール［Gladding 2001］

スにすることであり，コースの個々の部分がそこを担当する教員や TA に属するのではなく，全体として学科に属することが見えるようにすることにあった．

微積分ベースのコースは，週あたり，2 回の 75 分授業の講義，2 時間の演習，2 時間の実験からなるように再構成された．代数ベースのコースは，週あたり，2 回の 50 分授業の講義と，2 時間の演習，3 時間の実験からなるように再構成された．講義のクラスは規模を大きくして数を減らし，これまでの講義担当教員の一人が演習と宿題の運営管理を担当できるようにした．これで教育負担のバランスがよくなった．講義にはピア・インストラクションを，演習には（自作問題を使用した）「チュートリアル」と「協同による問題演習」を，そして，実験には「リアルタイム物理実験」を実施することも決めた[12]．整合性と共同分担感覚を作り出すために，ワーキングチームはクラスで何が起きているかを定期的に議論するための会議を行う．協同型問題演習セッションのための問題は，試験問題と同様，共通問題として作成された．試験は機械採点ができる多肢選択形式で，夕方の授業時間以降の同一時間帯にすべての小クラスに同時に配達され，テストに使用される[13]．概念理解が新たに強調されるようになり，常勤職員であるデニー・カーンにより，ウェブを使った宿題システムが開発され，維持・管理されている（［Steltzer 2001］を参照）．ウェブで配信される宿題は，三つの異なったフォーマットで提供され，それぞれが特定の教育目的に寄与する．

1．具体的な物理状況に関わる相互に関係した定量的な問題：要求すれば簡単な

---

[12] 代数ベースの物理実験は，RTP の出版前のバージョンをもとに改変して使っている．そして微積分ベースの実験は，RTP，ILD，チュートリアルと似た予測—観察—説明モデルを使って学内で作成された．
[13]（訳注） 同じ時間帯なのですべてのセクション（小クラス）に同一の問題が使える．

ヒントを得ることができ，正解・不正解のフィードバックがすぐさま与えられる．
2．時間遅れでフィードバックがかかる宿題問題：上記1と構造的には似ているが，締め切りが過ぎるまでフィードバックが与えられない．これはオンライン小試験と似ている．
3．インタラクティブな例題：たくさんの対話型ヘルプを用いて，多段階式に解いていく定量的な問題．

　イリノイ大学の物理学科は，プログラムを実施するために，財政と人員の両面で十分な投入を行った．コンピュータ運用と講義担当の既存のポストは新たな人員構成にふりむけられ，新たな副学科長職が科目全体を管理するために作られた．
　学生も教員もその結果に熱狂した．事前–事後の満足度調査では，評価が劇的に向上した（図10.1参照）．第一学期の終わりに，75％以上の学生が自分たちの物理の授業について好きまたは大好きと報告している（これは改革以前には20％未満だった）．以前よりはるかに多くのTAがキャンパスの「優秀なTA一覧」リストに載るようになった（改革以前は19％だったのが77％になった）．教員たちは，以前ほどは教育負担を苦にしなくなり，微積分ベースの物理の授業担当はもはや「殺人的」な職務ではなくなった．より詳しいことは，このコースのウェブサイト[14]から手に入れられる．

ノースカロライナ州立大学

　イリノイ大学では，何千人もの学生と何十人もの教授陣を巻き込んで大規模授業を変えていくうえでは，講義主体の授業形式を維持することが必要であるという前提で改革を始めた．そして，そのモデルに適するような物理教育研究に基づく多くのカリキュラム改革を適用していった．ノースカロライナ州立大学では，また別の考え方で改革を始めた．ノースカロライナ州立大学の物理学科には，ボブ・ビークナー（Bob Beichner）が率いる物理教育研究グループがある．ボブは，ワークショップ物理のような探究型学習モデルが，講義主体の授業モデルに比べ学習に関してはるかによい結果をもたらすことを強く感じていたので，彼はそれ

---

[14] http://research.physics.illinois.edu/per/course_revisions.html

を実施する方法を探すことに取り組み始めた．

　イリノイ大学と同様にノースカロライナ州立大学は，研究指向の物理学科をもつ大規模な州立の技術者養成機関である．物理学科は，50〜60人の教授陣を抱え，物理の授業では毎年5000人を超える学生を教えている[15]．最も大規模な科目は微積分ベースの物理で，それぞれの学期にそれぞれのクラスでおよそ500〜1000人の学生が履修する2学期続きのコースである．微積分ベースの入門物理科目の改革は，物理教育研究グループがあったおかげで，イリノイ大学とはまったく違ったやり方で実施された．そのプロジェクトは，1995〜1997年に，小規模なクラスで始められ，物理研究グループからのオブザーバとインタービュアも参加し，学生の学習の進歩の測定には標準化された調査方法を採用した．プロジェクトの初期のフェーズでは，すべての学生のクラス（物理，微積，化学，工学入門）について相互連携した形で行われた［Beichner1999］．後半の段階では，プロジェクトは，物理だけで独立した方法を開発した．この方式は「多数の学生が履修する大学物理のための学生中心の学習活動（略称 SCALE-UP）」と名づけられた．この SCALE-UP プロジェクトは，米国政府の助成機関から開発と普及のための財政支援を受けており，多くの他大学で採用されつつある[16]．

　このプロジェクトの初期の段階で，入学してきたエンジニアリング志望の学生に改革計画が説明され，学生たちはボランティアとして参加することを勧誘された．学生のうちおよそ10%が志願し，彼らの半分がランダムに選ばれて実験群クラスに参加した．残りの半分は比較のための対照群として伝統的なクラスを履修した．

　授業はワークショップないしスタジオ形式で実施されるように準備され，教材は，「ワークショップ物理」，「探究による物理」，「協同による問題演習」，そして「ピア・インストラクション」を含む物理教育研究に基づいた広範な教材から適合させて用いられた．学生たちは，異質の学生が混じり合った3名ずつのグループに編成され，グループはすべての授業でいっしょに活動した．学生には役割が割り当てられ，学生たちは，グループでどう活動するか，そして複雑な問題にど

---

[15] 夏学期を含む毎年の物理の授業の履修者数．
[16] このプロジェクトに関する現在の情報は，ノースカロライナ州立大学の SCALE-UP ウェブサイト http://www.ncsu.edu/per/scaleup.html を見よ．

うアプローチするか，の両方について指導を受けた．

データ収集とモデル化のツールソフト（表計算ソフトと *Interactive Physics*™）がインストールされた多数のパソコンが利用できるようなっていて，同様に大学院生のファシリテータも配置された．いくつかの異なるレイアウトを試した結果，9〜12人の学生と3〜4台のノートパソコンからなる丸テーブルが選ばれた．物理の教室の改装前後の様子を図10.3に示してある．

図10.3　ノースカロライナ州立大学における物理教室の様子（SCALE-UPプロジェクトによる改装前（左）と後）

授業は，わずかの講義と，討論，問題演習，探究実験，そしてモデル化が混合されたワークショップの形式で実施される．実験の部分は，（ときには1時間か2時間ぐらいのまとまりになることもあるが）たいてい10分程度と短く，クラス討論の中で生じた疑問に答える形で行われる．「ワシントン大学チュートリアル」が使われるが，10分から15分の短い討論課題に分割されている．正式な講義はないので，学生たちにはそれぞれの授業の前に教材を読んでおくことが義務づけられる．

イリノイ大学での改革と同様，ノースカロライナ州立大学での改革はウェブの使用を重視し，とくにノースカロライナ州立大学で開発されサポートされている"*WebAssign*"環境を使っている．ウェブは教材の提供と授業スケジュールの調整，および宿題の配布と回収に使われている．"*WebAssign*"は学生たちに質問と問題を提示するために授業の内でも授業外で使われている．Javaアプレットも使われるが，とくに*Physlets*®集がよく使われている［Christian 2001］．

授業は，当初は約30人のクラス規模から始められた．そこから54人まで増やされ，現在は同時に1部屋に8台のテーブルの99人の学生を一度に収容してうまくいっている．

当初の試みの結果は，顕著な成功を示した．四つの授業を通じてよい成績を得た学生の割合は，実験群クラスの方が伝統的な授業の学生たちよりもずっと高かった（なお，対照群クラスは伝統的クラスに近かった）（表10.2を参照）．

表10.2 数学，化学，物理，工学のすべての科目で，C以上のよい評価を得た学生の割合

	1995–1996		1996–1997	
	学生数	C以上の割合	学生数	C以上の割合
実験群クラス	35	69%	36	78%
対照群クラス	31	52%		
伝統的授業クラス	736	52%	552	50%

学生の物理学習の成果も，伝統的な授業よりよかった．実験群クラスの授業での運動学グラフ理解度テスト（Test of Understanding Graphics-Kinematics, TUG-K）の平均スコアは89% ± 2%で，一方，伝統的な授業では42% ± 2%（平均値の標準誤差）だった．FCIの事前–事後テストでは，実験群クラスの授業の平均規格化ゲインは，報告された2年間では0.42 ± 0.06と0.55 ± 0.05だった．対照群では，平均規格化ゲインはわずか0.21 ± 0.04で，伝統的な授業で報告されている平均値と同等だった［Hake 1992］［Redish 1997］．共通の中間試験では，実験群クラスの授業が，伝統的な授業を受けた対照群と比べかなりよかった（80%と68%）[17]．事前–事後のMPEX調査では，ほとんどの変数に変化がなかったが整合性の変数に1.5 σの改善があった（ほとんどの授業では著しく下がっていることを考えると，これはよい結果ではある）．他の学習姿勢に関する変数については，実験群の授業の学生が自信（confidence）について有意な改善を示した一方で，伝統的な授業の学生たちは減少を示した（とくに対照群の学生はそうだった）[18]．

---

[17] 次の学期にすべての学生が電磁気の伝統的な授業を受けたあとでは，学生のグループ間で違いはなかった．
[18] 詳しくは，ノースカロライナ州立大学のウェブサイトにあるプロジェクトの年次報告書を見よ．

SCALE-UP プロジェクトの一環として，ビークナーと彼の共同研究者たちは，短時間のハンズ・オン実験，答を考えてみるのがおもしろい質問，そして実験レポートの作成を必要とするグループ単位での実験演習などを含む，プロジェクトに適合させ修正した膨大な量の教材群を構築している．これらの教材の入手可能性については，このグループのウェブサイトを確認してほしい[19]．

結論

これらの事例が示すように，改革にはたくさんの進め方がある．あなたがそれらのうちから何を選ぶのかは，手に入れられる教育資源，抱えている制約，そしてとりわけ一番重要な資源——すなわち，あなたの組織の物理教育を変えることに関心を示している学科内の人々——に依存している．物理スイートは，学生たちが物理の授業から得られるものを改善することを目指すあなたの努力に役立つツールを，あなたとあなたの同僚に提供する．

---

[19] http://www.ncsu.edu/ncsu/pams/physics/Physics_Ed/

参考文献

[ABPTutorials] *Activity-Based Physics Tutorials*, M. Wittmann, R. N. Steinberg, and E. F. Redish (John Wiley & Sons, 2004).
[http://www.physics.umd.edu/perg/abp/abptutorials/tutlist.htm]

[Allie 1998]　S. Allie, A. Buffler, L. Kaunda, B. Campbell, and F. Lubben, "First-year physics students' perceptions of the quality of experimental measurements," *Int. J. Sci. Educ.* **20**, 447-459 (1998).

[Ambrose 1998]　B.S. Ambrose, P.S. Shaffer, R.N. Steinberg, and L.C. McDermott, "An investigation of student understanding of single-slit diffraction and double-slit interference," *Am. J. Phys.* **67**, 146-155 (1998).

[Anderson 1994]　R. D. Anderson and C. P. Mitchener, "Research on science teacher education," in *Handbook of Research on Science Teaching and Learning*, D. L. Gabel (Ed.), (Simon & Schuster Macmillan, NY, 1994), pp. 3-44.

[Anderson 1999]　John R. Anderson, Cognitive Psychology and Its Implications, 5th Ed. (Worth Publishing, 1999).

[Arons 1983]　A. Arons, "Student patterns of thinking and reasoning: part I," *Phys. Teach.* (December, 1983) 576-581; "Student patterns of thinking and reasoning: part II," (January, 1984) 21-26; "Student patterns of thinking and reasoning: part III," (February, 1984) 88-93.

[Arons 1990]　A. Arons, *A Guide to Introductory Physics Teaching* (John Wiley & Sons, 1990).

[Arons 1994]　A. B. Arons, *Homework and Test Questions for Introductory Physics Teaching* (John Wiley & Sons, 1994).

[Ausubel 1978]　D. P. Ausubel, *Educational Psychology: A Cognitive View* (International Thomson Publishing, 1978).

[Baddeley 1998]　A. Baddeley, *Human Memory: Theory and Practice, Revised Edition* (Allyn & Bacon, 1998).

[Bao 1999]　L. Bao, *Dynamics of Student Modeling: A Theory, Algorithms, and Application to Quantum Mechanics*, Ph.D. dissertation, University of Maryland, December 1999.

[Bartlett 1932]　F. C. Bartlett, *Remembering* (Cambridge University Press, 1932).

[Beichner 1994]　R. J. Beichner, "Testing student interpretation of kinematics graphs," *Am. J. Phys.* **62**, 750-762 (1994).

[Beichner 1999]　R. Beichner, L. Bernold, E. Burniston, P. Dail, R. Felder, J. Gastineau, M. Gjertsen, and J. Risley, "Case study of the physics component of an integrated curriculum," *Am. J. Phys., PER Suppl.*, **67**:7, S16-S24 (1999).

[Belenky 1986]　M. F. Belenky, B. M. Clinchy, N. R. Goldberger, and J. M. Tarule, *Women's Ways of Knowing* (Basic Books, 1986).

[Bligh 1998]   D. Bligh, *What's the Use of Lectures* (Intellect, 1998).

[Bloomfield 2001]   L. Bloomfield, *How Things Work: The Physics of Everyday Life, 2nd Ed.* (John Wiley & Sons, 2001).

[Bransford 1973]   J. D. Bransford and M. K. Johnson, "Contextual prerequisites for understanding: Some investigations of comprehension and recall," *J. of Verbal Learning and Verbal Behavior* **11**, 717-726 (1972); "Considerations of some problems of comprehension," in W. Chase (Ed.), *Visual Information Processing* (Academic Press, NY, 1973).

[Brown 1989]   J. S. Brown, A. Collins, P. Duguid, "Situated Cognition and the Culture of Learning," *Educational Researcher* **18:1** (Jan-Feb, 1989) 32-42.

[Campbell 1997]   D. K. Campbell, C. M. Elliot, and G. E. Gladding, "Parallel-parking an aircraft carrier: Revising the calculus-based introductory physics sequence at Illinois," *Newsletter of the Forum on Education of the American Physical Society*, Fall 1997.

[Carey 1989]   S. Carey, R. Evans, M. Honda, E. Jay, and C. Unger, " 'An experiment is when you try it and see if it works': a study of grade 7 students' understanding of the construction of scientific knowledge," *Int. J. Sci. Ed.* **11**, 514-529 (1989).

[Carpenter 1983]   T. P. Carpenter, M. M. Lindquist, W. Mathews, and E. A. Silver, "Results of the third NAEP mathematics assessment: secondary school," *Mathematics Teacher* **76**(9), 652-659 (1983).

[Carroll 1976]   L. Carroll, *Sylvie and Bruno* (Garland Pub., NY, 1976).

[Chi 1981]   M.T.H. Chi, P.J. Feltovich and R. Glaser, "Categorization and representation of physics problems by experts and novices," *Cognitive Science* **5**, 121-152 (1981).

[Christian 2001]   W. Christian, *Physlets* (Prentice Hall, 2001).

[Clark 1975]   H. Clark and S. Haviland, "Comprehension and the given-new contract," in *Discourse Production and Comprehension*, R. Freedle, ed. (Lawrence Erlbaum, 1975).

[Clement 1989]   John J. Clement, "Overcoming Students' Misconceptions in Physics: The Role of Anchoring Intuitions and Analogical Validity," *Proc. of Second Int. Seminar: Misconceptions and Educ. Strategies in Sci. and Math. III*, J.Novak (ed.) (Cornell U., Ithaca, NY, 1987); "Not all preconceptions are misconceptions: Finding' anchoring conceptions for grounding instruction on students' intuitions," *Int. J. Sci. Ed.* **11** (special issue), 554-565 (1989).

[Clement 1998]   John J. Clement, "Expert novice similarities and instruction using analogies," *Int. J. Sci. Ed.* **20** (1998) 1271-1286.

[Cohen 1983]   R. Cohen, B. Eylon, and U. Ganiel, "Potential difference and current in simple electric circuits: A study of students' concepts", *Am. J. Phys.* **51**, 407-412(1983).

[Croziet]   Jean-Claude Croziet, work on stereotype threat on low SEC students in France. Get ref from Apriel.

[Cummings 1999]   K. Cummings, J. Marx, R. Thornton, D. Kuhl, "Evaluating innovation in studio physics," Phys. Ed. Res. Supplement to *Am. J. Phys.* **67**(7), S38- S45 (1999).

[Dennett 1995]   Daniel C. Dennett, *Darwin's Dangerous Idea* (Simon & Schuster, 1995).

[Dewey 1929]   John Dewey, *The Sources of a Science of Education* (Norton, 1929).

[diSessa 1988]   A. A. diSessa, "Knowledge in Pieces," in *Constructivism in the Computer Age*, G. Foreman and P. B. Putall, eds. (Lawrence Earlbaum, 1988) 49-70.

[diSessa 1993]　A. A. diSessa, "Toward an Epistemology of Physics," *Cognition and Instruction* **10** (1993) 105-225.

[Elby 1999]　A. Elby, "Helping physics students learn how to learn," *Am. J. Phys. PER Suppl.* **69**(S1), S54-S64 (2001).

[Elby 2001]　A. Elby, "Helping physics students learn how to learn," *Am. J. Phys. PER Suppl.* **69**:S1 (2001) S54-S64.

[Ellis 1993]　Henry C. Ellis and R. Reed Hunt, *Fundamentals of Cognitive Psychology, 5th Edition* (WCB Brown & Benchmark, 1993).

[Entwistle 1981]　Noel Entwistle, *Styles of integrated learning and teaching: an integrated outline of educational psychology for students, teachers, and lecturers* (John Wiley & Sons, 1981).

[Ericson 1993]　K. Ericsson and H. Simon, *Protocol Analysis: Verbal Reports as Data (Revised Edition)* (MIT Press, 1993).

[Flanders 1963]　H. Flanders, *Differential forms, with applications to the physical sciences* (Academic Press, NY, 1963).

[Fripp 2000]　J. Fripp, M. Fripp, and D. Fripp, *Speaking of Science: Notable Quotes on Science, Engineering, and the Environment* (LLH Technology Publishing, 2000).

[Frisby 1980]　John P. Frisby, *Seeing: Illusion, Brain and Mind* (Oxford University Press, 1980).

[Galileo 1967]　Galileo Galilei, *Dialogue Concerning the Two Chief World Systems* (University of California Press, 1967).

[Gardner 1999]　Howard Gardner, *Intelligence Reframed : Multiple Intelligences for the 21st Century* (Basic Books, 1999); *Frames of Mind* (Basic Books, 1983).

[Gladding 2001]　G. E. Gladding, "Educating in bulk: The introductory physics course revisions at Illinois," talk presented at the Academic Industrial Workshop, Rochester, NY, October 21, 2001.

[Goldberg 1986]　F. C. Goldberg and L. C. McDermott, "An investigation of student understanding of the images formed by plane mirrors," *The Physics Teacher* **34**, 472-480 (1986).

[Graham 1996]　S. Graham and B. Weiner, "Theories and principles of motivation," in *Handbook of Educational psychology*, D. C. Berliner and R. C Calfee, Eds. (MacMillan, 1996) 63-84.

[Hake 1992]　R. Hake, "Socratic Pedagogy in the Introductory Physics Laboratory," *The Physics Teacher*, **33** (1992).

[Hake 1998]　R. Hake, "Interactive-engagement versus traditional methods: A six-thousand-student survey of mechanics test data for introductory physics courses," *Am. J. Phys.* **66**, 64-74 (1998).

[HRW6 2001]　D. Halliday, R. Resnick, and J. Walker, *Fundamentals of Physics, 6th Ed.* (John Wiley & Sons, 2001).

[Halloun 1985a]　I. A. Halloun and D. Hestenes, "The initial knowledge state of college physics students," *Am. J. Phys.* **53**, 1043-1056 (1985).

[Halloun 1985b]　I. Halloun and D. Hestenes, "Common sense concepts about motion," *Am. J. Phys.* **53**, 1056-1065 (1985).

[Halloun 1996]　I. Halloun and D. Hestenes, "Interpreting VASS dimensions and profiles," *Science and Education* 7:**6**, 553-577 (1998).

[Hammer 1989]　D. Hammer, "Two approaches to learning physics," *The Physics Teacher* **27**,

664-671 (1989).

[Hammer 1996]   David Hammer, "More than misconceptions: Multiple perspectives on student knowledge and reasoning, and an appropriate role for education research," *Am. J. Phys.* **64** (1996)1316-1325.

[Hammer 1996a]   David Hammer, "Misconceptions or p-prims: How may alternative perspectives of cognitive structure influence instructional perceptions and intentions?" *Journal of the Learning Sciences* **5** (1996) 97-127.

[Hammer 1997]   David Hammer, "Discovery learning and discovery teaching," *Cognition and Instruction* **15** (1997) 485-529.

[Hammer 2000]   David Hammer, "Student resources for learning introductory physics," *Am. J. Phys. PER Suppl.*, **68**:7, S52-S59 (2000).

[Heller 1992]   Patricia Heller, Ronald Keith, and Scott Anderson, "Teaching problem solving through cooperative grouping. Part 1: Group versus individual problem solving," *Am. J. Phys.* **60**:7 (1992) 627-636; Patricia Heller, and Mark Hollabaugh, "Teaching problem solving through cooperative grouping. Part 2: Designing problems and structuring groups," *Am. J. Phys.* **60**:7 (1992) 637-644.

[Heller 1996]   P. Heller, T. Foster, and K. Heller, "Cooperative group problem solving laboratories for introductory classes," in The Changing Role of Physics Departments in Modern Universities: *Proceedings of the International Conference on Undergraduate Physics Education (ICUPE)*, College Park, MD, July 31-Aug. 3, 1996, edited by E. F. Redish and J. S. Rigden, AIP Conf. Proc. **399** (American Institute of Physics, Woodbury NY, 1997), 913-933.

[Heller 1999]   P. Heller and K. Heller, *Cooperative Group Problem Solving in Physics*, University of Minnesota preprint, 1999.

[Hestenes 1992]   D. Hestenes, M. Wells and G. Swackhamer, "Force Concept Inventory," *Phys. Teach.* **30**,141-158 (1992).

[Hestenes 1992a]   David Hestenes, "Modeling games in the Newtonian World," *Am. J. Phys.* **60** (1992) 732-748.

[Hestenes 1992b]   D. Hestenes and M. Wells, "A Mechanics Baseline Test," *Phys. Teach.* **30**, 159-166 (1992).

[Huxley 1869]   T. H. Huxley, "Anniversary Address of the President," *Geological Society of London, Quarterly Journal* **25** (1869) xxxix-liii.

[Jackson 1998]   J. D. Jackson, *Classical Electrodynamics, 3rd Ed.*(John Wiley & Sons, 1998).

[Johnson 1993]   David W. Johnson, Roger T. Johnson, and Edythe Johnson Holubec, *Circles of Learning: Cooperation in the classroom, 4th Edition* (Interaction Book Co., Edina MN, 1993).

[Johnston]   I. Johnston, AAPT Announcer report on ILDs.

[Kanim 1999]   S. Kanim, *An investigation of student difficulties in qualitative and quantitative problem solving:Examples from electric circuits and electrostatics*, Ph.D. thesis, University of Washington, 1999.

[Kim 2002]   E. Kim and J. Park, "Students do not overcome conceptual difficulties after solving 1000 traditional problems," *Am. J. Phys.* **70**:7, 759-765 (2002).

[Knight 2002]   R. D. Knight, *Five Easy Lessons:Strategies for Successful Physics Teaching* (Addison Wesley, 2002).

[Kolb 1984] David A. Kolb, *Experiential learning: experience as a source of learning and development* (Prentice Hall, 1984).

[Krause 1995] P. A. Krause, P. S. Shaffer, and L. C. McDermott, "Using research on student understanding to guide curriculum development: An example from electricity and magnetism," AAPT Announcer 25, 77 (Dec., 1995).

[Kuhn 1989] D. Kuhn, "Children and adults as intuitive scientists," *Psych. Rev.* **96**:4, 674-689(1989).

[KuhnT 1970] T. S. Kuhn, *The Structure of Scientific Revolutions, 2nd ed.* (University of Chicago Press, 1970).

[Lakoff 1980] G. Lakoff and M. Johnson, *Metaphors We Live By* (University of Chicago Press, 1980), p. 70.

[Lave 1991] J. Lave and E. Wenger, *Situated Learning: Legitimate peripheral participation* (Cambridge University Press, 1991).

[Laws 1991] P. Laws, "Calculus-based physics without lectures," *Phys. Today* **44**:12, 24-31(December, 1991).

[Laws 1999] P. Laws, *Workshop Physics: Activity Guide*, 3 volumes (John Wiley & Sons, 1999).

[Lemke 1990] Jay Lemke, *Talking Science: Language, Learning, and Values* (Ablex, 1990).

[Lemke 2000] Jay Lemke, "Multimedia literacy demands of the scientific curriculum," *Linguistics and Education* **10**:3 (2000) 247-271.

[Lin 1982] H. Lin, "Learning physics vs. passing courses," *Phys. Teach.* **20**, 151-157 (1982).

[Linn 1991] M. C. Linn, and N. B. Songer, "Cognitive and conceptual change in adolescence," *Am. J. of Educ.* 379-417 (August, 1991).

[Lippmann 2001] R. Lippmann, E. F. Redish, and L. Lising, "I'm fine with having to think as long as I still get an A," AAPT Announcer, Rochester meeting (2001).

[Lippmann 2002] R. Lippmann, "Analyzing students' use of metacognition during laboratory activities," paper presented at AERA, New Orleans, LA (2002); [http://www.physics.umd.edu/perg/papers/lippmann/meta_lab.pdf]

[Loverude] M.E. Loverude, C.H. Kautz, and P.R.L. Heron, "Identifying and addressing student difficulties with the concept of pressure in a static liquid," *Am. J. Phys.* **78**(1) 75-85 (2010).

[Luetzelschwab 1997] M. Luetzelschwab and P. Laws, *Videopoint* (Lenox Softworks, 1997).

[Ma 1999] Liping Ma, *Knowing and Teaching Elementary Mathematics* (Lawrence Erlbaum Associates, Mahwah, NJ, 1999).

[Maloney 1985] D. P. Maloney, "Charged poles," Physics Education **20**, 310-316 (1985).

[Maloney 1994] D. P. Maloney, "Research on problem solving," in *Handbook of Research on Science Teaching and Learning*, D. L. Gabel, Ed. (Simon & Schuster MacMillan, 1994) 327-354.

[May 2000] D. May, poster on MPEX in PbI at Guelph (2000)

[Mazur 1992] E. Mazur, "Qualitative vs. Quantitative Thinking: Are We Teaching the Right Thin?", Optics and Photonics News (Feb. 1992).

[Mazur 1997] E. Mazur, *Peer Instruction: A User's Manual* (Prentice Hall, 1997).

[McCloskey 1983] Michael McCloskey, "Naïve theories of motion," in Dedre Gentner and Albert L. Stevens, Eds., *Mental Models* (Erlbaum, Hillsdale NJ, 1983), pp. 299-324.

[McDermott 1991] L. C. McDermott, "Millikan Lecture 1990: What we teach and what is learned

– Closing the gap," *Am. J. Phys.* **59** (1991) 301-315.

[McDermott 1992]   L. C. McDermott and P. S. Shaffer, "Research as a guide for curriculum development: An example from introductory electricity. Part I: Investigation of student understanding," *Am. J. Phys.* **60**, 994-1003 (1992); erratum, *ibid.* **61**, 81 (1993).

[McDermott 1994]   Lillian C. McDermott, Peter S. Shaffer, and Mark D. Somers, "Research as a guide for teaching introductory mechanics: An illustration in the context of the Atwoods's machine," *Am. J. Phys.* **62** (1994) 46-55.

[McDermott 1996]   L. C. McDermott, et al., *Physics by Inquiry* (John Wiley & Sons, 1996) 2 vols.

[McDermott 1999]   L. C. McDermott and E. F. Redish, "Resource Letter PER-1: Physics Education Research," *Am. J. Phys.* **67** (1999) 755-767.

[McDermott 2000]   L. C. McDermott, P. S. Shaffer, and C. P. Constantinou, "Preparing teachers to teach physics and physical science by inquiry," *Phys. Educ.* **35**(6) (2000) 411-416.

[Meltzer 1996]   David E. Meltzer and Kandiah Manivannan, "Promoting interactivity in physics lecture classes," *Phys. Teach.* **34**, 72 (Feb. 1996).

[Mestre]   J. Mestre, problem posing paper.

[Miller 1956]   George A. Miller, "The magical number seven, plus or minus two: Some limits on our capacity for processing information," *Psychological Review* **63** (1956) 81-97.

[Millikan 1903]   R. A. Millikan, *Mechanics Molecular Physics and Heat* (Ginn and Co., Boston MA, 1903).

[Millikan 1950]   R. A. Millikan, *The Autobiography of Robert A. Millikan: Portrait of a Life in American Science* (Prentice Hall, 1950).

[Minstrell 1982]   J. Minstrell, "Explaining the 'at rest' condition of an object," *Phys. Teach.* **20**, 10-14 (1982).

[Minstrell 1992]   J. Minstrell, "Facets of students' knowledge and relevant instruction," In: *Research in Physics Learning: Theoretical Issues and Empirical Studies, Proceedings of an International Workshop*, Bremen, Germany, March 4-8, 1991, edited by R. Duit, F. Goldberg, and H. Niedderer (IPN, Kiel Germany, 1992) 110-128.

[Mitchell 1988]   Stephen Mitchell, *Tao Te Ching* (Harper & Row,1988).

[Moore 1998]   T. A. Moore, *Six Ideas That Shaped Physics* (McGraw Hill, 1998).

[Morse 1994]   Robert A. Morse, "The classic method of Mrs.Socrates," *The Physics Teacher* **32**, 276-277 (May, 1994).

[Novak 1999]   G. M. Novak, E. T. Patterson, A. D. Gavrin, and W. Christian, *Just-in-Time Teaching* (Prentice Hall, 1999)

[O'Kuma 1999]   T. L. O'Kuma, D. P. Maloney, and C. J.Hieggelke, *Ranking Task Exercises in Physics* (Prentice Hall, 1999).

[Perry 1970]   W. F. Perry, *Forms of Intellectual and Ethical Development in the College Years* (Holt, Rinehart, & Wilson, NY, 1970).

[Pfundt 1994]   H. Pfundt and R. Duit, *Bibliography: Students' Alternative Frameworks and Science Education*, 4th Edition, (IPN Reports-in-Brief, KielGermany, 1994).

[Polya 1945]   G. Polya, *How to Solve It* (Princeton University Press, 1945).

[Purcell 1984]   Edward M. Purcell, *Electricity and Magnetism* (McGraw Hill, 1984).

[RedishJ 1993]   Janice C. Redish, "Understanding Readers," in *Techniques for Technical*

Communicators, C. M. Barnum and S. Carliner, Eds. (Macmillan, 1993) pp. 14-41.

[Redish 1993]   Edward F. Redish and Jack M. Wilson, "Student Programming in the Introductory Physics Course: M.U.P.P.E.T.," *Am. J. Phys.* **61**, 222-232 (1993).

[Redish 1996]   E. F. Redish and J. S. Rigden, Eds., *The Changing Role of Physics Departments in Modern Universities*, Proc. of the International Conference on Undergraduate Physics Education, College Park, MD, 1996, *AIP Conf. Prof.* **399**, 1175 pages, 2 vols. (AIP, 1997).

[Redish 1997]   E. F. Redish, J. M. Saul, and R. N. Steinberg, "On the effectiveness of active-engagement microcomputer-based laboratories," *Am. J. Phys.* **65**, 45-54 (1997).

[Redish 1998]   E. F. Redish, J. M. Saul, and R. N. Steinberg, "Student Expectations In Introductory Physics," *Am. J. Phys.* **66** 212-224 (1998).

[Redish 1999]   E. F. Redish, "Millikan Lecture 1998: Building A Science Of Teaching Physics," *Am. J. Phys.* **67**, 562-573 (July 1999).

[Redish 2001]   E. F. Redish and R. Lippmann, "Improving student expectations in a large lecture class," contributed paper, AAPT, Rochester NY, (July 2001) [http://www.physics.umd.edu/perg/talks/RochesterAAPT/Redish.pdf]

[Reed 1980]   M. Reed and B. Simon, Methods of *Mathematical Physics: Functional Analysis* (Academic Press, NY, 1980).

[Reif 1979]   F. Reif and M. St. John, "Teaching physicists' thinking skills in the laboratory," *Am. J. Phys.* **47**, 950-957 (1979).

[Reif 1991]   F. Reif and J. H. Larkin, "Cognition in scientific and everyday domains: Comparison and learning implications," *J. Res. Sci. Teaching* **28**, 733-760 (1991)

[Reif 1992]   F. Reif and S. Allen, "Cognition for interpreting scientific concepts: A study of acceleration," *Cognition and Instruction* **9**(1), 1-44 (1992).

[Reif 1994]   F. Reif, "Millikan Lecture 1994: Understanding and teaching important scientific thought processes," *Am. J. Phys.* **63**, 17-32 (1995).

[Reif 1995]   F. Reif, *Instructor's Manual to Accompany Understanding Basic Mechanics* (John Wiley & Sons, 1995).

[Rumelhart 1975]   D. E. Rumelhart, "Notes on a schema for stories," in *Representation and Understanding*, D. G. Bobrow and A. M. Collins, pp. 211-236 (Academic Press, 1975).

[Sabella 1999]   M. Sabella, "Using the context of physics problem solving to evaluate the coherence of student knowledge", Ph.D. thesis, University of Maryland, 1999.

[Sandin 1985]   T. R. Sandin, "On not choosing multiple choice," *Am. J. Phys.* **53**, 299-300 (1985).

[Saul 1998]   J. M. Saul, "Beyond Problem Solving: Evaluating Introductory Physics Courses Through the Hidden Curriculum," Ph.D. thesis, University of Maryland, 1998.

[Saul 1996]   J. M. Saul, private communication, 1996.

[Saul 1997]   J. M. Saul and E. F. Redish, "Final Evaluation Report for FIPSE Grant#P116P50026: Evaluation of the Workshop Physics Dissemination Project," U. of Maryland . preprint, 1997.

[Schoenfeld 1985]   Alan H. Schoenfeld, *Mathematical Problem Solving* (Academic Press, 1985).

[Sere 1993]   M.-G. Séré, R. Journeaux and C. Larcher, "Learning statistical analysis of measurement errors," *Int. J. Sci. Educ.* **15**:4, 427-438 (1993).

[Shaffer 1992]   P.S. Shaffer and L.C. McDermott, "Research as a guide for curriculum development: An example from introductory electricity. Part II:Design of an instructional strategy," *Am. J. Phys.* **60**, 1003-1013 (1992).

[Shallice 1988]　T. Shallice, *From Neuropsychology to Mental Structure* (Cambridge University Press, 1988).

[Smith 1999]　E. E. Smith, "Working Memory," pp. 888-889 in [Wilson 1999],

[Sokoloff 1993]　David R. Sokoloff and Ronald K. Thornton, *Tools for Scientific Thinking* (Vernier Software, Portland OR, 1992 and 1993).

[Sokoloff 1995]　D. R. Sokoloff, R. K. Thornton, and P. Laws, *RealTime Physics* (Vernier Software, Portland OR, 1995).

[Sokoloff 1997]　D. R. Sokoloff and R. K. Thornton, "Using interactive lecture demonstrations to create an active learning environment," *Phys. Teach.* 35,340-347 (1997).

[Sokoloff 2001]　D. R. Sokoloff and R. K. Thornton, *Interactive Lecture Demonstrations* (John Wiley & Sons,2001).

[Songer 1991]　N. B. Songer, and M. C. Linn, "How do students' views of science influence knowledge integration?" *Jour. Res. Sci. Teaching* **28**:9, 761-784 (1991).

[Squire 1999] Larry R. Squire and Eric R. Kandel, *Memory: From Mind to Molecules* (Scientific American Library, 1999).

[Steele 1997]　C. Steele, "A threat in the air: How stereotypes shape the intellectual identities of women and African Americans", *Am. Psych.* 52, 613-629 (1997).

[Steinberg 1996]　R. N. Steinberg, M. C. Wittmann, and E. F.Redish, "Mathematical Tutorials in Introductory Physics," in [Redish 1996], pp. 1075-1092.

[Steinberg 1997]　R. N. Steinberg and M. S. Sabella, "Performance on multiple-choice diagnostics and complementary exam problems," *Phys. Teach.* **35**, 150-155 (1997).

[Steinberg 2001]　R. N. Steinberg and K. Donnelly, "PER-based reform at a multicultural institution," *The Physics Teacher* **40**, 108-114 (February, 2002)

[Steltzer 2001]　T. Stelzer and G. E. Gladding, "The evolution of web-based activities in physics at Illinois," *Newsletter of the Forum on Education of the American Physics Society*, Fall 2001.

[Stipek 1996]　D. J. Stipek, "Motivation and instruction," in Handbook of Educational psychology, D. C. Berliner and R. C Calfee, Eds. (MacMillan,1996) 85-113.

[Suchman 1987]　Lucy Suchman, *Plans and Situated Actions: The Problem of Human-Machine Communication* (Cambridge U. Press, 1987).

[Thacker 1994]　B. Thacker, E. Kim, K. Trefz and S. M. Lea, "Comparing problem solving performance of physics students in inquiry-based and traditional introductory physics courses," *Am. J. Phys.* 62,627-633 (1994)

[Thornton 1990]　R. K. Thornton and D. R. Sokoloff, "Learning motion concepts using real-time microcomputer- based laboratory tools", *Am. J. Phys.* 58, 858-867 (1990).

[Thornton 1996]　R. K. Thornton and D. R. Sokoloff, "RealTime Physics: Active learning laboratory," in *The Changing Role of Physics Departments in Modern Universities*, E. F. Redish and J. S. Rigden, Eds., AIP Conf. Prof. **399**, 1101-1118.

[Thornton 1998]　R.K. Thornton and D.R. Sokoloff, "Assessing student learning of Newton's laws: The Force and Motion Conceptual Evaluation," *Am. J. Phys.* **66**(4), 228-351 (1998).

[Thornton 2003]　R. K. Thornton, D. Kuhl, K. Cummings, and J.Marx, "Comparing the Force and Motion Conceptual Evaluation and the Force Concept Inventory," Phys. Rev. ST Physics

Ed. Research 5, 010105 (2009)
[Tobias 1995]　S. Tobias, *Overcoming Math Anxiety* (W. W.Norton, 1995).
[Tobias 1997]　S. Tobias and J. Raphael, *The Hidden Curriculum: Faculty-Made Tests in Science*, 2 vols. (Plenum, 1997).
[Treagust]　R. F. Peterson, D. F. Treagust & P. J. Garnett, "Identifications of secondary students' misconceptions of covalent bonding and structure concepts using a diagnostic instrument," *Res. in Sci. Educ.* **16**, 40-48 (1986).
[Trowbridge 1995]　D. E. Trowbridge and B. Sherwood, *EM Field* (Physics Academic Software, 1995)
[Tutorials 1998]　Tutorials in Introductory Physics, L. C.McDermott, P. S. Shaffer, and the Physics Education Group at the University of Washington (Prentice Hall, Upper Saddle River NJ, 1998).
[Viennot 2001]　L. Viennot, *Reasoning in Physics : The Part of Common Sense* (Kluwer, 2001).
[Vygotsky 1978]　L. S. Vygotsky, *Mind in Society: The development of higher psychological process*, M. Cole, V. John-Steiner, S. Scribner, and E. Souberman, Eds. (Harvard, 1978).
[Wason 1966]　P. C. Wason, "Reasoning," in *New horizons in psychology*, B. M. Foss, Ed. (Penguin, Harmondsworth, 1966).
[Wilson 1992]　J. M. Wilson and E. F. Redish, "The comprehensive unified physics learning environment: Part I. Background and system operation," *Computers in Physics* **6** (March/April, 1992) 202-209; "The comprehensive unified physics learning environment: Part II. The basis for integrated studies," *ibid.* (May/June, 1992) 282-286
[Wilson 1994a]　J. M. Wilson and E. F. Redish, *The Comprehensive Unified Physics Learning Environment* (Physics Academic Software, 1994).
[Wilson 1999]　R. A. Wilson and F. C. Keil, *The MIT Encyclopedia of the Cognitive Sciences* (MIT Press, 1999)
[Wittmann 1998]　M. Wittmann, "Making sense of how students come to an understanding of physics: An example from mechanical waves," Ph.D. thesis, University of Maryland, 1998.
[Wittmann 2000]　M. Wittmann, "The Object Coordination Class Applied to Wavepulses: Analyzing Student Reasoning in Wave Physics," *Int. J. Sci. Educ.*, to be published (2002).
[Wittmann 2001]　M. Wittmann, "RealTime Physics dissemination project: Evaluation at test sites," talk presented at U. of Oregon, October 23, 1999, [http://perlnet.umephy.maine.edu/research/RTPevaluation1.pdf]

訳書追加参考資料

1. 日本語訳の力学概念調査（**FCI**）および力学基本テスト（**MBT**）
    アリゾナ州立大学モデリンググループのウェブサイト（英文）
        http://modeling.asu.edu/R&E/Research.html
    ダウンロードに必要なパスワードは，このページ記載の手続きに従って得ることができる．
    日本語訳 FCI は，以下の高知工科大学のサイトからも入手できる．
        http://www.per.env.kochi-tech.ac.jp

2. 概念理解度調査 **Concept Surveys**
    メリーランド大学物理教育研究グループの下記のウェブサイト（英文）
        http://www.physics.umd.edu/perg/tools/diags.htm
    概念理解度調査の一般的な説明と，力学概念調査（FCI），力と運動に関する概念調査（FMCE），および力学基本テスト（MBT）についてのより具体的な解説については，本書第 5 章に記述がある．
    このウェブサイトには以下の概念理解度調査へのリンクがある．

(1) 数学 Mathematics
- 数学的モデリング概念調査（The Mathematical Modeling Conceptual Evaluation：MMCE）　開発者：R. ソーントンと D. ソコロフ
- 運動学のグラフ理解度テスト（The Test of Understanding Graphs – Kinematics：TUG-K）　開発者：R. ビークナー
- ベクトル理解度テスト（The Vector Evaluation Test：VET）　開発者：R. ソーントンと D. ソコロフ

(2) 力学 Mechanics
- 力学概念調査（The Force Concept Inventory：FCI）　開発者：D. ヘステネス，M. ウェルス，および G. スワックハマー
- 力学基本テスト（The Mechanics Baseline Test：MBT）　開発者：D. ヘステネスと M. ウェルス
- 力と運動に関する概念調査（The Force and Motion Conceptual Evaluation：FMCE）　開発者：R. ソーントンと D. ソコロフ
- エネルギー概念理解度調査（The Energy Concepts Survey：ECS）　開発者：チャンドラレカ・シン

(3) 熱・温度・熱力学　Heat, Temperature, and Thermodynamics
- 熱と温度概念の理解度調査（The Heat and Temperature Concept Evaluation：HCTE）
開発者：R. ソーントンと D. ソコロフ

(4) 波動　Waves
- 波動診断テスト（The Wave Diagnostic Test：WDT）　開発者：M. ウィットマン

(5) 電気と磁気　Electricity and Magnetism
- 電気と磁気の概念調査（The Conceptual Survey of Electricity and Magnetism：CSEM）　開発者：D. マロニィ，T. オークマ，K. ヒッゲルク，および A. バンヒューブレン
- 直流回路概念理解度テスト（Determining and Interpreting Resistive Electric Circuits Concepts Test：DIRECT）

開発者：P. エンゲルハートと R. ビークナー
- 電気回路概念評価問題（The Electric Circuits Concept Evaluation：ECCE）　開発者：R. ソーントンと D. ソコロフ

(6) 実験関係　Laboratory Concepts
- 物理測定に関する質問集（The Physics Measurement Questionnaire：PMQ）　開発者：S. アリー，A. バッフラー，B. キャンベル，および F. ラベン
- 測定の不確かさに関する質問集（The Measurement Uncertainty Quiz：MUQ）　開発者：R. ビークナーと D. ディアドウフ

3. 学習姿勢調査 Attitude Surveys

メリーランド大学物理教育研究グループの下記のウェブサイト（英文）
　　http://www.physics.umd.edu/perg/tools/attsur.htm
学習姿勢調査についての一般的な説明と，MPEX, VASS, および EBAPS 調査についてのより具体的な解説は，本書の第5章に記述されている．
- 物理科学に関する認識論的な考え方に関する評価（Epistemological Beliefs Assessment for Physical Science：EBAPS）　開発者：A. エルビイ，J. フレディリクセン，および B. ホワイト
- メリーランド物理期待観調査（The Maryland Physics Expectation Survey：MPEX）　開発者：E.F. レディッシュ，R.N. スタインバーグ，および J. M. ソウル
- メリーランド物理期待観調査バージョンⅡ（MPEX II）　開発者：A. エルビイ，T. マックカスキイ，R. リップマン，および E. F. レディッシュ
- 科学に関する見方の調査（The Views About Science Survey：VASS）　開発者：I. ハロウンと D. ヘステネス
- コロラド科学学習調査（The Colorado Learning About Science Survey：CLASS）　開発者：W.K. アダムス，K. K. パーキンス，M. ダブソン，N. D. フィンケルスタイン，および C. E. ワイマン

4. 物理教育研究に基づく教育用シミュレーションソフト（PhET）
コロラド大学 PhET グループのホームページ

  http://phet.colorado.edu/
 日本語訳は以下に掲載されている.
   http://phet.colorado.edu/en/simulations/translated/ja

5. 物理教育研究の利用者ガイド (**PER User's Guide**) ホームページ
  http://perusersguide.org
 物理教育研究に基づく様々な教授手法とそのための教材や参考資料が掲載されている.（英文）

6. 物理教育研究ホームページ　**PER Central**
  http://www.compadre.org/per/
 物理教育研究の文献リストそのほかの参考情報が掲載されている.（英文）

7. 米国物理教員協会 (**American Association of Physics Teachers : AAPT**) ホームページ（英文）
  http://www.aapt.org/

8. 国内の物理教育研究の最新情報については下記のウェブサイトを参照.
 日本物理教育学会ホームページ
  http://www.pesj.jp/
 および「物理教育研究」情報ページ
  http://www.pesj.jp/research/

訳者あとがき

　本書は，321ページの一覧に記載した訳者グループによる訳文をもとに，日本物理教育学会理事会（2011〜2012年）メンバーによる監修を経て刊行に至ったものです．

　訳者グループのメンバーの多くは，2003年に「物理教育通信」No.113とNo.114に掲載された笠耐先生の解説で原著の概要紹介に触れ，さらに2006年に東京で開催された物理教育国際会議（ICPE2006）での原著者やその共同研究者による講演やワークショップを通じて，「物理教育研究（Physics Education Research）」に強い関心をもちました．そして，その内容をより詳しく理解したいと，有志が集まり，関東および近畿の研究会で調査・討論を始めました．それぞれの研究会の参加者は関東，新潟，福島，そして，京都，香川にまたがっています．

　これらの研究会での原著の検討は，6年にわたって続くことになりました．原著の主旨を正確につかみ理解するためには，単なる英文和訳だけでは不十分なことを検討の初期に痛感しました．本書が取り上げている認知科学や教育学の概念のなかには従来の物理教育の現場ではなじみの薄かったものもあったことや，アメリカの学校や大学の制度および授業・実験学習の環境に日本と大きく異なるところがあったために，当初の予想を超えた長時間の調査と議論が必要になりました．そのなかで，物理スイートの教科書その他の教材・機器などを入手して試用し，アメリカの授業現場を訪問見学し，さらに，公開（模擬）授業や，現場の授業の一部に，物理スイートの手法を取り入れて実践してみることなどの経験を重ねました．

　長期間にわたり蓄積してきた研究，調査，実践の成果を，広く日本の物理教育関係者さらには科学教育に関心をもつ方々と共有することを期待して訳書の公刊を構想しました．そこで，日本物理教育学会の監修を経て，原著のできるだけ忠

実な訳出をめざしたものが本書です．なお，原著に付随している参考資料 CD-ROM は，時間的な制約から，この訳書には添付していません．その補完のために訳書追加参考資料を付録として掲載しました．

　本書の翻訳作業の基盤となる研究の実行には，多くの方々のご支援をいただきました．原著者であるメリーランド大学のレディッシュ（E. F. Redish）先生には，翻訳を快諾して下さったことに深く感謝します．また，同先生に加えて，ディキンソン・カレッジのプリシラ・ロウズ（Priscilla Laws）先生とセントアルバンス校のロバート・モース（Robert A. Morse）先生には，現地見学を受け入れていただき多くのご教示をいただきました．笠耐先生，髙橋憲明先生，村田隆紀先生にはアドバイザーとして貴重なご助言とご支援を，また，川勝博先生には，終始暖かい激励をいただきました．さらに市川伸一先生には，認知心理学を中心に貴重なご教示をいただきました．深く感謝申し上げます．

　研究・調査活動の一部は，科研費の助成 2006〜07 年度（18500654・覧具博義），2009〜11 年度（21500873・村田隆紀），2010〜12 年度（22500801・新田英雄）から支援を受けました．ただし，（　）内は課題番号・研究代表者です．関係の方々に感謝します．

　株式会社島津理化および株式会社ナリカには，本書が紹介している実験用教育機器の展示デモ等でご支援をいただいたことに，また，出版の実現にあたっては，丸善出版株式会社の佐久間弘子氏に多大なご支援をいただいたことに心から御礼を申し上げます．

　本書が日本の物理教育研究，科学教育研究の進展に何がしかの寄与を果たすことを切望する次第です．

　　　2012 年 5 月

　　　　　　　　　　　　　　　　　　　　　訳者代表　　覽　具　博　義

監訳者一覧

井田哲夫, 伊土政幸, 影森　徹, 勝浦一雄, 川角　博, 岸澤眞一, 木村　清, 坂井　章, 鈴木　亨, 鈴木　勝, 高橋尚志, 髙橋憲明, 筒井和幸, 中村久良, 長谷川大和, 平山　修, 廣井　禎, 増子　寛, 松浦　執, 村田隆紀, 覽具博義

訳者一覧

池田　敏, 石井登志夫, 岩間　徹, 右近修治, 内村　浩, 興治文子, 岸澤眞一, 黒瀬卓秀, 合田正毅, 古結　尚, 小林春美, 酒谷貴史, 佐藤睦浩, 鈴木　亨, 谷口和成, 塚本浩司, 土肥啓一, 西尾信一, 長谷川大和, 堀井孝彦, 増子　寛, 宮崎幸一, 宮崎達朗, 村田隆紀, 村田律子, 八巻富士男, 山崎敏昭, 湯口秀敏, 覽具博義, 笠　潤平

索　引

【英数字】

ABP グループ　2
ABP チュートリアル　6, 233, 252
Action Research Kit　5, 285
Class Talk　204
ConcepTest　203
context-rich problems　113, 239
CPS（Cooperative Problem Solving）　238, 286
DIRECT　264, 265
EBAPS　172
ECCE　256
EM Field　233
expectation　82
FCI（Force Concept Inventory）　51, 151
FMCE（Force and Motion Conceptual Evaluation）　151, 157
free body diagram　52
given-new principle　32, 53, 279
guided discovery　180
hidden curriculum　79, 82, 184
ILD（Interactive Lecture Demonstrations）　5, 206, 282
JiTT　210, 286
MBT（Mechanics Baseline Test）　160
MPEX 調査　162
MPEX 変数　165
PbI（Physics by Inquiry）　6, 183, 260
Peer Instruction　203, 285
PER（Physics Education Research）　11, 14
Personal Response System　204
Physics Suite　2, 4, 7, 273, 277
Physlets　215
plug-and-chug 計算問題　113
RTP（RealTime Physics）　7, 249, 281
satisfice　84
Tools for Scientific Thinking　7
Touchstone Problems　4, 55, 279
TUG-K（Test of Understanding Graphics-Kinematics）　305
Tutorial　6, 220, 223, 224, 225, 227, 228, 230, 231, 282
Understanding Physics　4, 278
VASS　161, 169
Videopoint　233
WP（Workshop Physics）　6, 182, 260, 267, 283

【和文】

あ　行

アナログ-デジタル変換装置　250
アナロジー（類推）による学習　54
アルゴリズム的問題　21, 185
アンカー（支え）　67, 68
一般的な素朴概念　41
イリノイ大学　298
ヴィゴツキー，レフ　62
ウイルス，マキシン　291

ウォームアップ問題　211, 212
エイロンズ, アーノルド　21, 75, 78
エルビイ, アンディ　168
演示実験　199
オークマ, トム　128
オープンエンドの問題　117
オハイオ州立大学　266
オフィスアワー　115

か 行

カートゥーン　70
解析ツール　6
概念　75
概念形成　254, 271
概念調査　5, 151, 157
科学共同体　15
科学的思考のためのツール　7
科学に対する見解調査　161, 169
学習活動　3
学習資源　41
学習姿勢　74
　　——に関する調査　5, 141, 160
学習内容理解度調査　141, 151
学生中心の環境　179
学生中心の授業　24
隠れたカリキュラム　79, 82, 83, 184
加速度ベクトルの概念　226
活性化の拡散　37
活動を基盤とする物理　2, 234
　　——チュートリアル　6, 233, 252
ガブリン, アンディ　210
カミングズ, カレン　2
枯れ葉モデル　81
考え方を先に, 名前は後に　75
関連づけ　31
記憶　28
規格化ゲイン　154, 156
期待観　82
機能性　75, 77

既有・新情報（given-new）原則　32, 53, 279
教育のための戒律　78, 98, 112, 115, 116, 119, 197, 199, 222
教師中心の環境　179
教室レイアウト　288
共同体地図　15
協同による問題演習　238, 286
クーニイ, パット　2
グラフ理解度テスト　305
クレメント, ジョン　66
形成的調査　111
形成的なフィードバック試験　119
ゲイン　154, 156
ゲティスバーグ高校　291
研究-再開発サイクル　141, 223, 268
研究-再開発の車輪　177
研究に基づいたカリキュラム　176
研究に基づいた調査　141
現実世界との関連性　93, 168
現象論的プリミティブ　44
構成主義の原理　48
行動科学研究　23
誤概念　41
誤答選択肢　116, 122
個別性の原理　58
コンセプテスト　203
コンパイル　31
コンピュータ利用データ収集　4, 269

さ 行

サイモン, ハーバート　84
作業記憶　28, 29
サグレド　11
サッカー, ベス　266
サベラ　51
シェーンフェルド, アラン　98
ジェンダー的脅威　105
試金石問題　4, 55, 279

試験問題の設計　118
自己イメージ　104
実験室学習　6
実行機能　81
社会的学習の原理　62
社会的固定観念　105
ジャスト・イン・タイム教授法　210, 286
シェイファー，ピーター　223
授業評価　110, 111, 139
　――用の調査手段　5, 285
熟達者　184
状況に立脚した認知　41, 46
情緒・情動　102
章末問題　113
初心者　184
神経科学　23
信頼性　149
心理的較正　251
推論問題　128
推論様式　43
数学　235
スキーマ　37
スキル　74
スケールアップ　183, 261
筋書き　56
スタインバーグ　51
スタジオ教室　181
スタジオ物理　261
スティール，クラウド　105
整合性　75, 76, 109
成績評価　110, 111, 139
折衝　109
選択肢問題　118, 123
先入観　41
総括的調査　111
総合的問題　265
相互作用型演示実験講義　5, 206, 282
ソウル，ジェフ　148, 271
ソーントン，ロン　2, 125, 157, 158, 206

ソコロフ，デイビッド　2, 125, 157, 206
素朴概念　41
素朴スキーマ　42

た　行

代替概念　41
多選択肢・複数回答問題　124
妥当性　148
多様な表現　72
探究による物理　6, 183, 260, 261
短答式問題　121
力と運動に関する概念調査　151, 157
力の作用図　52
知識構造　37
チャンク　29, 30, 31
抽象論的推論プリミティブ　44
チュートリアル　6, 220, 223, 224, 225, 227, 228, 230, 231, 282
長期記憶　28, 33, 37
調査　140
直流回路概念理解度調査　264, 265
ティーチング・アシスタント　219, 222
ディキンソン・カレッジ　181
定性的問題　133, 136
ディセッサ　43
電荷と磁極の混同　22
電気回路概念評価問題　256
伝統的な演習　219
伝統的な講義　190
動機づけ　102

な　行

内容理解度調査　148
並び替え問題　127, 128, 129
入門物理におけるチュートリアル　6, 223
認知的葛藤　63, 227
認知的徒弟制　48
認知的リソース　39

認知モデル　28
認知論的期待観　83
猫のテレビ　69, 71
ノヴァク，グレガー　210
能動参加型学習環境　183
能動参加型カリキュラム　185
能動参加型教室　181
能動参加型授業　179
ノースカロライナ州立大学　183, 302

は　行

パシフィック大学　294
橋渡し　66, 276
パズル問題　212
パターソン，エヴリン　210
バッファ　32
バッファリング　32
ハマー，デイビッド　84
ハマー変数　84, 85
パラダイムシフト　70
ハリディ，デービッド　63
ハロウン，イブラヒム　19, 169
半ソクラテス的対話　224
反復　57, 78
ピア・インストラクション　203, 285
ピア・インストラクタ　284
ピアジェ　45
ピアジェ的な保存　46
ビークナー，ボブ　302
微積分ベースの入門物理　183, 260
ヒッゲルク，カート　128
表現変換　73
表現変換問題　125, 126, 127
ファシリテータ　180, 288
フアス，メアリー　295
ファセット　44
フィードバック　49
　学生からの――　115
　学生への――　112

フェルミ，エンリコ　131
フェルミ問題　93, 132
複数回答問題　124
物理教育研究　11, 14
　――に関する資料　24, 43
物理スイート　2, 4, 7, 273, 277
物理的モデル　38
物理の探求　6, 183
プリミティブ　43, 44
プリミティブな推論要素　41
分析的問題　266
文脈　24
文脈依存　34
文脈に富んだ問題　239
文脈に基づいた推論問題　128, 130, 131
文脈の原理　50
ヘイク，リチャード　153
ベクトル数学　281
ヘステネス，デビッド　19
ペリイ　83
ベレンキイ　83
変容の原理　51
補償　46
本気の質問　192, 196

ま　行

マクダーモット，リリアン　40, 223, 260, 270
マズール，エリック　19, 203
マロニィ，デイビッド　128
見積もり問題　131, 135
ミネソタ大学グループ　128
ミリカン，A.・ロバート　259
ミンストレル　44, 67
メタ学習　97
メタ認知　82, 96, 98
メタ認知活動　99
メリーランド物理期待観調査　162
メンタルモデル　38, 56, 78, 235

問題演習　4
問題解決　99, 184

や・ら・わ 行

誘導的誤答群　142
誘導発見型　180
リアルタイム物理　7, 249, 281
力学概念調査　51, 151
力学基本テスト　160
リソース　41
リハーサル　32
料理レシピ本的実験室活動　176
練習問題　279
連想のパターン　37
ロウズ，プリシラ　2, 181, 260, 268
論述問題　137, 138
ワークショップ教室　181
ワークショップ物理　6, 182, 260, 267, 283
ワシントン大学物理教育グループ　22, 64, 223

科学をどう教えるか
——アメリカにおける新しい物理教育の実践

| 平成 24 年 6 月 30 日　　発　　　行 |
| 平成 27 年 10 月 10 日　　第 6 刷発行 |

監訳者　　日本物理教育学会

発行者　　池　田　和　博

発行所　　丸善出版株式会社
　　　　　〒101-0051　東京都千代田区神田神保町二丁目 17 番
　　　　　編　集：電　話(03)3512-3267／FAX(03)3512-3272
　　　　　営　業：電　話(03)3512-3256／FAX(03)3512-3270
　　　　　http://pub.maruzen.co.jp/

© 日本物理教育学会, 2012

組版印刷・株式会社 日本制作センター／製本・株式会社 星共社

ISBN 978-4-621-08550-9　C 3040　　　　Printed in Japan

本書の無断複写は著作権法上での例外を除き禁じられています。